可控三维轨迹钻井技术

姜　伟　等编著

石油工业出版社

内 容 提 要

本书汇集了国家“十五”863计划“可控三维轨迹钻井技术”课题组成员在课题研究过程中撰写的部分学术论文。该书总结了课题组关于“可控三维轨迹钻井技术”的部分研究成果，旨在与国内同行交流经验，为研究具有我国自主知识产权的工程化旋转导向钻井技术和分支井钻完井技术提供有益的参考。

本书可供石油工程和井下机电仪专业的工程技术人员、管理人员和大专院校师生使用。

图书在版编目(CIP)数据

可控三维轨迹钻井技术/姜伟等编著.
北京:石油工业出版社,2010.7
ISBN 978-7-5021-6686-1

Ⅰ.可…
Ⅱ.姜…
Ⅲ.油气钻井-技术-文集
Ⅳ.TE242-53

中国版本图书馆CIP数据核字(2008)第107964号

出版发行:石油工业出版社
(北京安定门外安华里2区1号 100011)
网 址:www.petropub.cn
编辑部:(010)64523583 发行部:(010)64523620
经 销:全国新华书店
印 刷:石油工业出版社印刷厂

2010年8月第1版 2010年8月第1次印刷
787×1092毫米 开本:1/16 印张:15.25
字数:366千字 印数:1—1000册

定价:68.00元
(如出现印装质量问题,我社发行部负责调换)

前　言

21世纪世界石油钻井技术发展的趋势是向自动化和智能化方向发展。主要特点是:一是将钻井、电测、信息采集、传输与控制技术结合;二是从地面人工控制发展为由计算机下传控制指令与井下闭环控制相结合,从以地面为主的信息采集发展为井下连续的信息采集和实时传输,能够随钻监测和调整井眼轨迹。

旋转导向钻井技术是逐步迈向自动化、智能化钻井的重要标志和里程碑,以旋转导向钻井系统为核心的三维井眼轨迹控制钻井技术,代表了当今石油钻井工程的领先水平,该技术使世界钻井技术发生了一次质的飞跃。国内外在水平井、多分支井、大位移井、三维多目标井、深水井等各种复杂井中,广泛采用旋转导向钻井技术。实践表明:采用旋转导向钻井技术,钻柱的连续旋转,井眼光滑,提高了井眼质量,井眼摩阻小,钻井延伸能力强,可以钻更大水平位移的大位移井;井眼清洁,减小了卡钻的风险;无需起下钻调整工具面,减少了起下钻时间,提高了钻井效率。

国外目前主要有三种不同类型的商业化旋转导向钻井系统,即:贝克休斯公司的AutoTrak旋转钻井系统、斯伦贝谢公司的PowerDrive调制式全旋转导向钻井系统和哈里伯顿公司的GeoPilot偏心环控制旋转导向钻井系统。除三家大公司外,世界范围内(包括中国)还有几十家公司在研制和跟踪该项技术。近年来,我国海上油田每年花费在旋转导向工具和LWD系统的服务费近10亿人民币,服务费用达每天数万美元。由此可见,我们研究旋转导向钻井技术,一方面,推动旋转导向钻井工具的国产化,降低油田钻井成本;另一方面,它将减小我国钻井技术与世界水平之间的差距,提高我国钻井技术在国际市场的竞争能力。

我国旋转导向钻井技术的研究起始于“九五”期间。1997年,中海石油研究中心组织承担了国家“九五”863计划项目“海底大位移井钻井技术”的研究工作,与中海石油渤海公司、西安石油学院三家合作,共同研究开发了用于二维井眼轨迹控制的“井下闭环可变径稳定器”样机。该课题成果为旋转导向钻井技术的研究奠定了良好的基础。

2001年以来,中海石油研究中心承担了国家“十五”863计划课题“可控三维轨迹钻井技术”和“十一五”863计划重点项目“旋转导向钻井系统工程化技术研究”的研究工作,分别与西安石油大学、中国石油集团科学技术研究院、西南石油大学、中海油田服务有限公司、中天启明股份有限公司、中海石油(中国)

有限公司天津分公司合作，研制和开发了具有自主知识产权的旋转导向钻井系统和以膨胀管坐挂定位为技术特征的分支井钻完井技术。所研制的旋转导向钻井系统主要包括旋转导向钻井工具、随钻电阻率及自然伽马测井工具（LWD）、随钻钻井工程参数测量工具、随钻信息传输工具、地面监控装置等部分。旋转导向钻井系统试验样机在陆地及海上油田已进行了10多次现场钻井试验，取得了标志性成果。所研究的膨胀管坐挂定位分支井钻完井技术，为国内外首次应用，并在海上油田进行了4口井的现场应用。

本书汇集了课题组成员在课题研究过程中撰写的部分学术论文，主要作者有姜伟、蒋世全、付鑫生和李汉兴等。本书总结了“可控三维轨迹钻井技术”的部分研究成果，旨在与国内同行交流经验，为研究具有自主知识产权的工程化旋转导向钻井技术和分支井钻完井技术提供有益的参考。

目　录

我国旋转导向钻井工具系统的研究应用与展望

姜　伟[1]　蒋世全[1]　盛利民[2]　苏义脑[2]　付鑫生[3]　周　静[3]

(1 中海石油研究中心　2 中国石油集团钻井工程技术研究院　3 西安石油大学)

【摘　要】 本文总结了国家"十五"863 课题"旋转导向三维可控钻井技术研究"的研究工作进展及其在现场试验的情况。根据国外在旋转导向钻井技术方面的进展及其技术特点,我们研制出具有独立知识产权的旋转导向技术,其主要性能和特点是:(1)用旋转导向偏心工具来实现钻头的转向和井斜的改变;(2)使用泥浆脉冲技术来实现井下测量数据的传输;(3)具有井眼轨迹和主要地质参数的测量功能;(4)具有井下实际钻井工程参数的测量功能;(5)该工具系统集旋转钻井、地质参数测量、工程参数测量、随钻测量的功能为一体,具有我国独立知识产权。该工具系统已经进行了陆上和海上油田的井下工具钻井试验,为今后该工具系统的进一步完善与推广和应用,奠定了坚实的基础,并具有十分重要的意义。

【关键词】 旋转导向　随钻测量　地质参数　工程参数　技术研究　现场试验

在 20 世纪 90 年代中期以后,国外陆续在油田的现场开始应用旋转导向钻井技术,以 Halliburton、Baker 和 Schelumeberger 三大服务公司为代表的旋转导向钻井技术的研究与应用,极大地改变了传统定向井工艺技术。用旋转导向全部取代了滑动钻井,在作业效率和作业安全上,对于技术本身,起到了突破性的进展和根本的变革。尤其是在海上的大位移钻井技术中,传统的定向井技术由于在定向和调整井眼轨迹时受到限制,还要受井眼条件、井眼净化、井下安全等多方面因素和条件的限制,制约和影响了大位井的位移和延伸的水平发展,同时也对井下安全造成影响[1,2]。因此在这种情况下,国内旋转导向钻井技术的研究工作就应运而生了。

在"十五"期间,我们在国家科技部和立题专家组的支持和指导下,由中海石油研究中心牵头,联合石油勘探开发研究院钻井所、西安石油大学、西南石油大学、中海油服、中天启明公司等单位开展了旋转导向钻井技术的研究和技术攻关工作。对于开展我国旋转导向钻井技术研究,系统的开展了旋转导向钻井工具——可控偏心器的技术研究、随钻地质参数测量工具的技术研究、随钻工程参数测量工具的技术研究以及泥浆脉冲技术随钻信息传输技术研究。

经过艰苦努力和技术攻关,我们成功研制出了旋转导向可控偏心稳定器、随钻工程参数测量的井下工具、随钻地质参数测量的井下工具、随钻测量信息传输的泥浆脉冲器及控管,并在此基础上形成了一套旋转导向钻井工具系统。并且在"十五"末,将这套工具系统成功的在陆上油田和海上油田进行了钻井试验,并取得了实践和应用的成果。

本课题为国家"十五"863 渤海大油田勘探开发关键技术重大专项可控三维轨迹钻井技术研究课题之部分研究内容(课题编号 2003AA602012)

姜伟,男,高级工程师,1982 年毕业于西南石油学院钻井工程专业,现在中海石油研究中心钻完井总工程师。地址:北京市东城区东直门外小街 6 号海油大厦(邮编:100027)。电话:010－84522639

一、旋转导向三维可控轨迹钻井关键技术的研究

针对旋转导向工具系统的特点,以及国家科技部有所为有所不为的精神,我们开展了重点攻克旋转导向技术瓶颈的技术攻关和关键技术的研究,同时根据海上和陆上钻井作业特点,特别是考虑到在油田开发中,为提高钻井效率、有效降低油田开发的综合成本,更有效和准确地评价地层的性质、指导和控制井眼轨迹,有效的揭示地层,高效的开发油层,我们开展了旋转导向关键技术研究。

1. 旋转导向钻井工具系统的特点及其组成

该工具系统的总体方案如图1所示。

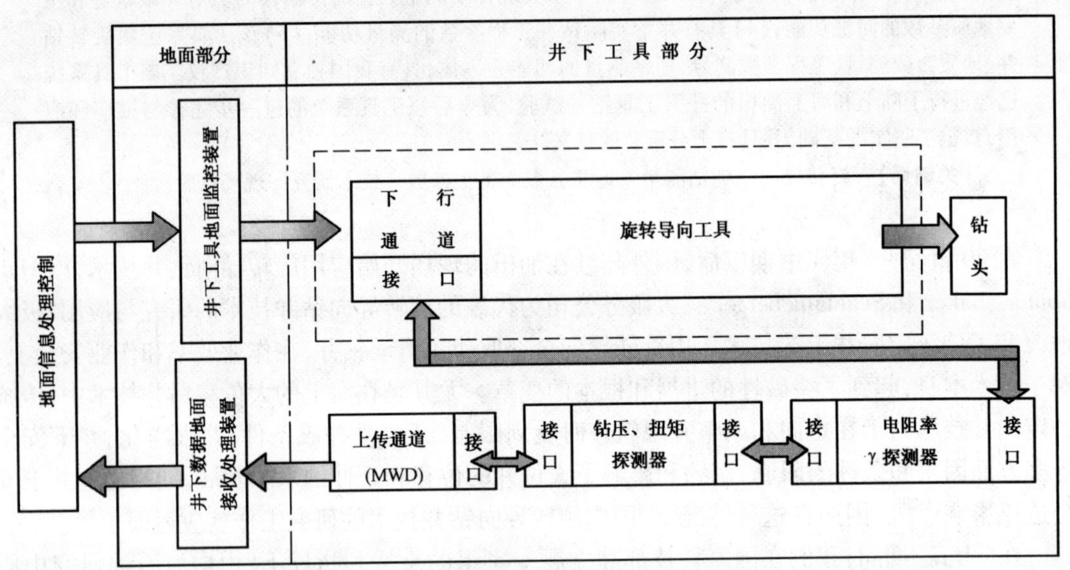

图1　旋转导向钻井工具系统总体方案

该工具是实现旋转导向钻井的关键工具之一,其主要技术特点是利用非旋转外套上的可控翼肋,在不同方向上的不同伸出量达到控制井眼轨迹的目的。

该工具系统最大特点是集旋转钻井与定向控制、地质工程参数测量、随钻测量数据合为一体,具备三大功能:对井眼轨迹的有效控制要能做到像常规的定向井工具那样,可以实现带有弯探头工具的定向造斜、扭方位、井斜控制的功能;对旋转钻井,它在扭方位和造斜以及控制井眼轨迹过程中,始终都在旋转钻具,因此,避免了滑动钻井带来的钻井技术风险;它通过信息传输技术和工程与地质参数的随钻测量技术就可以及时将地质参数和工程参数进行综合对比分析,及时调整井眼轨迹。旋转导向钻井工具系统主要组成部分为:ϕ215.9mm 钻头 + ϕ215.9 ~ 203.2mm 旋转导向偏心稳定器 + ϕ215.9mm 上稳定器 + ϕ165.1mm 伽马测量短节 + ϕ165.1mm电阻率测量短节 + ϕ165.1mm 工程参数测量短节 + ϕ120.65mm 柔性短节 + ϕ165.1mmMWD。

2. 研制情况

在完成系统工具构造的基础上,课题组各承担单位开展了各单元样机的技术攻关和研制工作,并且在单元样机研制后进行了地面的调试,并根据调试情况,适时组织单元样机的钻井试验,让样机接受实战的考验。

(1)旋转导向可控偏心器单元样机[3],于2005年上半年进行了地面调试,在此基础上,又再接再厉,在长庆油田对单元样机进行了钻井试验。2006年5月30日在长庆油田N37-32井进行了首次钻井实验,此次下井的目的主要是为了检查可控偏心稳定器的整机井下工作的适应性以及井口的可操作性、井下的导向性能。该井下钻井深1020m,用ϕ212.3mm钻头带ϕ120.65mm钻铤,钻井进尺60m,图2是可控偏心稳定器实验的压力曲线和翼肋伸出动作曲线。

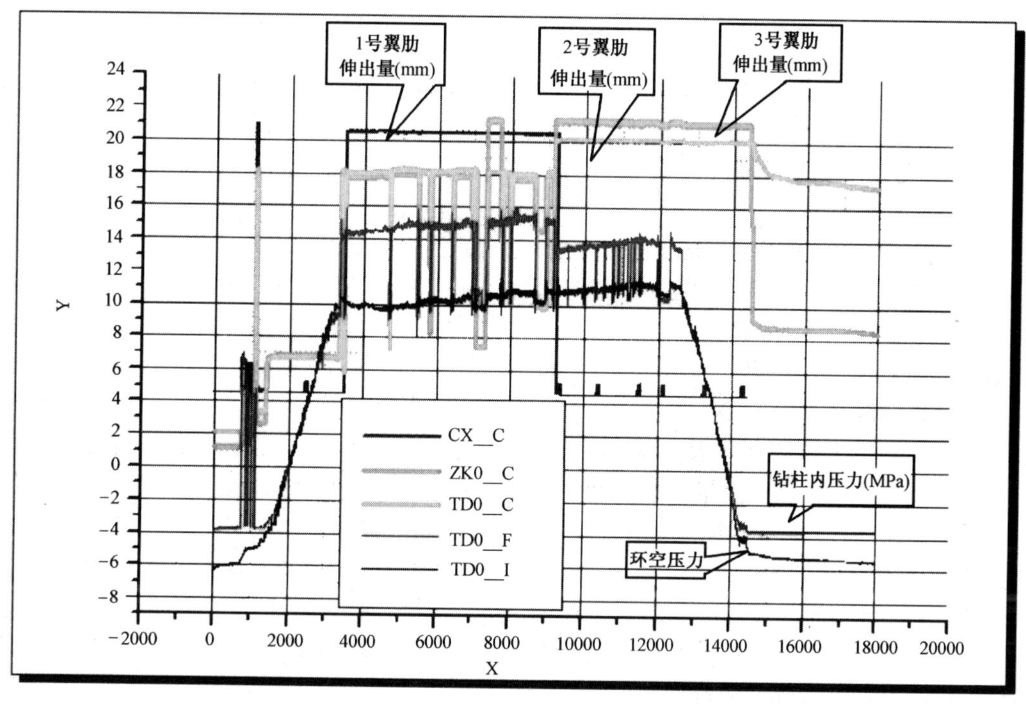

图2 旋转导向钻井工具下井实际压力曲线和翼肋伸出动作曲线

通过这次实钻检验,我们得到以下成果:

① 首次在国内利用拥有自主知识产权的旋转导向可控偏心器钻井技术成功的钻井60m,这是一个零的突破。

② 起钻以后检查井下CPU工作正常,从工具中提出可储存的测量数据,说明了设计的合理性和可操作性,为进一步研究和改进单元样机奠定了基础。

(2)随钻电阻率、自然伽马测量工具。于2002年开始至2005年上半年总共进行了在陆地油田的7次钻井实验[4]。该工具主要技术指标:最高耐压140MPa,最高工作湿度150℃,连续工作时间200h,从单元样机到挂接系统运行,都很好地完成了实验任务。图3是在陆地油田

××井中随钻测量电阻率曲线与电缆测井的电阻率曲线的对比。

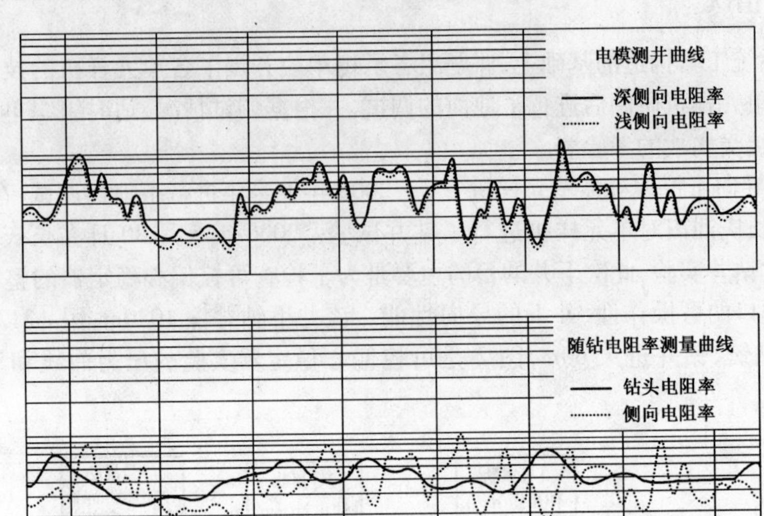

图3　电阻率曲线的对比情况

该单元样机的下井钻井作业随钻测量获得成功有以下几个方面的意义：

① 首次在国内进行了随钻电阻率和地层自然伽马测量，实现了国内在随钻电阻率和地层自然伽马测量方面零的突破。

② 工具的实验成功证实了在电阻率和自然伽马工具设计中，思路和方法是正确的并且经历了实钻的考验。

(3)泥浆脉冲上传信息技术及MWD工具的研制。该工具是专门负责对测量参数进行传输的专用仪器，其功能是将测量得到的数据，用脉冲信号向上传输到地面进行处理，从而让我们获取井下井眼轨迹和地质参数的信息。脉冲发生器在室内完成150℃温度测试和200Hz的振动频率测试以后，进行了钻井实验，2005年以来，分别在四川、翼东和渤海等油田进行了钻井实验，钻井深度达到2850m、2361m，工作时间达到86h，最长时间200h，完全达到了设计要求。目前该系统在井下的软件和硬件接口以及总控系统都已经完全可以满足作业需求，并与其他井下仪器具有良好的兼容性能。

(4)井下工程参数测量短节的研制。该测量工具主要用于测量钻压、扭矩、环空压力以及钻头侧向力等4个主要钻井参数。这对于我们在大位移井、水平井作业中，了解和掌握井下钻井状态以及实际的钻压和侧向力都十分重要和有意义。该仪器在室内完成125℃温度和250kN钻压测试和标定的情况下，在陆地油田进行了下井实验，2005年1月在四川MP37井下井实验，钻井作业40.95h，钻井进尺320m，取得了较好的实验效果。

二、陆地和海上油田钻井试验情况

旋转导向钻井工具系统在经过技术攻关和单元样机下井试验以后即开始了系统工具的连接和调试工作，并且于2005年11月开始了系统挂接和陆地钻井实验。

［例 1］ 系统工具第二次钻井实验。时间:2005 年 11 月 5 ~6 日;地点:长庆油田;井号:N37 –32 井;井型:定向井;下钻井深 998m;起钻井深 1202m;钻井进尺 204m;纯钻时间 33.5h;钻进井段:稳斜段。采用钻具组合:8¾in 钻头 + 可控偏心稳定器 + 8¾in 刚性稳定器 +6¾in 非磁钻铤 ×1 +6¾in 钻铤 ×14。钻井参数:钻压 210kN;泵压:8MPa;转速 60 ~80r/min。实际井眼轨迹控制效果:工具工作正常,增斜和降斜都有一定的效果,满足钻井井眼轨迹控制的要求,详细情况见表 1。

表 1　系统工具在 N37 –32 井钻井实验数据

序号	测量井深 m	井斜 (°)	方位 (°)	实际井斜变化率 (°)/30m	实际方位变化率 (°)/30m	狗腿严重度 (°)/30m	轨迹控制要求	实际控制效果	备注
1	1009	29.74	275.8						
2	1056	27.32	275	–1.58	–0.52	1.6	降井斜	满足要求	
3	1092	25.69	274	–1.32	–0.64	1.38	降井斜 降方位	满足要求	
4	1128	25.13	274.2	–0.46	0.1	0.46	增井斜	未达到指令	
5	1168	25.77	273.9	0.52	–0.24	0.53	增井斜	满足要求	

从表 1 我们发现:

(1)录用旋转导向可控偏心器稳斜钻井时,平均井斜变化率在 –1.58° ~0.52°/30m 之间变化,平均方位变化率在 –0.64° ~0.1°/30m 之间变化,证明该工具系统具有较好的稳斜钻井能力。

(2)通过该井在 254 ~618m 用 1.5° ~2°弯接头造斜,其平均造斜率为 0.7°/30m,而采用旋转导向偏心稳定器钻井,平均狗腿可达到 0.46° ~1.6°/30m,并且在全力增斜时,最大狗腿可达到 1.6°/30m。显然,这个造斜能力是该地区弯接头造斜率的 2 倍以上,说明该工具亦有很好的造斜能力。

(3)由于采用旋转导向钻具组合提高了钻压,最高钻压可达 240kN,比原来在该地区采用的螺杆钻具机械钻速提高 30%,具有很好的实用性。

［例 2］ 2005 年 11 月旋转导向钻井工具系统第三次在陆地油田下井做钻井实验。地点:长庆油田;井号:X28 –022;井型:定向井;下钻井深:1375m;起钻深度:1485m;钻井进尺:110m;纯钻井时间:10h;钻进井段:稳斜井段;钻具组合:8¾in 钻头 + 可控偏心稳定器 + 刚性稳定器 +6¾in MWD +6¾in 非磁钻铤 +6¾in 普通钻铤 ×14;钻井参数:钻压 200kN;转速:60 ~80r/min;平均机械钻速 11m/h。从井眼轨迹控制上看,基本满足控制要求,井下仪器工作正常,表 2 是该井在实钻过程中井眼轨迹控制数据及情况。

表 2　X28 –022 井井眼轨迹控制情况

序号	测量井深 m	井斜 (°)	方位 (°)	井斜变化率 (°)/30m	方位变化率 (°)/30m	狗腿严重度 (°)/30m	轨迹控制要求	备注说明
1	1375	8.7	306.7					
2	1418	9.1	307.8	0.28	0.28	0.56	增斜	满足控制要求
3	1468	9.7	307	0.36	–0.48	0.36	增斜	满足控制要求

观察表 2 我们可以看出：

(1)该工具具有较好的轨迹控制能力，井眼轨迹控制平滑，稳斜段狗腿严重度控制在 0.36°～0.56°/30m 之间。

(2)该井段设计增斜为 1°/30m，但实际上狗腿度最大达到 0.56°/30m，造斜率低的原因分析可能与没有安放顶部稳定器有关，同时也没有使用挠性接头有关。

(3)在这一地区，长庆油田使用 1.5°～2°弯接头在 1073～1285m 井段造斜能力为 0.8°/30m，而使用旋转导向工具最大狗腿度达到 0.56°/30m。这说明两方面问题：一方面就其造斜能力来说，目前旋转导向工具还不能达到 1.5°～2°弯接头的造斜力；另一方面，旋转导向工具已经具备了很可观的造斜能力了，因为多数情况下弯接头造斜要比旋转导向工具造斜能力强，并且下部井段由于地层逐步变硬，造斜能力自然降低，这些也是不争的事实。

(4)该井段方位自然漂移率为 4°/30m 左右，而采用旋转导向钻井工具以后，在钻进 100m 后方位自然稳定在 307°左右，其方位变化率平均为 0.13°/30m，表现出了较为稳定的方位控制效果，这是在使用旋转导向工具后表现出来的优越性能。

[例 3] 2005 年 12 月在渤海油田进行了旋转导向钻井工具系统海上第一次钻井实验。在陆地油田钻井实验取得成功的基础上，对工具系统进行了挂接和系统调试，并且将研制的旋转导向偏心稳定器，与电阻率伽马以及地层参数测量仪器都全部装配挂接。

具体情况如下：井号 BHLD5－2－A1 井；钻具组合：8½in PDC 钻头(水眼 ϕ16×3＋ϕ13×3)＋偏心稳定器＋6¾in 电源短节(偏心稳定器 8¼in)＋7in 地层参数测量短节(电阻率＋伽马)＋7in NWD＋8¼in 稳定器＋6½in FV＋6½in 挠性接头/振击器＋5in HWDP8。

下钻井深：3018m；起钻井深：3147.8m；钻井进尺：129.8m；钻井参数：钻压 40～50kN，转速 60～80r/min，控制泵压 21MPa(排量 2150L/min)。

钻进井段为稳斜井段，钻井过程中对增井斜、增方位、稳井斜等功能都进行了测试，取得了很好的效果，具体情况见表 3。

表 3　BHLD5－2－A1 井井眼轨迹实钻情况

序号	钻头位置 m	测量井深 m	井斜 (°)	方位 (°)	井斜变化率 (°)/30m	方位变化率 (°)/30m	工具面角 (°)	轨迹控制要求	实际效果	效果评价
1	3029.37	3018	58.7	14.4			3018－3048			达到设计要求
2	3044.37	3033	59	14.7	0.6	0.6	330	增斜	增斜	
3	3059.37	3048	59.5	14.9	1.0	0.4	3048－3078	增斜	增斜	
4	3074.37	3063	59.5	14.5	0	－0.8	30		方位微降	
5	3089.37	3078	59.5	14.7	0.6	0.4	3078－3108	稳斜	稳斜	
6	3014.37	3093	59.8	14.7	0	0	120	增方位	稳方位	
7	3119	3108	59.8	14.9	0	0.4	3108－3147	稳斜	稳斜	稳斜
8	3147	3136	59.8	14.7	0	－0.21	稳斜			

观察表3可以发现:

(1)该井段是在井斜约60°的大斜度稳斜井段,井斜控制和方位控制都满足控制要求。

(2)在48m处,最大狗腿度为1.06°/30m,说明在稳斜井段该工具造斜能力可以达到1°/30m。

(3)工具系统在井下工作正常,完成了预定的工作任务和目标。

三、认识和看法

(1)经过"十五"期间的技术攻关,初步形成了我国在旋转导向钻井技术研究领域里的一支由石油院校、研究所、石油企业、油田技术服务等多方面多学科领域里的研究和应用队伍,并且经过长期的工作,取得了可喜的技术进步,使得我国在该技术领域里已经逐步形成了一支从无到有的队伍,有一批有独立知识产权的技术。为开展我国旋转导向钻井技术研究奠定了良好的基础。

(2)从"十五"期间研究成果来看,我们已经在旋转导向工具研制方面取得了重大进步,已经在井下工具自动化跟踪和轨迹控制方面通过钻井实验获得了许多宝贵的第二手资料,同时,工具也都经过实际钻井作用的检验,在工具的可靠性、功能性和可操作性等方面都得到了实践的考验,为"十一五"期间工程化打下了很好的基础。

(3)通过陆地和海上的油田钻井实践来看,我们新研究的旋转导向钻井工具在井斜、方位控制方面都能较好的完成轨迹控制的任务,并且有很好的井斜和方位控制能力。但是我们还应加强在造斜和增斜井段对井斜的控制能力的研究,特别是在工具的最大造斜能力方面,还需要加强和提高,特别需要增加偏心稳定器的侧向力方面需要多做工作。同时还应在钻具组合特性上继续深入的开展进一步的工作[5],这是在"十一五"期间我们需要继续努力和加强的方向。

(4)在随钻工程参数测量技术中,我们已经在钻压测量、环空压力测量方面取得了令人满意的结果,但是在侧向力的测量中,还有加工问题需要进一步的改进和完善。特别是在小井斜低钻压条件下,对钻头侧向力的测量,需要加强下井实验,进一步向工程实际应用中结合与完善。

(5)随钻电阻率和伽马测量工具已经在现场作业中得到了应用,并且在陆地油田的多次单元工具下井作业中,经受了考验,这是在我国随钻地质参数测量方面开展技术研究新取得的重大进展,同时我们还应看到在精确分辨地层电阻率方面我们还要进一步提高识别能力,为精确控制和制导钻头轨迹提供技术保障。

(6)"十一五"期间,从旋转导向钻井工具的实际钻井情况来看:还存在一些不足和需要改进的地方,主要体现在以下的几个方面:

① 下井的次数还不够,还需进一步增加钻井实验的频度,只有尽可能多的下井才会有更多的认识和发现问题。

② 在造斜率上还要进一步的提高,除在偏心稳定器本身上要设法提高其导向力的作用,同时还要注意提高其稳定性。为了提高钻具组合的整体造斜能力,我们需要加强对于钻具组合的弹性稳定性方面的研究工作,在理论方面进一步摸清钻具的弹性稳定性的主要影响因素

及其规律。

③ 旋转导向钻井系统关键工具之一,就是偏心稳定器,而这当中的机—电方面,有许多的问题是钻井工程与其他专业之间的知识和技术的融合和整合,我们还要进一步提高总体的综合水平能力,确保能按照设计达到钻井工程的要求,保证满足下井使用。

(7)在国家"十一五"期间,我们要针对目前存在的问题和不足、继续做好改进和完善的工作。特别是在旋转导向钻井工具系统中,对于偏心稳定性和导向能力,要做进一步的完善和提高,并且在海上和陆地油田大量开展实验和实际钻井的工作,为工程化做好基础,同时形成一套加工制造的工艺技术。

(8)由于旋转导向钻井技术在井眼轨迹控制等方面的优越性,已经成为我们在油气勘探和开发方面的重要工具,特别是在提高钻井效率降低勘探和开发风险以及降低开发成本等方面,显示了独特的特点和优越性。在"十一五"期间,我们要继续开展好技术研究和工程化研究工作,在总结"十五"成果的基础上,进一步地强化工具系统的性能,同时在"十一五"期间要通过大量的钻井实验,要不断改井和完善,为我国旋转导向钻井技术的进步和发展,做出不懈的努力和贡献。

参考文献

[1] 姜伟. 大位移钻井技术在渤海 QK17 - 2 油田开发中的应用. 石油钻采工艺,2000,22(3)

[2] 姜伟. 大位移钻井技术在渤海 QHD32 - 6 油田的应用. 石油钻采工艺,2001,23(4)

[3] 余志清,樊志祥. 井下闭环可控稳定器研制. 天然气工业,2002,22(1):40 ~ 41

[4] 苏义脑,盛利民等. NBCOG - 1 型随新近钻头工程地质参数测量工具的研制与现场实验. 见:钻井基础理论研究与技术开发新进展. 北京:石油工业出版社,2005

[5] 姜伟. 可控偏心稳定器钻具组合弹性稳定性研究及其应用. 中国海上油气,2007,19(2)

旋转导向钻井偏心稳定器横向振动研究

姜　伟

（中海石油研究中心）

【摘　要】 旋转导向钻井偏心稳定器横向振动研究是国家863“可控(闭环)三维轨迹钻井技术”课题研究的部分内容。选取偏心稳定器的心轴作为研究对象,以偏心稳定器心轴连续梁系统的横向振动模型受力分析为基础,根据课题研究中所设计的心轴结构形式,建立了与实际情况较为接近的三铰支点的连续梁系统横向振动方程;并分析了偏心稳定器横向振动对钻井工具和钻具系统的影响,为合理进行心轴设计以及偏心稳定器样机在现场的正确使用和钻井参数的合理选择,提供了科学的理论依据和实用的计算方法。计算实例表明,当钻压范围选择在80~250kN时,ϕ215.9mm井眼钻进中的确存在19~20r/min、61~63r/min、162~163r/min前三阶横向共振转速区间,因此在选择钻井参数时应通过钻压与转速的配合,尽可能避开横向共振转速,以保证下部钻具组合系统及作业安全。

【关键词】 旋转导向钻井　偏心稳定器　连续梁系统　横向振动　频率分析　钻压　转速

随着电子技术的迅速发展,石油钻井技术在智能化和自动化控制方面有了很大的进展,如国外的Powerdriver,Autotrak和Geo-pilot等技术。

“十五”期间,国家863高科技研究项目“可控三维轨迹钻井技术”课题组对井下旋转导向自动控制井眼轨迹的钻井工具进行了研究,并对旋转导向钻井偏心稳定器横向振动进行了分析。偏心稳定器是旋转导向钻井技术的一个重要工具,该工具既要能控制翼片动作,又要能与钻柱同时传递钻压和转动,其主要受力部件是偏心稳定器的心轴。对于偏心稳定器运动状态的研究,特别是对于心轴在转动状态下的横向振动频率的计算和分析,将有助于正确选择钻井参数,保证偏心稳定器在使用过程中不致发生共振而损坏其内部复杂的电子控制部件及液压驱动部件,对于保证井下钻井工具的安全具有重要意义。

一、偏心稳定器横向振动方程

在钻井状态下,钻压和扭矩主要是通过偏心稳定器心轴来传递的,中空的心轴也为钻井液的流动提供了通道,同时心轴还要把受到的钻压、扭矩、钻井液泵压等重载与壳体上的电子电路控制舱、液压控制及控制执行元件分隔开并保护起来。为此,在建立偏心稳定器横向振动方程时,选取偏心稳定器的心轴作为研究对象,对紧靠钻头部位的偏心稳定器的横向振动进行分析和研究,并作以下假设:

国家863“可控三维轨迹钻进技术”研究课题(合同号2003AA602012)部分研究内容。

姜伟,男,高级工程师,1982年毕业于西南石油学院钻井工程专业,现任中海石油研究中心钻完井总工程师。地址:北京市东城区东直门外小街6号海油大厦(邮编:100027)。电话:010-84522639。

(1)将心轴的轴承视为铰支点;

(2)由于偏心稳定器下端直接接钻头,因此将心轴两端弯矩设为零;

(3)心轴的质量是均匀、连续分布的。

偏心稳定器心轴的铰支连续梁系统及其受力模型如图1所示。根据文献[1,2],图1中偏心稳定器心轴受到轴向钻压 T 时,其连续梁系统的自由振动高微分方程为

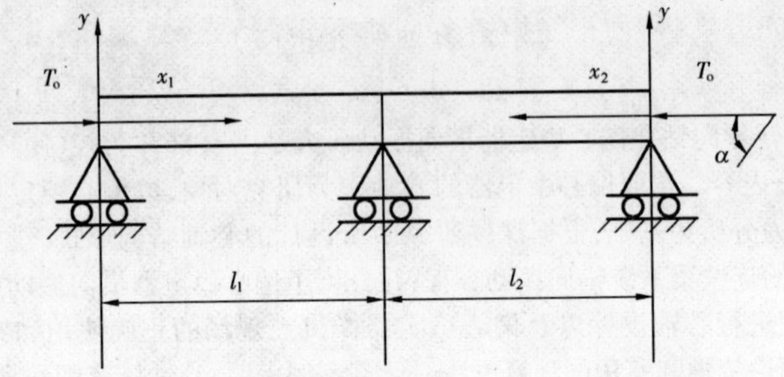

图1 偏心稳定器心轴连续梁系统的横向振动模型

$$\frac{\partial}{\partial x^2}\left(EI\frac{\partial^2 y}{\partial x^2}\right)-T\frac{\partial^2 y}{\partial x^2}+\rho A\frac{\partial^2 y}{\partial t^2}=0 \quad (1)$$

假设

$$y(x,t)=Y(x)\sin(ft+\phi)=0$$

代入式(1)可得

$$\frac{\mathrm{d}}{\mathrm{d}x^2}\left(EI\frac{\mathrm{d}^2 Y}{\mathrm{d}x^2}\right)-T\frac{\mathrm{d}^2 Y}{\mathrm{d}x^2}-f^2\rho AY=0 \quad (2)$$

又设

$$\alpha=\sqrt{T/(EI)} \qquad k^4=f^2\rho A/(EI)$$

代入式(2)可得

$$\frac{\mathrm{d}^4 Y}{\mathrm{d}x^4}-\alpha^2\frac{\mathrm{d}^2 Y}{\mathrm{d}x^2}-k^4 Y=0 \quad (3)$$

解此方程可得到振型函数为

$$y(x)=A\sin\lambda_1 x+B\cos\lambda_1 x+C\mathrm{sh}\lambda_2 x+D\mathrm{ch}\lambda_2 x \quad (4)$$

其中

$$\lambda_1=\sqrt{-\frac{\alpha^2}{2}+\sqrt{\frac{\alpha^4}{4}+k^4}}$$

$$\lambda_2=\sqrt{\frac{\alpha^2}{2}+\sqrt{\frac{\alpha^4}{4}+k^4}}$$

由此可以得出图 1 所示的连续梁系统两段的振型函数分别为

$$\begin{cases} y_1 = A_1\sin\lambda_1 x_1 + B_1\cos\lambda_1 x_1 + C_1\mathrm{sh}\lambda_2 x_1 + D_1\mathrm{ch}\lambda_2 x_1 \\ y_2 = A_2\sin\lambda_1 x_2 + B_2\cos\lambda_1 x_2 + C_2\mathrm{sh}\lambda_2 x_2 + D_2\mathrm{ch}\lambda_2 x_2 \end{cases} \tag{5}$$

在图 1 所示模型中,端点条件为

$$\begin{cases} x_1 = 0 \\ y_1 = 0 \\ y_1'' = 0 \\ x_2 = 0 \\ y_2 = 0 \\ y_2'' = 0 \end{cases}$$

连续条件为

$$\begin{cases} x_1 = l_1 \\ x_2 = l_2 \\ y_1 = y_2 = 0 \\ y_1' = -y_2' \\ y_1'' = y_2'' \end{cases}$$

由端点条件可得

$$\begin{cases} B_1 = -D_1 \\ B_2 = -D_2 \\ B_1\lambda_1^2 = D_1\lambda_2^2 \\ B_2\lambda_1^2 = D_2\lambda_2^2 \end{cases}$$

所以

$$B_1 = D_1 = B_2 = D_2 = 0$$

此时,式(5)变为

$$\begin{cases} A_1\sin\lambda_1 l_1 + C_1\mathrm{sh}\lambda_2 l_1 = 0 \\ A_2\sin\lambda_1 l_2 + C_2\mathrm{sh}\lambda_2 l_2 = 0 \\ A_1\lambda_1\cos\lambda_1 l_1 + C_1\lambda_2\mathrm{ch}\lambda_2 l_1 = -A_2\lambda_1\cos\lambda_1 l_2 - C_2\lambda_2\mathrm{ch}\lambda_2 l_2 \\ -A_1\lambda_1^2\sin\lambda_1 l_1 + C_1\lambda_2^2\mathrm{sh}\lambda_2 l_1 = -A_2\lambda_1^2\sin\lambda_1 l_2 + C_2\lambda_2^2\mathrm{sh}\lambda_2 l_2 \end{cases} \tag{6}$$

为了使 A_1、C_1、A_2、C_2 有非零解，式(6)的系数行列式必须等于零，即

$$\begin{vmatrix} \sin\lambda_1 l_1 & \mathrm{sh}\lambda_2 l_1 & 0 & 0 \\ 0 & 0 & \sin\lambda_1 l_2 & \mathrm{sh}\lambda_2 l_2 \\ \lambda_1\cos\lambda_1 l_1 & \lambda_2\mathrm{ch}\lambda_2 l_1 & \lambda_1\cos\lambda_1 l_2 & \lambda_2\mathrm{ch}\lambda_2 l_2 \\ -\lambda_1^2\sin\lambda_1 l_1 & \lambda_2^2\mathrm{sh}\lambda_2 l_1 & \lambda_1^2\sin\lambda_1 l_2 & -\lambda_2^2\mathrm{sh}\lambda_2 l_2 \end{vmatrix} = 0$$

按照拉普拉斯展开，可解得其频率方程为

$$\frac{\lambda_2\coth\lambda_2 l_1 + \coth\lambda_2 l_2}{\lambda_1\cot\lambda_1 l_1 + \cot\lambda_1 l_2} = 1 \tag{7}$$

根据目前在结构设计中可能要采用的结构形式，主要有以下几种特殊情况：

(1)当 $l_1 = l_2 = l$ 时

$$\frac{\lambda_2}{\lambda_1}\frac{\coth\lambda_2 l}{\cot\lambda_1 l} = 1 \tag{8}$$

(2)当 $l_1 = 2l_2$ 时

$$\frac{\lambda_2}{\lambda_1}\frac{\cot\lambda_1 l_2(1 + 3\coth^2\lambda_2 l_2)}{\coth\lambda_2 l_2(3\cot^2\lambda_1 l_2 - 1)} = 1 \tag{9}$$

(3)当 $l_1 = l_2/2$ 时

$$\frac{\lambda_2}{\lambda_1}\frac{\sin\lambda_1 l_2(\mathrm{ch}\lambda_2 l_2 + 1)}{\mathrm{sh}\lambda_2 l_2(\cos\lambda_1 l_1 + 1)} = 1 \tag{10}$$

二、偏心稳定器对横向振动钻井工具和钻具系统的影响

(1)钻柱在发生横向共振时，由绕 x 轴线的自转变为绕井眼轴线的公转，同时由于受到钻压轴向力的作用，轴向力使钻铤的挠曲增加，加剧了钻柱的“弓状旋转”[3]，从而加剧了钻具的磨损[4]。

(2)对于偏心稳定器横向共振危害性的研究，目前还未见文献报道，但由于与钻柱运动原理相似，横向振动除了引起心轴与外套筒之间的磨损外，还会增加钻具使用过程中的安全风险，对钻具安全产生不良影响。

(3)心轴是安放在偏心稳定器内部的，其横向振动必然会敲击和振动偏心稳定器内部的电子舱及其控制部件，增加运动的冲击能量，使内部运动部件由于共振产生失效。很显然，这种危害对于自动化控制程度很高的钻井工具是很大的。

(4)在选择钻井参数和进行机械设计时，要充分考虑偏心稳定器心轴横向振动的特点及其对钻井工具和钻具系统的影响，充分利用现有条件下转速与钻压的配合，最大限度地降低横向共振的危害程度。

三、实例计算及分析

［例 1］ 采用 ϕ215.9mm 旋转导向钻具系统，其偏心稳定器心轴结构如图 1 所示。管柱外径 $D_{外}=100$mm，管柱内径 $D_{内}=45$mm，$l_1=l_2=900$mm；在陆地某油田进行钻井试验，井深 2000m，井斜 35°。试求在常用钻压条件下心轴的横向共振转速。

按照式(8)可以求得，偏心稳定器心轴横向共振转速为 2670r/min。因此，在通常钻井所使用的转速条件下，内部心轴结构是不会发生横向共振的。

［例 2］ 以 ϕ215.9mm 钻头 + ϕ215.9mm 可控偏心稳定器 + ϕ165.1mm 测量短节 + ϕ215.9mm 稳定器 + ϕ165.1mm MWD 钻铤整个系统为研究对象，其结构如图 2 所示。视钻头、稳定器为铰支点；测量短节及 MWD 外径($D_{外}$)为 165.1mm，内径($D_{内}$)为 75mm；在某油田进行钻井试验，井深 1500m，井斜 40°，井眼方位 330°。试求下部钻具组合系统在常用钻压条件下的横向共振转速。

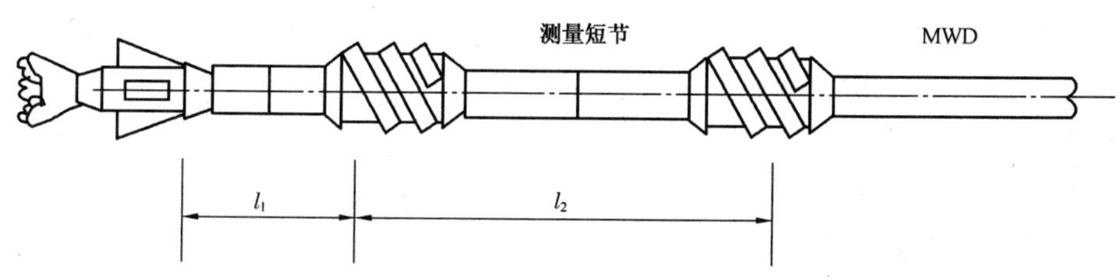

图 2 下部钻具组合系统示意图

由已知条件及下部钻具组合系统 $l_1=4.4$m，$l_2=12.93$m，按照式(7)可求解得出下部钻具组合系统在常用钻压条件下的横向共振转速(表 1)。

表 1 常用钻压条件下下部钻具组合系统横向共振转速

钻 压 kN	横向共振转速，r/min			
	1 阶共振	2 阶共振	3 阶共振	4 阶共振
80	18.9027	61.5430	161.175	238.403
100	18.9750	61.6357	161.342	238.560
150	19.3061	62.0543	161.774	238.958
180	19.5041	62.3040	162.045	239.196
200	19.6359	62.4700	162.215	239.355
250	19.9646	62.8828	162.648	239.753

由表 1 可以看出：

(1)在下部钻具组合系统中，因挂加了顶部稳定器，使得整个系统的横向共振转速降低，因此，对于横向共振转速而言，顶部稳定器的放置十分重要。

(2)当钻压在 80～250kN 范围内变化时，钻具组合的前三阶共振转速区间分别为 19～20r/min，61～63r/min 和 162～163r/min；因此，在平时选择钻井参数的过程中，应该尽量避开这些谐振带。

(3)转速范围应选择在60~160r/min范围内,因为钻具组合系统在该转速范围内不易与2阶和3阶共振转速发生谐振。

四、结论及认识

(1)整个下部钻具组合系统的横向振动不可忽视。在正常钻进情况下,人们往往重视钻压的选择而忽视转速的选择,本文研究认为,应该通过钻压和转速的配合,尽量避开横向共振转速,以保证钻具及作业安全。

(2)通过对下部钻具组合系统的横向共振分析可以得出,钻ϕ215.9mm井眼时,在80~250kN这一常见钻压范围内,存在19~20r/min、61~63r/min、162~163r/min前三阶横向共振转速区间,因此在钻井作业参数选择上,应该尽量避开谐振转速,以保证下部钻具不遭受破坏。

(3)旋转导向钻井偏心稳定器是我们在钻井技术走向智能化和自动化方面的一个探索,在结构设计、参数选配和合理使用等方面都是全新的尝试,并且还处于不断创新、摸索的阶段。随着这一课题研究成果的不断推广和应用,我们会在实践中不断加深对钻具和井下工具横向振动问题的认识。

符号注释

E——弹性模量,N/m^2;

$D_{外}$——管柱外径,m;

$D_{内}$——管柱内径,m;

I——极惯性矩,m^4,对于管柱$I=\pi(D_{外}{}^4-D_{内}{}^4)/64$;

ρ——管柱面质量,N/m^2;

A——管柱横截面积,m^2;

f——钻柱横向振动频率,1/s;

T——钻柱所受轴向力,N,根据文献[5],$T=[p-(q_1l_1+q_2l_2)/2]F\cos\alpha$;

P——钻压,N;

q——管柱单位长度在空气中的质量,N/m;

F——泥浆的浮力系数,无量纲;

β——井斜角,度;

n——钻柱横向共振转速,r/min,$n=30f/\pi$。

参考文献

[1] 清华大学工程力学系固体力学教研组振动组.机械振动(上册)[M].北京:机械工业出版社,1980

[2] THOMSON W T.振动理论及其应用[M].胡宋武,译.北京:煤炭工业出版社,1980

[3] 龚伟安.钻柱固有频率的计算理论[J].石油钻探技术,1981,16(2)

[4] J IAN G Wei,WAN G Lan. Reach on horizontal vibration of heavy weight drill pipes in directional drilling[J]. China Ocean Engineering,1992,16(4)

[5] 姜伟.扶正器钻具组合受力计算[J].天然气工业,1988,8(4)

本文原发表于《中国海上油气》2006年第5期

可控偏心稳定器钻具组合弹性稳定性研究及其应用*

姜　伟

（中海石油研究中心）

【摘　要】 可控偏心稳定器是旋转导向钻井技术中的核心工具之一，结合钻井作业的实际情况，对可控偏心稳定器钻具组合的弹性稳定性进行了研究和分析。运用纵横弯曲梁的理论，建立了管柱在纵横弯曲条件下的挠曲变形方程；运用能量法建立了受压管柱在旋转状态下的弹性变形方程，并且得到了临界钻压的求解方法；通过综合考虑井斜角、钻具自重、扭矩、转速、钻具的几何尺寸、钻压等6个重要因素对管柱临界失稳的影响，推导出了临界钻压的表达式，为合理使用好旋转导向钻井工具，特别是可控偏心稳定器心轴的合理设计和安全使用提供了理论依据，对现场钻井作业有积极的指导意义和借鉴作用。

【关键词】 可控偏心稳定器　钻具组合　弹性稳定性　临界钻压

为了研发具有自主知识产权的旋转导向钻井技术，在边研究设计、边应用总结、边摸索提高的基础上，对旋转导向钻井系统的核心工具之一——可控偏心稳定器做了大量的研究工作。其中，可控偏心稳定器钻具组合的力学稳定性研究及合理的钻井参数的确定，对于可控偏心稳定器的科学设计和合理使用具有十分重要的意义。

一、管柱纵横弯曲变形方程的建立

在对可控偏心稳定器钻具组合的弹性稳定性研究中，将其受力部件（可控偏心稳定器心轴及其上部钻铤）视为管柱，运用纵横弯曲梁理论，对管柱受力和变形进行研究，建立了管柱挠曲变形方程。为了便于研究，作如下假设：

（1）管柱质量均匀、连续分布；

（2）管柱自重可视为横向均布载荷；

（3）稳定器视为铰支承。

管柱在井斜角为 α，并受到自重产生的横向均布载荷 $q\sin\alpha$ 以及钻压 P 的作用时，管柱即为一个受力杆件，对它的研究即为受力杆件的弹性稳定性研究。沿井眼轴线方向建立坐标系，管柱受力情况如图1所示，管柱在钻压（轴向力）P 和横向均布载荷 $q\sin\alpha$ 的共同作用下，发生纵横弯曲变形，其受力模型见图2。

国家863“可控（闭环）三维轨迹钻井技术”研究课题（合同号2003AA602012）部分研究内容。

姜伟，男，高级工程师，1982年毕业于西南石油学院钻井工程专业，现任中海石油研究中心钻完井总工程师。地址：北京市东城区东直门外小街6号海油大厦（邮编：100027）。电话：010－84522639。

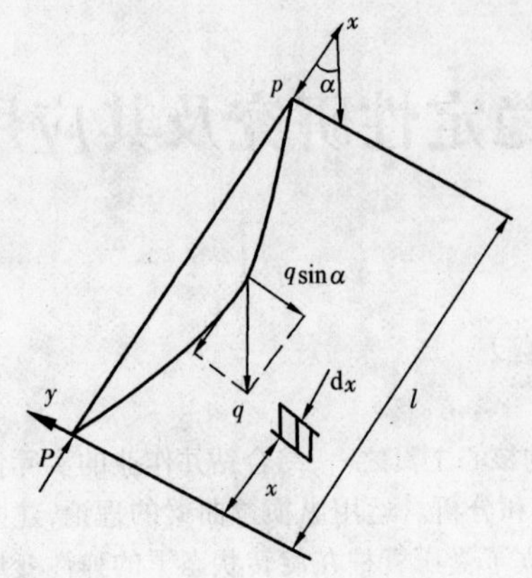

图1 管柱受力状态

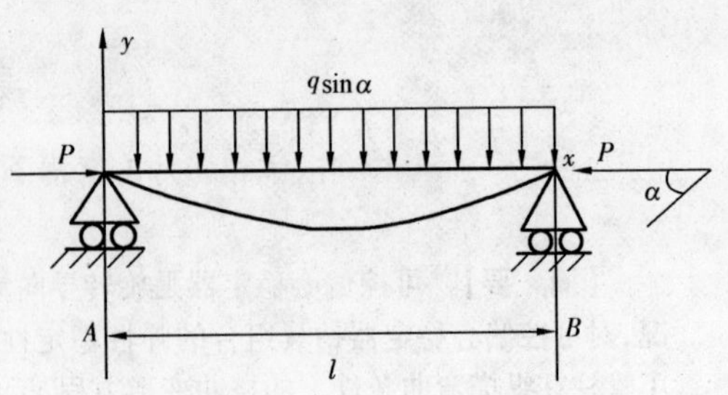

图2 管柱受力模型

对图2所示的管柱受力模型的变形研究，选择三角级数方程表示，计算更方便、快捷[1,2]。设管柱在上述情况下的挠曲变形方程为

$$y = \sum_{n=1}^{\infty} a_n \sin\left(\frac{n\pi x}{l}\right) \tag{1}$$

其挠曲变形能为

$$\mu = \frac{1}{2}EI\int_0^l \left(\frac{d^2y}{dx^2}\right)^2 dx \tag{2}$$

对式(1)求二阶导数，代入式(2)得

$$\mu = \frac{EI\pi^4}{4l^3}\sum_{n=1}^{\infty} n^4 a_n^2 \tag{3}$$

如图2所示，管柱在弯曲时，其曲线和弦长之差值为[3]

$$\lambda = \frac{1}{2}\int_0^l \left(\frac{dy}{dx}\right)^2 dx \tag{4}$$

由式(1)求导后代入式(4)得

$$\lambda = \frac{\pi^2}{4l}\sum_{n=1}^{\infty} n^2 a_n^2 \tag{5}$$

系数 a_n 的增量 da_n 引起的位移增量为

$$d\lambda = \frac{\pi^2 n^2}{2l} a_n da_n \tag{6}$$

钻压 P 所做功为

$$w_P = Pd\lambda = P\frac{\pi^2 n^2}{2l} a_n da_n \tag{7}$$

管柱自重 q 引起的横向均布载荷 $q\sin\alpha$ 所做的功为

$$w_{q} = \int_{0}^{l} q\sin\alpha\sin\left(\frac{n\pi x}{l}\right)\mathrm{d}x\mathrm{d}a_{n} = \frac{2l}{n\pi}q\sin\alpha\mathrm{d}a_{n} \tag{8}$$

此时变形能的增量为

$$d\mu = \left(\frac{EI\pi^{4}}{2l^{3}}\right)n^{4}a_{n}\mathrm{d}a_{n} \tag{9}$$

根据能量法,在临界状态时管柱的变形能等于外力所做功之和,于是,由式(7)~(9)得

$$\frac{El\pi^{4}}{2l^{3}}n^{4}a_{n}\mathrm{d}a_{n} = \frac{P\pi^{2}n^{2}}{2l}a_{n}\mathrm{d}a_{n} + \frac{2l}{n\pi}q\sin\alpha\mathrm{d}a_{n} \tag{10}$$

由式(10)可解得

$$a_{n} = \frac{4ql^{4}\sin\alpha}{EI\pi^{5}n^{3}\left(n^{2} - \dfrac{Pl^{2}}{EI\pi^{2}}\right)} \tag{11}$$

令 $\delta = \dfrac{Pl^{2}}{EI\pi^{2}}$,则式(11)可写为

$$a_{n} = \frac{4ql^{4}\sin\alpha}{EI\pi^{5}n^{3}(n^{2} - \delta)} \tag{12}$$

将式(12)代入式(1)得到管柱在纵横弯曲条件下的挠曲变形方程

$$y = \frac{4ql^{4}\sin\alpha}{EI\pi^{5}}\sum_{n=1,3,5\cdots}^{\infty}\frac{1}{n^{3}(n^{2} - \delta)}\sin\left(\frac{n\pi x}{l}\right) \tag{13}$$

这种用三角级数表达的挠曲变形方程具有很高的精度。如,取 $n=1$,即仅取级数方程的第一项时,其最大挠度与精确解之差不足0.5%,足以满足工程上的需求,而此时的挠曲变形方程可简化为

$$y = \frac{4ql^{4}\sin\alpha}{EI\pi^{5}}\frac{1}{(1 - \delta)}\sin\left(\frac{\pi x}{l}\right) \tag{14}$$

式(14)即为管柱在井斜角为 α,并受到钻压 P 和横向均布载荷 $q\sin\alpha$ 作用时的挠曲变形方程,此亦为管柱的纵横弯曲变形方程。

二、管柱的弹性稳定性研究

管柱的弹性稳定性研究的基本问题就是计算出管柱失稳的临界钻压,通常情况下,用能量法计算简便快捷[3]。根据能量法,管柱由直线平衡状态过渡到曲线平衡状态的过程中,外力所做功等于变形能。利用能量法计算临界钻压的方法如下。

1. 管柱的变形能

管柱在井下受力状态时的变形能主要有弯曲变形能和扭转变形能两类。对于弯曲变形

能,应考虑管柱受到横向均布载荷 $q\sin\alpha$ 和钻压 P 联合作用时的纵横弯曲变形能。

图 2 中,在两个铰支点之间长度为 l 的一段管柱内,受到钻压 P 和横向均布载荷 $q\sin\alpha$ 的作用,产生挠度 f,取微元 $\mathrm{d}x$,其变形能为

$$\mathrm{d}\mu_{\mathrm{B}} = \frac{M^2}{2EI}\mathrm{d}x \tag{15}$$

又

$$M = EI\frac{\mathrm{d}^2 y}{\mathrm{d}x^2} \tag{16}$$

由式(15)和式(16)可得管柱的弯曲变形能为

$$\mu_{\mathrm{B}} = \int_0^l \frac{M^2}{2EI}\mathrm{d}x = \frac{EIf_1^2\pi^4}{4l^3} \tag{17}$$

在旋转钻井时,管柱受到来自中心顶部驱动或是转盘驱动对钻柱的转动扭矩,管柱上的扭转变形能[4]为

$$\mu_{\mathrm{T}} = \frac{M_{\mathrm{n}}^2 l}{2GJ_{\mathrm{p}}} \tag{18}$$

2. 外力所做功

在图 2 所示的情况下,外力所做的功主要有钻压 P、横向均布载荷 $q\sin\alpha$ 及由于钻柱转动在管柱上产生的离心力这 3 种外力所做的功。

钻压 P 所做功为

$$\overline{w_{\mathrm{p}}} = P\lambda = \frac{Pf_1^2\pi^2}{4l} \tag{19}$$

横向均布载荷 $q\sin\alpha$ 所做功为

$$\overline{w_{\mathrm{q}}} = \int_0^l \frac{1}{2}(q\sin\alpha)y\mathrm{d}x = \frac{(q\sin\alpha)lf_1}{2\pi} \tag{20}$$

在图 2 中,取微元 $\mathrm{d}x$,令其转动时的角速度为 ω,其轴线与井眼轴线中心距为 y,则作用在微元上的离心力为

$$\mathrm{d}T = \left(\frac{q\sin\alpha}{g}\right)\omega^2 y\mathrm{d}x \tag{21}$$

于是,离心力所做功为

$$\overline{w_{\mathrm{c}}} = \int_0^l \frac{1}{2}y\mathrm{d}T = \frac{(q\omega^2 f_1^2 l)}{4g} \tag{22}$$

3. 临界钻压的计算

根据能量法,系统由平衡稳定状态向不稳定状态转变时,载荷所做功等于变形过程中变形能的变化,由此可计算出临界钻压。

由式(17)~(22)可得

$$\frac{EIf_1^2\pi^4}{4l^3}+\frac{M_n^2 l}{2GJ_p}=\frac{Pf_1^2\pi^2}{4l}+\frac{q\omega^2 f_1^2 l}{4g}+\frac{(q\sin\alpha)f_1 l}{2\pi} \tag{23}$$

式(23)变形为

$$(g\pi^6 M_n^2 l^4)P^2-2g\pi^2 l^2[4(q\sin\alpha)^2 GIl^4+EI\pi^6 M_n^2]P+$$
$$8(q\sin\alpha)^2 Gl^4[g\pi^4 EI^2-2q\omega^4 Il^4]+g\pi^6(EI\pi^2)^2 M_n^2=0 \tag{24}$$

令:

$$A=g\pi^6 M_n^2 l^4$$

$$B=-2g\pi^2 l^2[4(q\sin\alpha)^2 GIl^4+EI\pi^6 M_n^2]$$

$$C=8(q\sin\alpha)^2 Gl^4(g\pi^4 EI^2-2q\omega^4 Il^4)+g\pi^6(EI\pi^2)^2 M_n^2$$

则式(24)为标准的二次方程的形式,即

$$AP^2+BP+C=0 \tag{25}$$

按照其求根公式,求出临界钻压 P_{cr} 为

$$P_{cr}=\frac{[4(q\sin\alpha)^2 GIl^4+EI\pi^6 M_n^2]}{\pi^4 l^2 M_n^2}\pm$$
$$\Big\{[4(q\sin\alpha)^2 GIl^4+EI\pi^6 M_n^2]^2-\pi^2 M_n^2$$
$$\times[8(q\sin\alpha)^2 Gl^4(\pi^4 EI^2-2q\omega^2 Il^4/g)]$$
$$+\pi^6(EI\pi^2)^2 M_n^2\Big\}^{1/2}/(\pi^4 l^2 M_n^2) \tag{26}$$

式(26)即为通常情况下,井斜角为 α,并受到自重产生的横向均布载荷 $q\sin\alpha$ 和钻压 P 的联合作用,求解临界钻压的一般式,它综合考虑了钻柱旋转角速度 ω,转动扭矩 M_n 等参数对临界钻压的影响。对式(26)讨论如下。

(1)当井斜角为0°,即在垂直井段钻进时,$\sin\alpha=0$,由式(26)求解临界钻压的计算公式为

$$P_{cr}=\frac{El\pi^2}{l^2}-\frac{l^2\omega^2}{\pi^2} \tag{27}$$

(2)当井斜角为90°,即在水平井段钻进时,$\sin\alpha$ 取值最大,此时的临界钻压计算公式为

$$P_{cr}=\frac{[4q^2GIl^4+EI\pi^6M_n^2]}{\pi^4l^2M_n^2}\pm\left\{[4q^2GIl^4+EI\pi^6M_n^2]-\pi^2M_n^2\times[8q^2Gl^4(\pi^4EI^2-2q\omega^2Il^4/g)]+\pi^6(EI\pi^2)^2M_n^2\right\}^{1/2}\Big/(\pi^4l^2M_n^2)\qquad(28)$$

(3)当 $\alpha=0°$ 且 $\omega=0$ 时,即在垂直井段钻进且使用泥浆马达滑动钻进或者是在钻柱静止状态下加压钻进,由式(27)得临界钻压的计算公式为

$$P_{cr}=\frac{EI\pi^2}{l^2}\qquad(29)$$

此时的临界钻压即为典型的欧拉载荷。

通过对临界钻压的一般方程式(26)的讨论可以看出:

(1)与典型的欧拉载荷相比,在垂直井段钻进时,由于钻柱的转动,其临界钻压要比欧拉载荷低,其降低值为$\frac{l^2\omega^2}{\pi^2}$,降低值与转速成正比,这在校核和使用可控偏心稳定器时应引起注意。

(2)由式(29)可知,只有当钻柱静止加压钻进或是采用泥浆马达滑动钻进时,校核可控偏心稳定器心轴的临界钻压才与欧拉载荷相同;而在钻柱转动时,校核可控偏心稳定器心轴的临界钻压必须考虑转速、扭矩的综合影响,并且临界钻压要低于欧拉载荷。

(3)本文对管柱在旋转状态下的弹性稳定性研究,综合考虑了井斜角、自重、扭矩等多个参数对临界钻压的影响,较为接近现场实际情况。

三、应用实例

[**例1**] 以陆上油田某井实际钻井试验为例,对可控偏心稳定器钻具组合的弹性稳定性进行分析和计算。已知下井使用 ϕ215.9mm 钻头和 ϕ165.1mm 钻铤,其 $d_o=165$mm,$d_i=71.4$mm,单位长度重量 $q=136.2$kg/m;钻具组合为:ϕ215.9mm 钻头 + ϕ215.9mm 可控偏心稳定器 + 地质参数测量短节(自然伽马、电阻率) + MWD($l=13$m) + 顶部稳定器无磁钻铤 + ϕ127mm 钻杆;此时井深为 1680m,井斜角为 30°,钻井参数:钻压为 50 ~ 60kN,转速为 80r/min,钻进扭矩为5000 ~ 6000N · m,求钻铤的临界钻压并分析弹性稳定性。

按本文式(26)的求解方法,计算得到在井斜角为 30°、转速为 80 ~ 100r/min、扭矩为 5000 ~ 6000N · m 时钻铤的临界钻压(表1)。

表1 例1中井斜角为30°、不同转速和扭矩下钻铤的临界钻压

转速,r/min	扭矩,N · m	临界钻压,kN
80	5000	179.5
100	5000	75.2
80	6000	198.6
100	6000	100.0

由例1的计算结果可以看出：

（1）在井斜角不变的情况下，随扭矩的增大，临界钻压增加；

（2）在井斜和扭矩不变的情况下，随钻柱转速增加，临界钻压降低；

（3）本例中的钻具组合在以通常转速80r/min钻进时，实际钻压为50～60kN，此时的临界钻压在179.5～198.6kN之间，满足作业需求。

［例2］ 已知条件同例1，井斜角分别为90°、80°、60°、40°、20°、0°，转速为60～80r/min，扭矩为4000～6000N·m，求临界钻压。

根据式（26）求出在不同井斜角及给定转速和扭矩条件下的临界钻压结果见表2。

表2 例2中不同井斜角、不同转速和扭矩钻进时钻铤的临界钻压

转速 r/min	扭矩 N·m	临界钻压，kN					
		90°	80°	60°	40°	20°	0°
80	6000	137.4	138.7	147.4	173.2	198.6	433.0
80	4000	117.4	118.0	123.0	140.0	158.8	433.0
60	6000	257.0	257.4	260.8	271.7	283.5	433.0
60	4000	249.5	247.0	251.6	258.0	266.0	433.0

由例2的计算结果可以看出：

（1）在同样扭矩的情况下，井斜增加，临界钻压降低；

（2）在同样转速的情况下，扭矩增加，临界钻压增加；

（3）在以常用转速60～80r/min和扭矩4000～6000N·m钻进时，临界钻压为117～283kN，同样满足作业需求。

［例3］ 已知可控偏心稳定器心轴的$d_o=100$mm、$d_i=50$mm、单位长度质量$q=46$kg/m，长度$l=2.5$m，井斜角为30°，其余条件同例1，求其临界钻压。

根据式（26），求出井斜角为30°时可控偏心稳定器心轴的临界钻压为2930kN，这表明所设计的可控偏心稳定器心轴的临界钻压完全可以满足一般情况下现场作业的要求。

四、结论及认识

（1）可控偏心稳定器是旋转导向钻井技术中的核心工具之一，对于可控偏心稳定器及其以上钻铤长度及钻井参数的合理确定及科学的设计至关重要，根据动态条件下计算的临界钻压来选择合理的钻井参数，关系到工具的安全使用，钻井作业的顺利进行。

（2）在考虑井斜，并且管柱受到其自重产生的横向均布载荷$q\sin\alpha$和钻压P的联合作用下，建立了管柱的挠曲变形方程，采用三角级数方程表示，计算快捷，精度能满足工程需求。

（3）采用能量法得出了在井斜角、转速、扭矩变化的情况下计算临界钻压的一般方程，该方程结合了钻井作业状态，并综合考虑了转速、扭矩、井斜角，以及钻具的几何尺寸、长度、自重等6个参数；给出了用能量法求解临界钻压的方法，比较符合钻具在井下工作的实际情况，对指导现场作业，帮助确定心轴合理的设计参数和钻井参数有重要意义。

（4）采用本文的分析方法研究和分析偏心稳定器钻具组合的弹性稳定性，具有简单、快捷，满足工程需求的特点，是现场作业中十分实用的一种分析方法。

(5)对于研究过程中遇到的新问题，要从理论研究和实际认识两方面入手解决，在研究和现场应用方面，有紧密的联合和有机的结合，才有助于在认识上尽快接近实际，加快研究和应用的进程。

(6)在大位移井、水平井、复杂的可控三维井眼轨迹钻井中都需要用可控偏心稳定器旋转导向钻具组合，自主研发的可控偏心稳定器已在研究与应用的过程中逐步地完善了其设计方法与应用技术。

符号注释

E——弹性模量，取 $E=2.058\times10^5$ MPa；

I——惯性矩[对于管柱 $I=\frac{\pi}{64}(d_o^4-d_i^4)$]，$m^4$；

d_o——管柱的外径，m；

d_i——管柱的内径，m；

G——剪切弹性模量，取 $G=0.823\times10^5$ MPa；

M_n——钻柱旋转时的扭矩，N·m；

J_P——极惯性矩[对于钻柱 $J_P=\frac{\pi}{32}(d_o^4-d_i^4)$]，$m^4$；

ω——钻柱旋转的角速度$\left(\omega=\frac{n\pi}{30}\right)$，$s^{-1}$；

a_n——正弦挠度曲线中的最大纵坐标量，m；

n——正弦曲线半波的数目，一般取 $n=1,2,3\cdots$；

g——重力加速度，m/s^2；

q——管柱单位长度的重量，N/m；

P——轴向力(钻压)，N；

P_{cr}——临界钻压，N；

α——井斜角，(°)；

l——两铰支点间管柱的长度，m；

f_1——挠度系数。

参考文献

[1] 铁摩辛柯 S，盖尔 J. 弹性稳定理论[M]. 北京：科学出版社，1965

[2] 铁摩辛柯 S. 汪一麟译. 材料力学(高等理论及问题)[M]. 北京：科学出版社，1979

[3] 铁摩辛柯 S，盖尔 J. 胡人礼译. 材料力学[M]. 北京：科学出版社，1978

[4] 孙训芳，方孝淑. 材料力学[M]. 北京：北京人民教育出版社，1979

本文原发表于《中国海上油气》2007 年第 2 期

旋转导向带挠性接头变刚度钻具组合的弹性稳定性分析

姜 伟

（中海石油研究中心）

【摘 要】 应用能量守恒原理，建立了旋转导向带挠性接头变刚度钻具组合的挠曲变形方程，根据旋转导向钻井作业实际状况，综合考虑钻压、转速、扭矩、钻具几何尺寸、钻具重量、井斜角和变刚度系数等因素对钻具组合弹性稳定性的影响，推导出了临界钻压计算公式。研究结果对于现场应用和理论分析均具有重要意义。

【关键词】 旋转导向 钻具组合 挠性接头 变刚度 弹性稳定性 临界钻压

中国海油在"十一五"期间联合有关单位开展了旋转导向钻井工具和技术研究，经过技术攻关完成了旋转导向钻井系统的研制与开发，并在陆地和海上油田进行了现场试验，取得良好效果。在旋转导向钻具组合中加入挠性接头，其临界钻压和造斜能力会相应变化，以前仅对水平井变刚度普通钻具在静力学和动态条件下[1]的稳定性作过研究[2,3]，但对旋转导向带挠性接头变刚度钻具组合的稳定性还没有足够的认识，因此弄清楚带挠性接头钻具组合的弹性稳定性，无论在工具的设计和制造方面还是在指导现场作业方面，都有着十分重要的意义。

一、带挠性接头变刚度钻具组合的纵横弯曲变形方程

设任意井眼里井眼轴线与铅垂线之间的夹角为 α（井斜角），带挠性接头钻具组合受到轴向力（钻压）P 的作用，在挠性接头自重 q_1 和钻具自重 q_2 的作用下产生的横向均布载荷为 $q_1\sin\alpha$ 和 $q_2\sin\alpha$，以钻具轴线方向为 x 轴建立直角坐标系，则带挠性接头钻具组合的受力情况如图 1 所示。

为了研究问题方便，同时考虑到钻井作业的实际情况，作如下假设：

（1）井眼直径即为钻头直径，即不考虑井径扩大问题；

（2）将钻具的质量视为连续和均匀分布，钻具自重产生的横向载荷为横向均布载荷；

（3）将钻具稳定器视为铰支承。

带挠性接头钻具组合在井眼中承受轴向力 P、横向均布载荷 $q_1\sin\alpha$ 和 $q_2\sin\alpha$ 的联合作用而发生纵横弯曲，其受力模型如图 2 所示。将带挠性接头钻具组合的受力变形视为梁柱的纵

国家"十一五"863 计划"旋转导向钻井系统工程化技术研究"课题部分研究内容。

姜伟，男，高级工程师，1982 年毕业于西南石油学院钻井工程专业，现在中海石油研究中心钻完井总工程师。地址：北京市东城区东直门外小街 6 号海油大厦（邮编：100027）。电话：010－84522639。

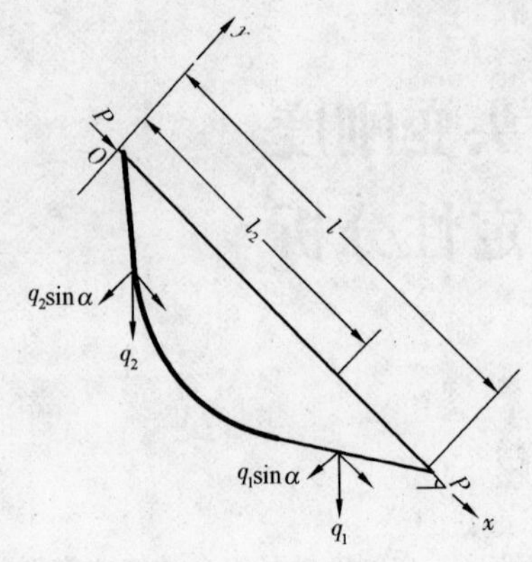

图 1　带挠性接头钻具组合的受力情况

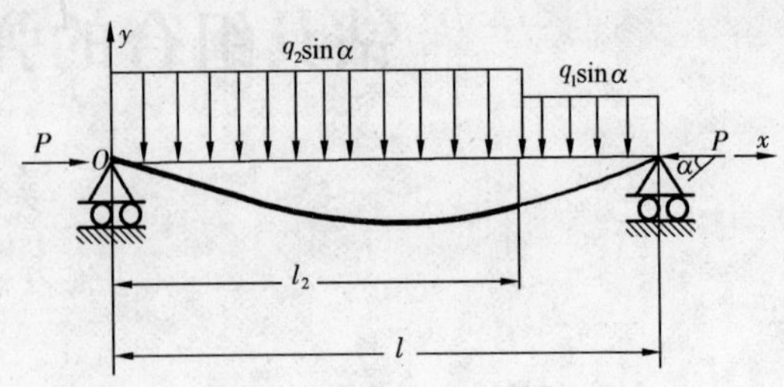

图 2　带挠性接头钻具组合的受力模型

横弯曲,由文献[4]可知,在研究梁的纵横弯曲变形时,采用三角级数方程表示,计算更加简捷和方便。因此,选择的带挠性接头钻具组合的挠曲变形方程为

$$y = \sum_{n=1}^{\infty} a_n \sin\frac{n\pi x}{l} \tag{1}$$

对式(1)求二阶导数得

$$y'' = -\sum_{n=1}^{\infty} a_n \left(\frac{n\pi}{l}\right)^2 \sin\frac{n\pi x}{l} \tag{2}$$

梁的弯矩为

$$M = EIy'' \tag{3}$$

梁的弯曲变形能为

$$\mu_B = \int_0^l \frac{M^2}{2EI}\mathrm{d}x \tag{4}$$

由于梁全长分为 2 段,因此需要对 l_1 和 l_2 进行分段积分然后求和,l_1 和 l_2 的弯曲变形能分别为

$$\mu_{B1} = \int_0^{l_2} \frac{M^2}{2EI_2}\mathrm{d}x = \frac{EI_2}{2}a_n^2\left(\frac{n\pi}{l}\right)^4\left[\frac{l_2}{2} - \frac{l}{4n\pi}\sin\frac{2n\pi l_2}{l}\right] \tag{5}$$

$$\mu_{B2} = \int_{l_2}^{l} \frac{M^2}{2EI_1}\mathrm{d}x = \frac{EI_1}{2}a_n^2\left(\frac{n\pi}{l}\right)^4\left[\frac{l_1}{2} + \frac{l}{4n\pi}\sin\frac{2n\pi l_2}{l}\right] \tag{6}$$

整个梁的弯曲变形能为

$$\mu_B = \mu_{B1} + \mu_{B2} = \frac{E}{4}a_n^2\left(\frac{n\pi}{l}\right)^4 \times \left[I_1 l_1 + I_2 l_2 + (I_1 - I_2)\frac{l}{2n\pi}\sin\frac{2n\pi l_2}{l}\right] \tag{7}$$

令

$$\beta = I_1 l_1 + I_2 l_2 + (I_1 - I_2)\frac{l}{2n\pi}\sin\frac{2n\pi l_2}{l} \tag{8}$$

则式(7)简化为

$$\mu_B = \frac{E}{4}a_n^2\left(\frac{n\pi}{l}\right)^4\beta \tag{9}$$

可推广为以下形式

$$\mu_B = \frac{E\pi^4}{4l^4}\beta\sum_{n=1}^{\infty}n^4 a_n^2 \tag{10}$$

从式(10)中可以看出,β 反映了变刚度对弯曲变形能的影响程度。不难验证,当 $I_1 = I_2 = I$ 时,即刚度不变时,在式(8)中 $\beta = I(l_1 + l_2) = Il$,代入式(10)可得

$$\mu_B = \frac{EI\pi^4}{4l^3}\sum_{n=1}^{\infty}n^4 a_n^2 \tag{11}$$

式(11)与文献[2、5]的形式相同,因此,可以视 β 为变刚度系数。

另外,梁在弯曲时,挠度曲线与弦长之差为[6]

$$\lambda = \frac{1}{2}\left(\int_0^l \frac{dy}{dx}\right)^2 dx \tag{12}$$

由式(12)可求得

$$\lambda = \frac{\pi^2}{4l}\sum_{n=1}^{\infty}n^2 a_n^2 \tag{13}$$

系数 a_n 的增量 da_n 引起的位移增量为

$$d\lambda = \frac{\partial\lambda}{\partial a_n}da_n = \frac{\pi^2 n^2}{2l}a_n da_n \tag{14}$$

则轴向力 P 做的功为

$$w_p = Pd\lambda = \frac{P\pi^2 n^2}{2l}a_n da_n \tag{15}$$

横向均布载荷 $q_1\sin\alpha$ 和 $q_2\sin\alpha$ 做的功由对梁长 l_1 和 l_2 进行积分求和得到

$$\begin{aligned} w_q &= \int_0^{l_2} q_2\sin\alpha\sin\frac{n\pi x}{l}dx da_n + \int_{l_2}^{l} q_1\sin\alpha\sin\frac{n\pi x}{l}dx da_n \\ &= \frac{l}{n\pi}\left[q_2\left(1 - \cos\frac{n\pi l_2}{l}\right) + q_1\left(1 + \cos\frac{n\pi l_2}{l}\right)\right]\sin\alpha da_n \end{aligned} \tag{16}$$

梁的应变能的增量为

$$d\mu = \frac{E\pi^4}{2l^4}\beta n^4 a_n da_n \tag{17}$$

根据能量守恒原理,应变能的增量等于外力做的功之和,故由式(15)、(16)和(17)可得

$$\frac{E\pi^4}{2l^4}\beta n^4 a_n \mathrm{d}a_n = \frac{P\pi^2 n^2}{2l}a_n \mathrm{d}a_n + \frac{l}{n\pi}\times\left[q_2\left(1-\cos\frac{n\pi l_2}{l}\right)+q_1\left(1+\cos\frac{n\pi l_2}{l}\right)\right]\sin\alpha \mathrm{d}a_n$$

解得

$$a_n = \frac{2l^5\left[q_2\left(1-\cos\frac{n\pi l_2}{l}\right)+q_1\left(1+\cos\frac{n\pi l_2}{l}\right)\right]\sin\alpha}{E\beta\pi^5 n^3\left(n^2-\frac{Pl^3}{E\beta\pi^2}\right)} \tag{18}$$

将式(18)代入式(1)可得到在纵横弯曲条件下梁的挠曲变形方程为

$$y = \frac{2l^5\sin\alpha}{E\beta\pi^5}\times\sum_{n=1,3,5\cdots}^{\infty}\frac{q_2\left(1-\cos\frac{n\pi l_2}{l}\right)+q_1\left(1+\cos\frac{n\pi l_2}{l}\right)}{n^3\left(n^2-\frac{Pl^3}{E\beta\pi^2}\right)}\sin\frac{n\pi x}{l} \tag{19}$$

用三角级数方程表示的挠曲变形方程只取第一项级数进行计算,其精度足以满足工程需要[4]。取 $n=1$ 由式(19)得

$$y = \frac{2l^5\sin\alpha}{E\beta\pi^5}\times\frac{q_2\left(1-\cos\frac{\pi l_2}{l}\right)+q_1\left(1+\cos\frac{\pi l_2}{l}\right)}{\left(1-\frac{Pl^3}{E\beta\pi^2}\right)}\sin\frac{\pi x}{l} \tag{20}$$

式(20)即为在纵横弯曲条件下带挠性接头变刚度钻具组合的挠曲变形方程。

当 $I_1=I_2=I, q_1=q_2=q$ 时,式(20)可简化为

$$y = \frac{4ql^4\sin\alpha}{EI\pi^5\left(1-\frac{Pl^2}{EI\pi^2}\right)}\sin\frac{\pi x}{l} \tag{21}$$

式(21)即为文献[4]中不变刚度条件下的挠曲变形方程,它是式(20)的一种特殊形式。

二、带挠性接头变刚度钻具组合的弹性稳定性分析

在带挠性接头变刚度钻具组合发生纵横弯曲时的挠曲变形方程中,a_n 表示离开平衡位置时的最大位移,为了便于推导,令 $f_n=a_n$,于是挠曲变形方程可以写成

$$y = \sum_{n=1}^{\infty} f_n \sin\frac{n\pi x}{l} \tag{22}$$

当取 $n=1$ 时

$$y = f\sin\frac{\pi x}{l} \tag{23}$$

运用能量法研究钻具的弹性稳定性时，应考虑钻具在由直线平衡状态过渡到曲线平衡状态的过程中，外载荷所做功应等于弯曲应变能。

1. 钻具纵横弯曲变形能

在轴向力 P 以及横向均布载荷 $q_1\sin\alpha$ 和 $q_2\sin\alpha$ 的联合作用下，钻具发生弯曲产生的挠度为 y，其弯曲变形能为

$$\mu_B = \int_0^{l_2} \frac{M^2}{2EI_2}dx + \int_{l_2}^{l} \frac{M^2}{2EI_1}dx = \frac{E}{4}f^2\left(\frac{\pi}{l}\right)^4\beta \tag{24}$$

2. 扭矩变形能

在井下工作状态，钻具要受到来自上部顶部驱动或是方钻杆带来的驱动力矩，同时还要受到来自钻头的阻力矩的作用，其扭矩变形能[1]为

$$\mu_T = \frac{M_n^2 l_1}{2GJ_{p1}} + \frac{M_n^2 l_2}{2GJ_{p2}} \tag{25}$$

极惯性矩 J_p 在数值上等于惯性矩 I 的 2 倍，因此由式(25)得

$$\mu_T = \frac{M_n^2}{4G}\left(\frac{l_1}{I_1} + \frac{l_2}{I_2}\right) \tag{26}$$

3. 弯曲过程中轴向力 P 做功

$$w_p = P\lambda = P\frac{1}{2}\left(\int_0^{l_1}\frac{dy}{dx}\right)^2 dx = \frac{Pf^2\pi^2}{4l} \tag{27}$$

4. 横向均布载荷做功

$$w_q = \int_0^{l_2}\frac{1}{2}(q_2\sin\alpha)y dx + \int_{l_2}^{l}\frac{1}{2}(q_1\sin\alpha)y dx = \frac{1}{2}f(q_1 l_1 + q_2 l_2)\sin\alpha \tag{28}$$

5. 离心力做功

由图 1，取微元 dx，设钻具转动时的角速度为 ω，距井眼中心距为 y，则作用于 dx 微元上的离心力为

$$dT = \frac{\sin\alpha}{g}\omega^2(q_1 + q_2)y dx \tag{29}$$

离心力所做的功为

$$w_{c}=\int_{0}^{l_2}\frac{1}{2}y\mathrm{d}T+\int_{l_2}^{l}\frac{1}{2}y\mathrm{d}T=\frac{\omega^2}{4g}f^2(q_1l_1+q_2l_2) \tag{30}$$

据能量法，由式(24)、(26)~(28)、(30)可得

$$\frac{E}{4}f^2\left(\frac{\pi}{l}\right)^4\beta+\frac{M_n^2}{4G}\left(\frac{l_1}{I_1}+\frac{l_2}{I_2}\right)=\frac{Pf^2\pi^2}{4l}+\frac{\omega^2f^2(q_1l_1+q_2l_2)}{4g}+\frac{f(q_1l_1+q_2l_2)\sin\alpha}{2\pi} \tag{31}$$

令

$$\overline{w}=q_1l_1+q_2l_2$$

$$Q=q_2\left(1-\cos\frac{\pi l_2}{l}\right)+q_1\left(1+\cos\frac{\pi l_2}{l}\right)$$

$$K=l_1I_2+l_2I_1$$

则由式(31)可得有关钻压 P 的二次方程

$$\begin{aligned}&g\pi^6l^6M_n^2KP^2+2g\pi^2l^3[2Gl^5I_1I_2Q(\overline{w}-lQ)\sin^2\alpha-\\&\pi^6M_n^2KE\beta]P+4Gl^5QI_1I_2[g\pi^4E\beta(lQ-\overline{w})-\\&l^5Q\omega^2\overline{w}]\sin^2\alpha+g\pi^{10}M_n^2K(E\beta)^2=0\end{aligned} \tag{32}$$

解此二次方程可得临界钻压 P_{cr} 的计算公式

$$\begin{aligned}P_{cr}=&\frac{-2Gl^5I_1I_2Q(\overline{w}-lQ)\sin^2\alpha+\pi^6M_n^2KE\beta}{\pi^4l^3M_n^2K}\pm\Big\{[2Gl^5I_1I_2Q(\overline{w}-lQ)\sin^2\alpha-\\&\pi^6M_n^2KE\beta]^2-\pi^2M_n^2K[8Gl^5I_1I_2(E\beta\pi^4lQ\sin^2\alpha-E\beta\pi^4\overline{w}\sin^2\alpha-Ql^5\omega^2\overline{w}/g)+\\&\pi^{10}M_n^2K(E\beta)^2]\Big\}^{\frac{1}{2}}/(\pi^4l^3M_n^2K)\end{aligned} \tag{33}$$

式(33)即为计算带挠性接头变刚度钻具组合临界钻压的通用公式，它综合反映了钻具的刚度 EI_1、EI_2，钻具自重 q_1、q_2，扭矩 M_n，转动角速度 ω，井斜角 α 和变刚度系数 β 等参数对临界钻压的影响。下面讨论几种特殊情况下的临界钻压。

(1)当 $\alpha=0°$，$\omega\neq0$，即采用带挠性接头变刚度钻具组合在直井段钻进时，由式(33)可求得

$$P_{cr}=\frac{E\beta\pi^2}{l^3}-\frac{\omega^2l(q_1l_1+q_2l_2)}{g\pi^2} \tag{34}$$

(2)当 $\alpha=0°$，$\omega\neq0$，且 $I_1=I_2=I$、$q_1=q_2=q$ 时，由式(34)可得

$$P_{cr}=\frac{EI\pi^2}{l_2}-\frac{\omega^2ql^2}{g\pi^2} \tag{35}$$

显然，式(35)中的第一项为不变刚度条件下的欧拉载荷[6]，当 $\omega\neq0$，其临界钻压的减少值与转速 ω^2 成正比；而式(34)中的第一项则是变刚度条件下的欧拉载荷；同样，由于钻具的

转动，其临界钻压的减少值与 $w^2 l(q_1 l_1 + q_2 l_2)(g\pi^2)^{-1}$ 成正比，同时也说明，其减少值不但与转速 ω^2 成正比，还与分段自重与段长乘积之和成正比。

(3)当 $\alpha = 90°$，$\omega \neq 0$，即为水平段旋转钻进时，由式(33)得

$$P_{cr} = \frac{-2Gl^5 I_1 I_2 Q(\overline{w} - lQ) + \pi^6 M_n^2 KE\beta}{\pi^4 l^3 M_n^2 K} \pm \Big\{ [2Gl^5 I_1 I_2 Q(\overline{w} - lQ) - \pi^6 M_n^2 KE\beta]^2 - \pi^2 M_n^2 K \times [8Gl^5 I_1 I_2 (E\beta \pi^4 lQ - E\beta \pi^4 \overline{w} - Ql^5 \omega^2 \overline{w}/g) + \pi^{10} M_n^2 K (E\beta)^2] \Big\}^{\frac{1}{2}} / (\pi^4 l^3 M_n^2 K) \tag{36}$$

(4)当 $\alpha = 90°$，$\omega = 0$，$M_n = 0$，即在水平段滑动钻进(带泥浆马达钻进)时，由式(33)得

$$P_{cr} = \frac{E\beta \pi^2}{l^3} \tag{37}$$

由此可见，在水平段钻进时，临界钻压表达式较为复杂，可分为 $\omega = 0$ 和 $\omega \neq 0$ 两种情况来计算。

(5)当不带挠性接头，即钻具的刚度不变时，$I_1 = I_2 = I$，由式(33)可得

$$P_{cr} = \frac{4G(ql^2 \sin\alpha)^2 I + EI\pi^6 M_n^2}{\pi^4 l^2 M_n^2 L} \pm \Big\{ [4(ql^2 \sin\alpha)^2 GI + \pi^6 M_n^2 EI]^2 - \pi^2 M_n^2 \times [8(q\sin\alpha)^2 Gl^4 (EI\pi^4 I^2 - 2l^4 \omega^2 Iq/g) + \pi^{10} M_n^2 (EI\pi^2)^2] \Big\}^{\frac{1}{2}} / (\pi^4 l^2 M_n^2) \tag{38}$$

式(38)为不变刚度条件下的临界钻压计算公式，它与文献[2]的结果是一致的。

至此，完成了旋转导向钻具组合在带挠性接头条件下的临界钻压计算公式，利用式(33)可以很方便地对钻具作弹性稳定性分析。

三、算例分析

旋转导向带挠性接头钻具组合如图3所示，分析井斜角为90°，钻压为50～150kN，转速为60～80r/min，扭矩为7000～8500N·m时的带挠性接头钻具组合的弹性稳定性。可分两种情况进行分析：

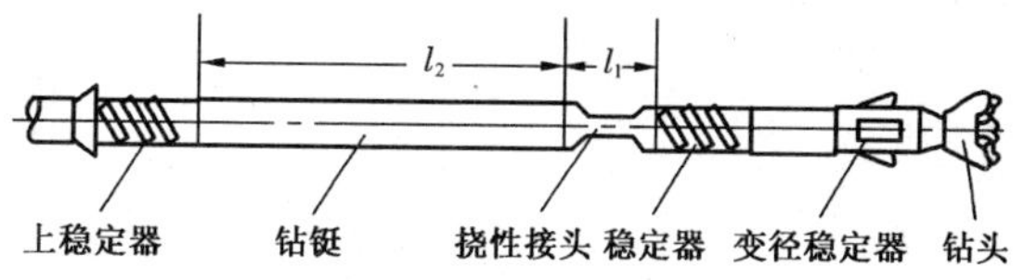

图3　旋转导向带挠性接头钻具组合

(1)采用不变刚度钻具组合，$l = 15.0$m，钻铤尺寸为 ϕ165.1mm，$q = 695$N/m；

(2)采用变刚度钻具组合，$l_1 = 2.0$m，$l_2 = 13.0$m，挠性接头尺寸为 ϕ120.65mm，$q_1 = 516$ N/m，钻铤尺寸 ϕ165.1mm，$q_2 = 695$N/m。

由式(33)和式(38)求得变刚度和不变刚度两种情况下的临界钻压见表1。

表 1　井斜角为 90°时临界钻压计算结果

转速 r/min	扭矩 N·m	临界钻压,kN		相对误差 %	实际钻压 kN
		不变刚度	变刚度		
60	7000	320	220	31.2	50~150
60	8500	260	193	25.7	50~150
75	7000	350	236	32.6	50~150
75	8500	290	206	28.9	50~150
80	7000	360	251	30.3	50~150
80	8500	300	219	27.0	50~150

由表 1 可以看出,在井斜角为 90°的水平段钻进时,临界钻压有如下特点:

(1)在转速相同的条件下,临界钻压随扭矩的增加而减少;

(2)在扭矩相同的条件下,临界钻压随转速的增加而增加;

(3)在转速和扭矩相同条件下,变刚度钻具组合临界钻压比不变刚度钻具组合小。

当转速为 80r/min,扭矩为 7000~8500N·m 时,由式(33)和(38)分别求得的不同井斜角时变刚度和不变刚度条件下的临界钻压见表 2。

表 2　转速为 80r/min 时不同情况下临界钻压计算结果

井斜角 (°)	临界钻压,kN			
	扭矩为 7000N·m		扭矩为 8500N·m	
	不变刚度	变刚度	不变刚度	变刚度
0	91	94	91	94
30	202	165	180	152
60	313	227	264	200
90	360	251	299	219

由表 2 可以看出,临界钻压有如下特点:

(1)在转速和扭矩相同条件下,变刚度和不变刚度钻具组合的临界钻压均随井斜角的增大而增大;

(2)在井斜角和转速相同的条件下,临界钻压随扭矩的增加而减小,并且变刚度钻具组合临界钻压比不变刚度钻具组合小。

四、结束语

(1)通过推导和分析,证明了在旋转导向钻具组合中弹性稳定性的分析对于改善工具造斜能力和整体的力学性能影响是至关重要的。

(2)利用本文的研究成果,可以得出一种调整和改变旋转导向钻具组合弹性稳定性及造斜能力的方法,并且用于指导旋转导向工具中钻具组合的研制和确定,以及现场选配合理的钻井参数,以取得不同的井眼轨迹和控制效果。

(3)应用本文的研究方法,可以确定旋转导向带挠性接头钻具组合在动态和静态条件下的临界钻压,用于指导钻具组合的选择和设计,并合理选择挠性接头的结构参数;同时还可以为现场钻井作业提供一种正确的钻井参数的选配方法,从而为科学合理的制定设计参数以及选配钻井作业参数提供科学的依据。

(4)用能量法求解旋转导向带挠性接头钻具组合中的临界钻压方便又快捷,同时还可以求解不变刚度和变刚度两种情况下的临界钻压,实用性很强,方便现场作业施工。

(5)本文研究的临界钻压计算方法,综合考虑了钻具的几何尺寸,钻具的自重、钻头扭矩、转速、井斜角等因素对临界钻压的影响,使得旋转导向带挠性接头钻具组合的弹性稳定性的分析和研究趋于实际,更具现实指导意义。

符号注释

g——重力加速度,m/s^2;

ω——钻柱旋转的角速度,$\omega=\frac{n\pi}{30}$,1/s,这里 n 为钻柱的转速 r/min;

J_p——极惯性矩,对于钻柱 $J_p=\frac{\pi}{32}(d_o^{\ 4}-d_i^{\ 4})$,$m^4$($d_o$ 为钻柱外径,m;d_i 为钻柱内径,m);

I——惯性矩,m^4;

M_n——钻柱转动时的扭矩,N·m;

G——剪切弹性模量,取 $G=8.23\times10^4$MPa;

E——弹性模量,取 $E=2.058\times10^5$MPa;

f——挠度系数。

参 考 文 献

[1] 彭勇,王启伟. 水平井段 BHA 稳定性分析[J]. 石油钻采工艺,1994,16(1):1~4
[2] 姜伟. 水平井及大斜度井下部钻具组合弹性稳定性[J]. 石油机械,1995,23(11):32~37
[3] 姜伟. 水平井变刚度下部钻具组合的弹性稳定性[J]. 石油机械,1998,26(2):13~18
[4] 铁摩辛柯 S. 汪一麟译. 材料力学(高等理论及问题). 北京:科学出版社,1979:42~49
[5] 陈荣波,范乃文. 结构力学[M]. 北京:中国建筑工业出版社,1979:138~139
[6] 铁摩辛柯 S,盖尔 J. 胡人礼译. 材料力学[M]. 北京:科学出版社,1978:311~312

本文原发表于《中国海上油气》2007 年第 5 期

旋转导向钻井技术研究进展

蒋世全[1]　姜　伟[1]　付鑫生[2]　盛利民[3]

（1 中海石油研究中心　2 西安石油大学　3 中国石油集团钻井工程技术研究院）

一、国内外研制应用状况

旋转导向钻井系统的概念和原理的研究起源于20世纪80年代。20世纪90年代前期进入了实质性的工业性试验阶段。表1是旋转导向钻井系统初期应用研究情况。

表1　旋转导向钻井系统初期应用研究情况

项目名称	开发单位	立项时间	样机下井时间
自动垂直钻井系统 VDS	德国 KTB 工程	1988年	
自动定向钻井系统 ADD	美国能源部	1991年9月	
旋转导向钻井系统 SRD	英国 Camco/法国 Schlumberger	1992年	1994年6月
旋转闭环钻井系统 RCLS	意大利 Agip/美国 Baker Hughes	1993年	1995年
自动导向钻井系统 AGS	英国 Cambridge	1993年6月报道	
泥浆动力可控旋转导向钻井系统	中海石油研究中心、西安石油大学、中石油钻井所等	2001年	2005年12月

旋转导向钻井系统工具的核心部件，就是液压驱动可径向伸出的叶片（翼肋）。这种叶片在井壁上产生一种由井下电子仪器系统控制其大小和方向的径向接触力。而由三个翼肋接触力的综合作用来实现按需要的井眼方向钻进。

这种旋转导向钻井系统目前主要有三个特征：

（1）在钻柱旋转时，能够控制井斜和方位；

（2）能够通过上传信号让地面跟踪实钻井眼轨道；

（3）能够直接下传指令调整井眼轨道（地面干预）。

进入商业应用的旋转导向工具首先是 Camco/Schlumberger 的 SRD 系统。SRD 系统从1997年第一次用6.25in井下工具商业应用以来，Agip/Baker Hughes 的 RCLS 系统也开始商业中应用，RCLS 系统1995年11月第一次样机下井实验，首先在挪威北海、意大利 Adriatric 海上应用。到目前在国外有20多家公司投资研究旋转导向钻井工具，三家大公司已大规模投入商业应用，在几千口井中得到应用，产值超过几十亿美元，在我国海上油田应用也近150多口井，总产值近亿美元。

蒋世全，男，1958年3月生，1982年毕业于西南石油学院，1994年于西南石油学院获博士学位，大连理工大学海岸及近海工程国家重点实验室博士后，现任中海石油研究中心技术研究部钻完井首席工程师。北京市东直门外6号海油大厦，100027，010－8452291（13910815908），jiangshq@cnooc.com.cn

综合考虑旋转导向工具导向方式和偏置方式，目前形成的旋转导向钻井系统按工作模式可分为三种：静态偏置推靠式、调制式（动态偏置推靠式）、静态偏置指向式，从应用情况来看，指向式是旋转导向钻井系统的发展趋势。

我国在旋转导向工具研究方面，1993 年开始研究，近期取得了一些实质性进展。

二、国内研制回顾

1989—1991 年，石油勘探开发研究院钻井所，苏义脑等进行了“井眼轨道制导”技术的可行性研究，完成了自动井斜角控制器设计，并申报了专利。

1993 年西安石油学院付鑫生的科研组开始研究“井下闭环旋转导向智能钻井”技术，1994 年春拟订了总体方案，并进行了系统总体设计；1995—1997 年与张绍槐获国家自然科学基金资助，进行“井眼轨迹制导智能钻井的实验与理论研究”；1996 年起承担了中国石油天然气集团公司“九五”攻关项目：“可控偏心器”原理样机的研制工作。

1997 年，中海石油研究中心牵头国家 863 项目“海底大位移井钻井技术”，与渤海石油公司、西安石油学院三家合作，共同研究开发了用于二维井眼轨迹控制的“井下闭环可变径稳定器”样机，取得初步成果，于 2000 年 11 月通过国家科技部组织的验收，获得中国海洋石油总公司科技进步一等奖。该课题成果为可控三维井眼轨迹钻井技术研究奠定了良好的基础。

2000 年，新星石油公司钻井研究所也已立项，对国外旋转自动导向钻井技术及工具、仪器进行调查研究，并专门派团赴国外考察。

2001 年中石化胜利油田钻井院与西安石油大学合作承担了国家 863 前沿课题：“旋转导向钻井系统整体方案设计及关键技术研究”。

2001 年，中海石油研究中心牵头的国家 863 课题：“可控三维轨迹钻井技术”研究中，西安石油大学承担了“旋转导向工具技术研究”，该项目在 2005 年 11 月 18 日完成了海上下井试验，2006 年 1 月 5 日通过国家 863 计划项目验收，这是国内在旋转导向系统研究方面取得的第一个标志性成果，评价为达到 20 世纪 90 年代国际先进水平，付鑫生领导的课题小组在项目中起到了核心作用。

三、项目成果简介

1. 成果概述

2005 年完成开发了一套旋转导向钻井系统，组成为：旋转导向执行装置，包括工具姿态测量、嵌入式数据采集、井下机电控制器、井下翼肋位移控制方法与装置、随钻测控工具的井口快速连接技术与装置、井下滑环连接器、负脉冲与振动复合下行通道解码方法与井下解码装置、井下实时多任务软件操作系统及硬件测控和多机通讯系统等创新技术；与装置的集成井下随钻电阻率、自然伽马地质参数测量装置；井下环空压力、钻压、扭矩、侧向力工程参数测量装置；信息上传和下传装置及地面信息处理装置。该项技术具有独立的自主知识产权，获得多项专利，在导向工具执行机构的偏心控制和振动下传信息通道等技术方面，具有独立创新，见图 1。

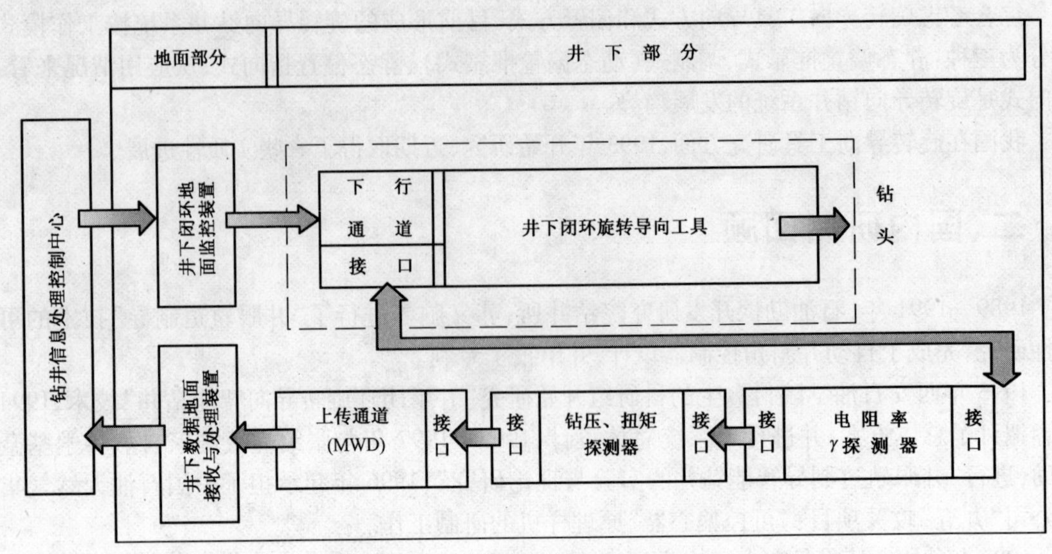

图1 系统连接和信息流框

在本项研究中可控偏心器下井样机由导向单元、承载轴和不旋转轴套、定位总成、电子舱和电子模块、滑环和快速连接头等部分构成。

偏心执行机构，即导向单元是可控偏心器的井下部分主体，它有三个独立调控的翼肋，翼肋伸出贴井壁形成偏心矢量。翼肋贴井壁力(伸出量)的大小是根据翼肋空间姿态及目标调控方向，由 CPU 和状态测试元件、控制执行环节构成的闭环系统控制的。工程和地质探测器是为探测钻头状态和周围介质参数设置的，根据轨道预测结果和实际钻进环境调整偏心矢量大小。偏心器工作在几千米深井底，偏心矢量状态及轨迹控制效果受地面监控，为此，稳定器井下部分还包括与地面交换信息所必须的双向信息通道。地面监控装置包括井下、地面数据采集、处理、解释、判断与决策系统和信息的接收、发送设备。

2. 钻井液动力可控偏心器研制

钻井液动力可控偏心器由西安石油大学研制完成，见图 2。钻井液动力方案指钻井工具依靠环空内外压差造成钻头偏离井轴线而起导向作用的一种旋转导向工具方案。在钻头上部有一个不旋转外套用作导向控制基准。

3. 电阻率短节和伽马测量仪研制

电阻率短节和伽马测量仪由石油勘探开发研究院钻井所完成，见图 3。电阻率短节通过激励线圈沿钻铤方向激发轴向电流，在测量点处设置测量线圈或电极环接收测量电流，通过模型转换将测量电流转换为对应地层电阻，通过标准化输出将其转换为标准测井曲线。

伽马测量仪是利用伽马射线与地层的作用的光电效应、康普顿效应、电子对效应等原理来测量探头附近地层中的自然伽马射线，它是一种无源装置，能够较好的区分地层岩性，估算地层的泥质含量，划分渗透层。

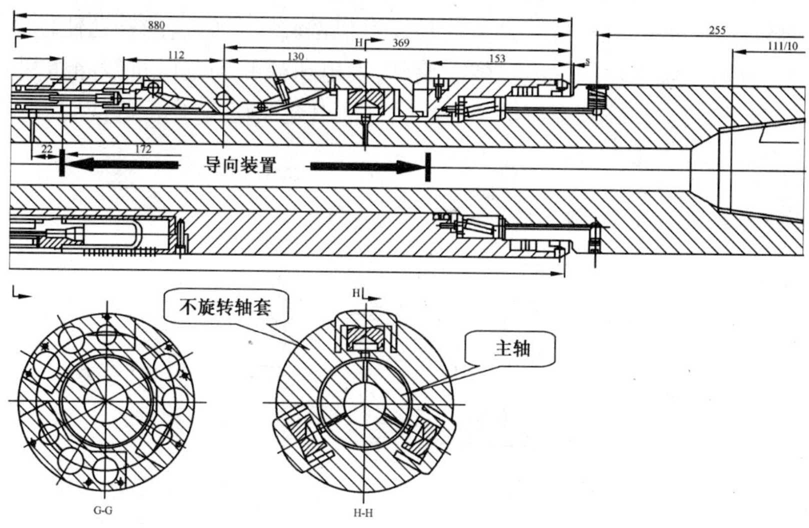

图 2 钻井液动力可控偏心器部分结构图

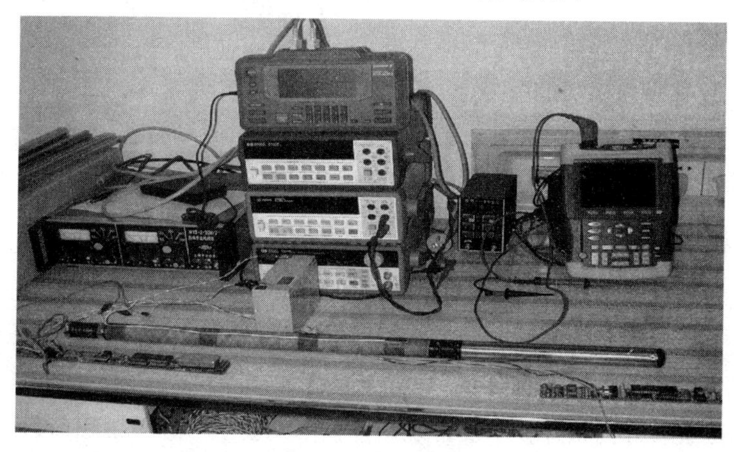

图 3 电阻率短节和伽马测量仪实验样机

从理论上解决了电阻率传感器的物理模型问题，通过对电阻率传感器理论模型的分析、计算和优化结构参数，对地层模型模拟仿真，从室内模拟实验、修改、制作；完成了 7 次的下井实验和改进。自主研究的 MWD 编码技术与通讯协议为国内 MWD 技术提供了一个技术标准。从单纯仿制提升到自主研发，井下主控系统控制技术打造了自有井下控制平台。

4. 泥浆正脉冲发生器研制

泥浆正脉冲发生器由中天启明公司与中海油田服务公司完成，见图 4。研制出一套泥浆正脉冲发生器，及相配套的专用拆装维修工具、专用的现场作业工具、泥浆脉冲器性能测试台架、高温振动试验台，集泥浆脉冲的产生和涡轮发电为一体，脉冲器驱动和探管提供电力，具有较好的工作稳定性和使用寿命。进行了多轮下井试验证明其性能达到了设计指标，基本具备产业化的条件。在海上油田进行了初步的生产应用，效果良好。与国内其他单位研究的泥浆脉冲器相比具有创新性，脉冲器的转子内装有驱动磁铁，主轴内装有从动磁铁，泥浆驱动脉冲器的转子转动时，带动主轴旋转，主轴的一端是斜盘，另一端是发电机的转子。斜盘的转动使柱塞泵的六个柱塞交替往复工作，同时主轴末端的发电机转子旋转，发电机磁铁与发电机线圈切割磁力线，使线圈产生感应电动势，形成三相高频交流电。通过插座输出至探管，以供探管使用。

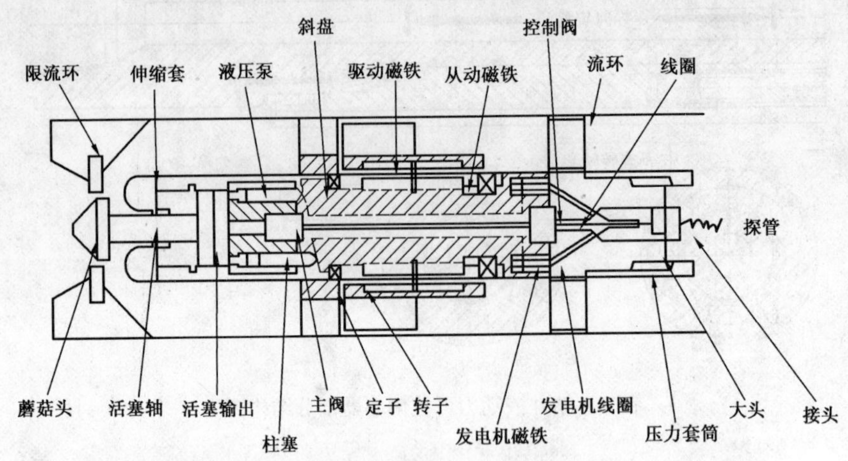

图4　泥浆正脉冲发生器研制示意图

脉冲器的关键部件脉冲器本体置于一个保护外筒中，里面充满液压油，使运动件具有一个良好的工作环境，大大提高了关键运动件的使用寿命。

5. 井下工程参数测量仪研制

井下工程参数测量仪由中海石油研究中心提出方案，西南石油大学研制完成，见图5。该工具为现场技术人员提供实时掌握和分析井下钻具的工作情况和环空状况。在近钻头的测试中，能够同时测量钻压、扭矩、井下环空压力和钻头侧向力的工程参数测量仪，将采用新的传感元件以适应和满足旋转导向钻井技术及常规钻井技术的要求。井下工程参数测试仪的研制与开发，包括新型传感器研究、模拟软件开发、有限元分析、方案设计、实验室标定试验、现场应用

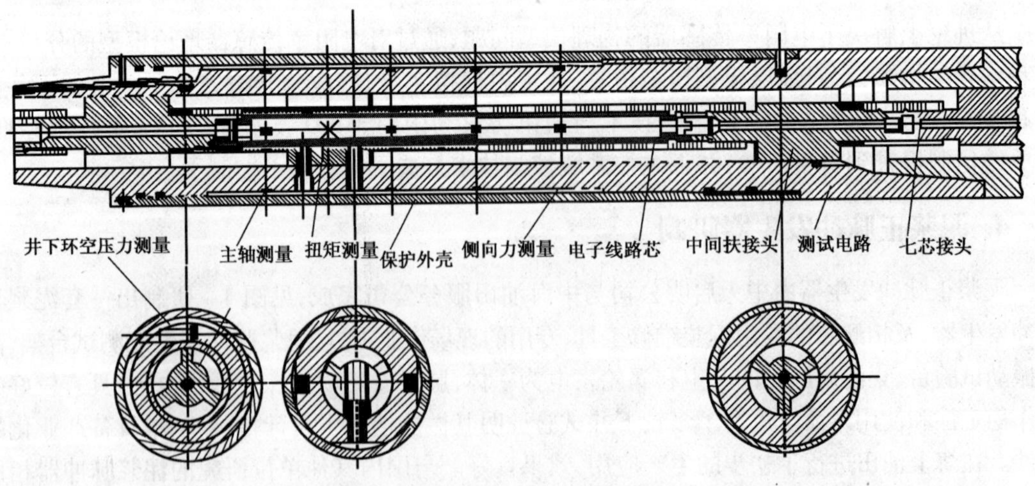

图5　测量钻压方案结构示意图

试验研究。

本项目研究的井下工程参数测量仪共使用了九个应变电桥来测量钻压、扭矩和两个正交方向上的弯曲应力以及井下环空压力，其中六个应变电桥是用来测量两个正交方向上三个截面的弯曲应力的，通过数据处理获得钻头和扶正器上的侧向力；测量钻压、扭矩和井下环空压力的应变元件各自组成一个电桥。

6. 系统集成

可控三维轨迹旋转导向钻井系统各部分界面划分原则采用模块化结构。系统各部分由承担各方独立开发，将各部分形成系统后需进行系统集成工作。旋转导向钻井工具、地质参数测量、工程参数测量和 MWD 等 4 个部分的软硬件均采用模块化结构，它们相对独立，自成体系，分别完成测量、控制和传输功能。各模块有独立的传感器、供电系统、数据采集处理存储系统……。且每个部件的功能可以不依赖其他模块独立完成。

旋转导向工具同样是按模块化原则，将各部分按功能：传输—测量—控制—导向执行等组合，通过硬软件集合而成的。在实施方案中，“设计轨迹”并未参与轨迹控制，轨迹控制是通过下行指令来完成的。

地面系统与录井信息系统间的通讯采用 TCP/IP 协议，其数据格式采用 wits0 格式。地面系统向录井信息系统提供数据时使用了 wits0 的 rec7 和 rec8 记录。录井信息系统向地面系统提供数据时使用了 wits0 的 rec1 记录。提供数据一方开启服务端口，一旦有客户机请求，便建立连接，不断向客户机提供数据。

系统对接专门设计了相应的 RS232 通讯电路：MWD 子系统采用的是单一总线结构的半双工通讯方式（即 μBUS 总线），而各测量子系统采用的三总线结构的全双工通讯方式（即 RS232 总线），为此专门设计了专用的 μBUS 总线与 RS232 总线接口转换接头，从通讯方式上解决了半双工与全双工的通讯问题，从电路上解决了信号电平的匹配问题，从而有效地解决了 MWD 子系统与各测量子系统间的总线通讯问题，见图 6。

地面系统主要由前端机、计算机和系统软件，以及各路地面传感器组成。通过立管传感器将井下脉冲发生器传到地面的压力脉冲信号进行检测和解码；通过泵冲传感器实时将钻井泵的噪声信号采集到计算机中，以便去除信号中所含泵的噪声信号，有利于信号的检测；通过钩载和绞车传感器输入到计算机中的信号，经相关程序判断钻井的起下钻状态，最终给出实际的实钻深度。地面接收到数据的处理与显示。

四、下井应用情况

2005 年 12 月 9 日 ~ 11 日在渤海油田 LD5 - 2 - A1 井进行了可控旋转导向工具及其系统的第 1 次海上油田钻井试验，见图 7，试验情况如下：

2005. 12. 10　17:20 开始下井；

2005. 12. 11　5:00 下到井底，并开始旋转导向轨迹控制作业，每隔 30m 发控制指令，共发四个指令；

2005. 12. 11　13:00 钻至井底，起钻并开始进行 LWD 测试。

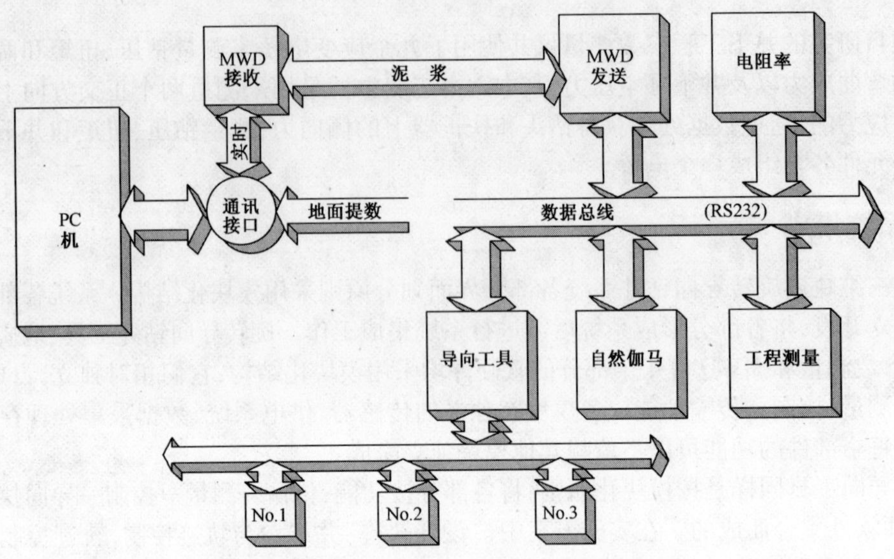

图6 系统中导向工具的信息流向示意图

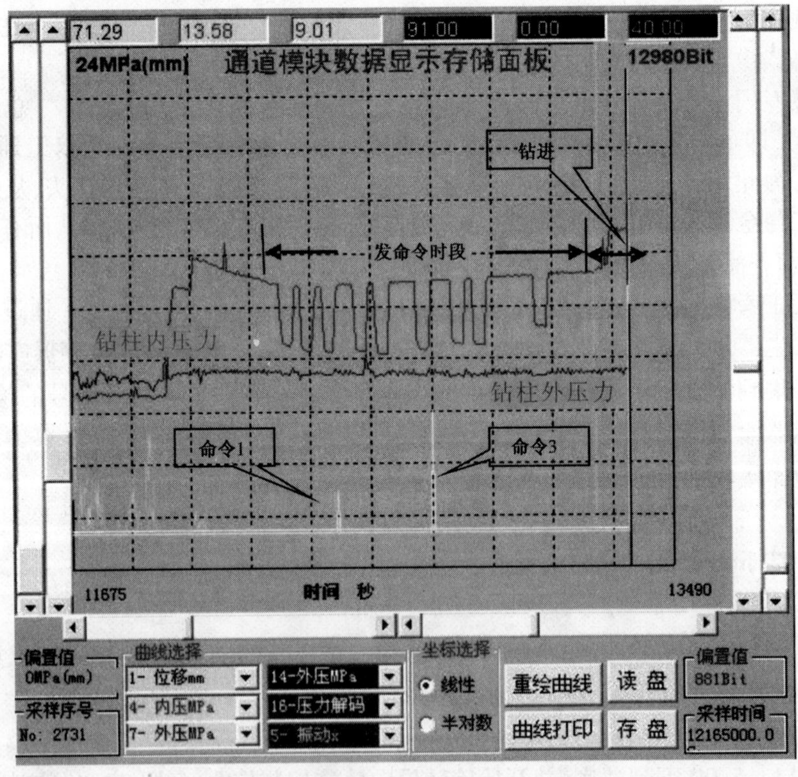

图7 钻井液动力可控偏心器试验样机试验软件界面

操作指令及试验结果见表2。

表2　操作指令及试验结果

操作指令	测点位置 m	井斜 (°)	方位 (°)	造斜率 (°)/30m	扭方位 (°)/30m
强增斜/弱降方位	3018.00	58.70	14.40	-0.16	-0.49
强增斜/弱增方位	3048.00	59.50	14.90	1.0	0.4
弱增斜/强增方位	3078.00	59.80	14.70	0.6	0.4
稳斜	3108.00	59.80	14.90	0.0	0.4
	3136.43	59.80	14.70	0.0	-0.21

作业者应用的意见及建议：

(1)从试验结果看，在118.43m的进尺中，实现了增斜、稳斜、稳方位操作，旋转导向工具在井下工作正常；

(2)建议在目前泵压条件下，进一步提高工具的导向能力，加强增斜、降斜和扭方位效果；

(3)为了获得更大的造斜率，建议参考AutoTrak和Geo-polit等国外同类型产品在导向工具之上增加柔性短节。

可控偏心器旋转导向钻具组合的性能分析

李汉兴[1,2]　姜　伟[1]　高德利[2]

(1 中海石油研究中心　2 中国石油大学)

【摘　要】 根据可控偏心器旋转导向钻井工具系统的结构特点，运用纵横弯曲法建立了可控偏心器 BHA 性能分析模型，从理论上分析了井斜、钻压、BHA 结构参数等对 BHA 力学性能的影响。计算结果表明：可控偏心器的造斜能力受井斜和钻压的影响较小，而偏心量的大小、可控偏心器至钻头面的距离等影响较大。当进行增/降斜作业时，可通过调整可控偏心器的结构参数和稳定器位置，同时控制钻头压降，便可达到定向控制目的。

【关键词】 旋转导向钻井　钻具　可控偏心器

旋转导向钻井技术，是 20 世纪 90 年代初发展起来的一项自动导向控制井眼轨迹的钻井新技术，它不同于传统的井下动力钻具滑动导向控制方式，不仅能够在旋转钻进过程中自动调整井斜和方位，而且可以有效地提高钻井速度和井眼轨迹控制质量，从而受到国内外普遍关注和欢迎。国外钻井实践证明，在复杂深井及复杂结构井工程中推广应用旋转导向钻井技术，既提高了控制精度和钻井速度，又减少了井下事故和降低了钻井成本。目前，国外主要有 3 种类型的旋转导向钻井系统投入商业应用，即：AutoTrak 旋转闭环钻井系统、PowerDrive 调制式全旋转导向钻井系统和 Geo - Pilot 旋转导向钻井系统。

为打破国外技术垄断，降低钻井作业费用，国内学者也对该技术进行了攻关研究。在“十五”期间，中海石油研究中心联合西安石油大学、中国石油集团勘探开发研究院、西南石油大学、中海油田服务有限公司、中海油天津分公司等单位，承担了国家“863 计划”研究项目“可控三维轨迹(闭环)钻井技术”课题，研制和开发了我国第一套具有自主知识产权的旋转导向钻井系统，并进行了陆地和海上现场试验，取得了初步效果。现场试验表明，底部钻具组合(bottomhole assembly，简称“BHA”)对工具的造斜率影响较大。如何合理配置可控偏心器旋转导向钻井工具底部钻具组合，是实现旋转导向钻进的关键之一。本文旨在通过 BHA 分析，对可控偏心器旋转导向钻井系统合理配置 BHA 提出一些建议。

一、数学模型

可控偏心器旋转导向钻井系统如图 1 所示。可控偏心器安放在靠钻头位置，其后面串接 1 个或多个钻柱稳定器，为了减小上部的钻柱力学性能对底部钻具组合导向性能的影响，可串

李汉兴，高级工程师，生于 1966 年，1988 年毕业于江汉石油学院石油矿场机械专业，2001 年获西南石油大学机械设计及理论专业博士学位，现在中海石油石油研究中心从事旋转导向钻井技术研究工作。地址：(100027) 北京市东城区东直门外小街 6 号海油大厦。电话：(010)84523587。

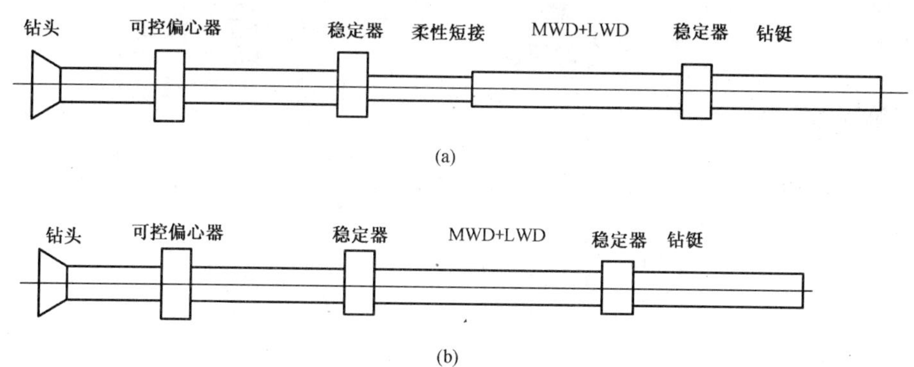

图 1　可控偏心器旋转导向钻井系统底部钻具组合

接 1 根柔性短接。在旋转导向过程中,可控偏心器偏心产生的钻头侧向力和钻头转角起主要的导向作用,如图 2 所示。

可控偏心器装置角的定义:从钻头上方向下看,从井斜平面 P 平面顺时针旋转到偏心量矢量方向所转过的角度,即为装置角 Ω 也称工具面角。

设可控稳定器使钻柱中心相对于井眼中心产生的偏心量为 Δ,规定指向井眼高边时为正,指向井眼低边时为负,装置角为 Ω,则可控偏心器产生的偏心量在井斜平面 P 上的分量 Δ^P 为:

$$\Delta^P = \Delta\cos\Omega \tag{1}$$

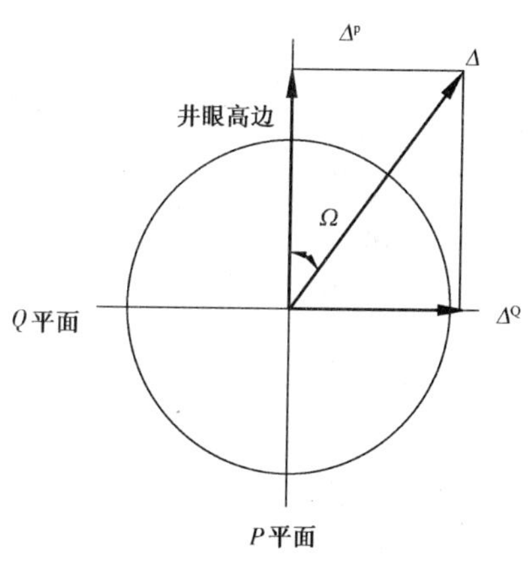

图 2　可控偏心器装置角示意图

可控偏心器产生的偏心量在方位平面 Q 上的分量 Δ^Q 为:

$$\Delta^Q = \Delta\sin\Omega \tag{2}$$

通过调节偏心量在井斜平面上的分量的大小及方向就可以控制钻头的造斜力大小及方向。而钻头的变方位力的大小及方向主要受到偏心量在方位平面上分量的调节。因此可控偏心器井下钻具组合的三维力学问题被转化为二维问题来分析。

本文将通过对井斜平面内可控偏心器钻具组合的受力及变形分析,确定不同井斜情况下,井斜平面内的偏心量 Δ^P 与钻头造斜力的关系。而方位平面内的偏心量与钻头变方位力的关系可以依照类似方法建立。

按照纵横弯曲法建立可控偏心器井底钻具组合三弯矩方程如下(图 1(b)):

对于可控偏心器处,有

$$\frac{L_1}{6EI_1}Z(u_1)M_0^P + \left(\frac{L_1}{3EI_1}Y(u_1) + \frac{L_2}{3EI_2}Y(u_2)\right)M_1^P + \frac{L_2}{6EI_2}Z(u_2)M_2^P +$$

$$\frac{q_1^{\mathrm{P}}(L_1)^3}{24EI_1}X(u_1)+\frac{q_2^{\mathrm{P}}L_2^3}{24EI_2}X(u_2)+\left(\frac{y_1-y_0}{L_1}-\frac{y_2-y_1}{L_2}\right)=0 \tag{3}$$

对于第一固定稳定器处,有

$$\frac{L_2}{6EI_2}Z(u_2)M_1^{\mathrm{P}}+\left(\frac{L_2}{3EI_2}Y(u_2)+\frac{L_3}{3EI_3}Y(u_3)\right)M_2^{\mathrm{P}}+\frac{L_3}{6EI_3}Z(u_3)M_3^{\mathrm{P}}+\frac{q_2^{\mathrm{P}}L_2^3}{24EI_2}X(u_2)+\frac{q_3^{\mathrm{P}}(L_3)^3}{24EI_3}X(u_3)+\left(\frac{y_2-y_1}{L_2}-\frac{y_3-y_2}{L_3}\right)=0 \tag{4}$$

对于第二固定稳定器处,有

$$\frac{L_3}{6EI_3}Z(u_3)M_2^{\mathrm{P}}+\left(\frac{L_3}{3EI_3}Y(u_3)+\frac{L_4}{3EI_4}Y(u_{\mathrm{t}})\right)M_3^{\mathrm{P}}+\frac{L_4}{6EI_4}Z(u_{4\mathrm{t}})M_{\mathrm{t}}^{\mathrm{P}}+\frac{q_3^{\mathrm{P}}(L_3)^3}{24EI_3}X(u_3)+\frac{q_{\mathrm{T}}^{\mathrm{P}}L_{\mathrm{T}}^3}{24EI_4}X(u_{\mathrm{T}})+\left(\frac{y_3-y_2}{L_3}-\frac{y_{\mathrm{T}}-y_3}{L_{\mathrm{T}}}\right)=0 \tag{5}$$

对于切点处,有

$$\frac{q_{\mathrm{T}}^{\mathrm{P}}L_{\mathrm{T}}^3}{24EI_{\mathrm{T}}}X(u_{\mathrm{T}})+\frac{L_{\mathrm{T}}M_{\mathrm{T}}^{\mathrm{P}}}{3EI_{\mathrm{T}}}Y(u_{\mathrm{T}})+\frac{L_{\mathrm{T}}}{6EI_{\mathrm{T}}}Z(u_{\mathrm{T}})M_3^{\mathrm{P}}+\frac{y_{\mathrm{T}}-y_3}{L_{\mathrm{T}}}=K^{\mathrm{P}}\sum_1^4 L_i \tag{6}$$

$$M_{\mathrm{T}}^{\mathrm{P}}=K^{\mathrm{P}}EI_{n+1} \tag{7}$$

式中 $M_{\mathrm{T}}^{\mathrm{P}}$——上切点处的内弯矩;

u_i、$X(u_i)$、$Y(u_i)$、$Z(u_i)$——稳定系数和放大因子;

y_i——第 i 个稳定器处的 y 坐标。

$$y_1=\frac{K_{\mathrm{P}}}{2}L_1^2+\Delta^{\mathrm{P}} \tag{8}$$

$$\left.\begin{aligned}y_i&=\frac{K}{2}\Big(\sum_{j=1}^{i}L_j\Big)^2\pm e_i\\ e_i&=\frac{1}{2}(D_0-D_{\mathrm{s}i})\end{aligned}\right\},i=2,3 \tag{9}$$

式中 D_0——井眼直径;

$D_{\mathrm{s}i}$——第 i 个稳定器的外径。

通过对以上方程组编程计算,就可以得到可控偏心器位移与造斜力之间的关系。

钻头处的造斜力 P_{a} 为:

$$P_{\mathrm{a}}=\frac{P_{\mathrm{B}}y_1}{L_1}-\frac{M_1^{\mathrm{P}}}{L_1}-\frac{q_1L_1}{2} \tag{10}$$

钻头倾角:

$$A_{\mathrm{t}}=\frac{q_1^{\mathrm{P}}L_1^3}{24EI_1}X(u_1)+\frac{L_1}{6EI_1}Z(u_1)M_1^{\mathrm{P}}-\frac{y_1}{L_1} \tag{11}$$

二、带可控偏心器的 BHA 分析

可控偏心器旋转导向钻井系统底部钻具组合如图 3 所示。

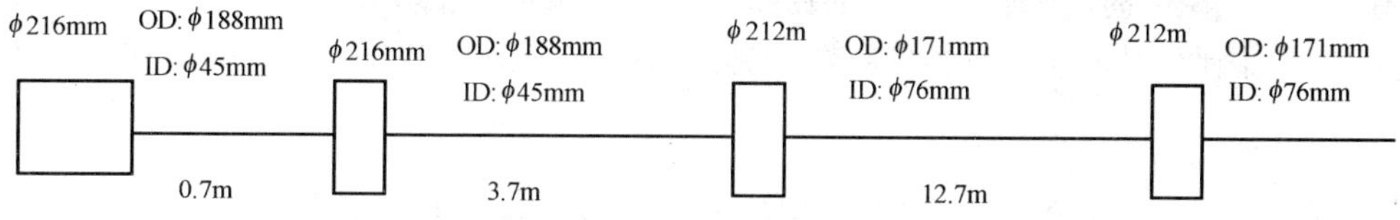

图 3　带可控偏心器的 BHA

井眼参数:井斜角 45°,井眼曲率 3°/30m。井眼扩大系数为 0。钻压 100kN,钻井液密度 1.2g/cm^3。

除特殊注明外,各参数分析中可控偏心器偏心量为 6mm,工具面角为 30°。

1. 井斜角和偏心量对钻头侧向力的影响

图 4 给出了井斜角和偏心量对钻头侧向力的影响。由图可知,随着井斜的增加,可控偏心器钻具组合的钻头侧向力减少,但变化幅度不大。这一结论表明,在钻水平井,特别是大井斜情况下,该钻具组合具有一种相对稳定的造斜功能,并不因为井斜角的增加而使造斜率下降。

从图 4 中可以看出,可控偏心器的偏心量对钻头侧向力的影响较大。随着偏心量(绝对值)增加,钻头侧向力(绝对值)增加。这一结论表明,通过调节可控偏心器的偏心量,可以控制钻头侧向力,也就控制了工具的造斜能力。

2. 钻压对钻头侧向力影响

图 5 给出了不同井斜条件下钻压对钻头侧向力的影响。由图可知,在相同钻压条件下,井斜增加,钻头侧向力略微减小。同一井斜条件下,钻压增加,钻头侧向力减小,但幅度不大,因此钻压对可控偏心器钻具组合钻头侧向力的影响不大。

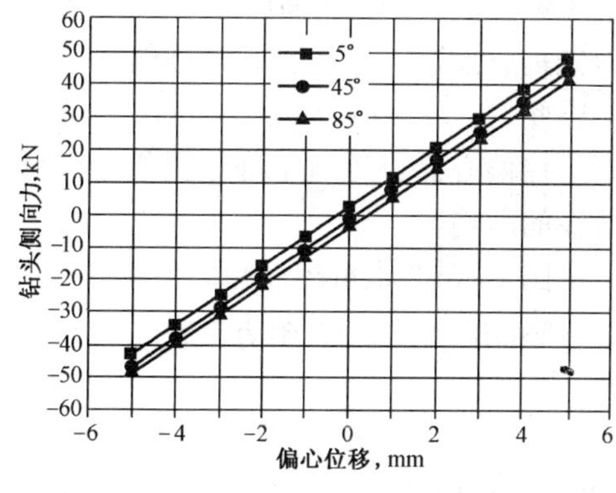

图 4　井斜角和偏心量对钻头侧向力的影响

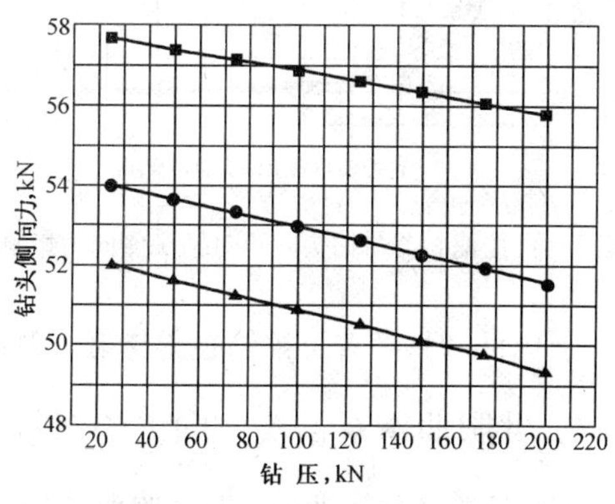

图 5　钻压对钻头侧向力的影响

3. BHA 工具面角对钻头侧向力的影响

图6给出了不同井斜条件下,工具面变化对钻头侧向力的影响。工具面从0°变化到360°时,井斜力呈V字形变化,方位力呈近似正弦变化。工具面在一、四象限时,可控偏心器起增斜作用,在二、三象限时起降斜作用。工具面在一、二象限时,起增方位作用,在三、四象限时起降方位作用。因此,可以通过调整偏心器工具面角来控制钻具组合在井斜平面和方位平面的作用效果。

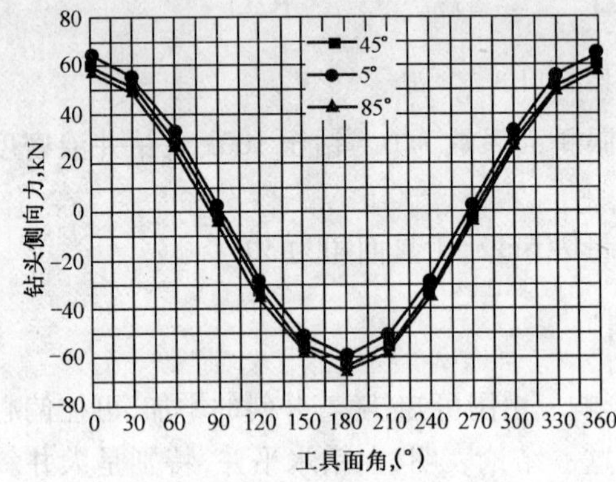

图6 BHA 工具面对钻头井斜力的影响

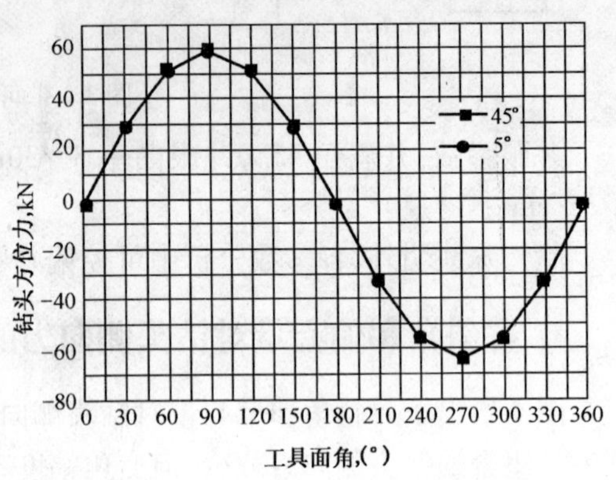

图7 BHA 工具面对钻头方位力的影响

4. 可控偏心器距离钻头面距离对钻头侧向力影响

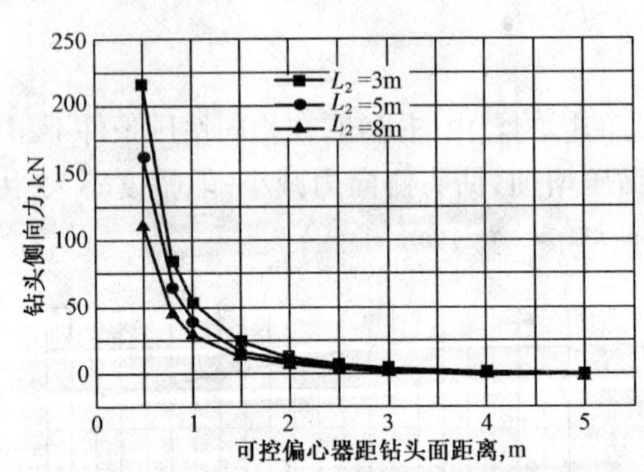

图8 可控偏心器与钻头间距对钻头侧向力影响

图8给出了可控偏心器与第一固定稳定器距离分别为3m、5m和8m时,可控偏心器距离钻头面距离对钻头侧向力影响规律。由图8可知,当可控偏心器距钻头很近时,钻具的“杠杆”作用很强,表现出强增斜能力。随着可控偏心器距离钻头面的距离增加,钻头造斜力先是急剧减小(小于1.5m)然后逐渐减小。因此,在设计可控偏心器结构设计时应考虑到可控偏心器位置对下部钻具组合整体力学特性的影响。

由图8可知,当可控偏心器距离钻头面距离小于0.8m时,随着可控偏心器与第一固定稳定器距离的增加,钻头造斜力显著降低。

5. 井眼曲率对钻头侧向力的影响

图9给出了钻头造斜力与井眼曲率的关系,由图可知,井眼曲率显著影响钻头造斜力。在增斜井眼中(井眼曲率大于0),可控偏心器井下钻具组合本身具有一定的抗弯刚度,在弯曲井眼中受井壁的约束作用,表现为“反弹效应”,使作用于钻头的井斜力减小。随着井眼曲率的

增加，钻头造斜力明显降低，即使可控偏心器合位移矢量指向井眼增斜方向，但当井眼曲率大于某一值时，钻具组合在钻头处也可能产生降井斜力；方位平面内情况类似。

6. 第一个固定稳定器直径对钻头侧向力的影响

图10给出了不同井斜条件下，第一固定稳定器直径变化对钻头造斜力的影响规律。由图中可知，随着第一固定稳定器直径的增加，钻头造斜力下降，但下降幅度不大。因此，在设计可控偏心器钻具组合时可将第一固定稳定器设计成欠尺寸稳定器。

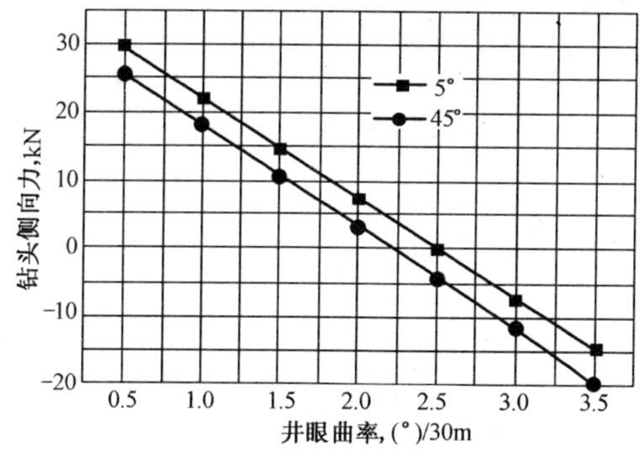

图9　井眼曲率对钻头侧向力的影响

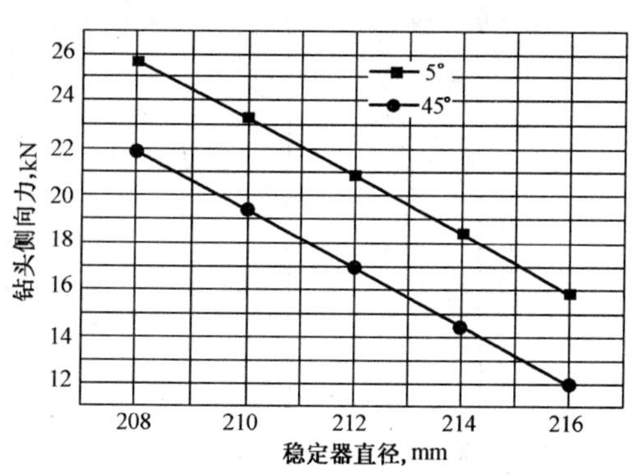

图10　第一固定稳定器直径对钻头侧向力的影响

7. 井径扩大对钻头侧向力的影响

图11给出了井眼扩大率对钻头侧向力的影响规律。由图11可知，井眼扩大对钻头侧向力影响显著。井眼扩大，钻头侧向力急剧下降，井眼扩大到一定值时，增斜力就变成了降斜力。

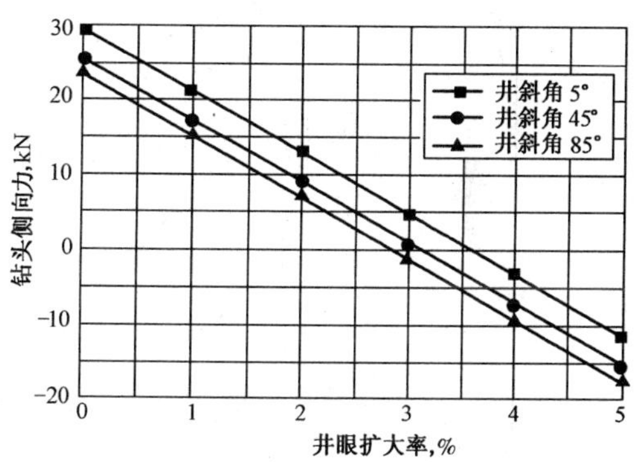

图11　井眼扩大对钻头侧向力的影响

三、结论与建议

（1）可控偏心器，是旋转导向钻井系统的核心工具。可控偏心器是靠泥浆动力推动三个翼肋伸出，根据伸出量的不同而形成合位移偏心矢量使钻头产生侧向力和倾角，从而实现旋转导向控制钻进。

（2）不同条件下可控偏心器钻具组合可以产生很大的钻头侧向力，如果井壁对翼肋的作用力大于钻井液对翼肋推力的合力，翼肋可能缩回，从而使偏心量减小，降低钻具的造斜能力，因此，用可控偏心器进行旋转导向钻井作业时，要合理匹配钻井泵排量和钻头水眼压降，以形成足够的翼肋推力。

（3）可控偏心器钻具组合的造斜力对钻压和井斜的变化不敏感，因此，实际钻井作业时可使用较小的钻压。

(4)影响可控偏心器钻具组合的因素较多,因此,在使用过程中应合理匹配可控偏心器钻具组合参数。

(5)为减少上部钻具对可控偏心器的影响,并提高工具的造斜能力,可在可控偏心器之上串接一柔性短接(图 1a)。

参考文献

[1] 胡金艳,周静,付鑫生. 用可控偏心器实现井眼轨迹的闭环控制,天然气工业,2002(6)
[2] 白家祉,苏义脑. 井斜控制理论与实践. 北京:石油工业出版社,1990

可控偏心器旋转导向钻井工具研制与现场试验

李汉兴[1] 姜 伟[1] 蒋世全[1] 付鑫生[2] 徐黔斌[3]

（1 中海石油研究中心 2 西安石油大学电子工程学院 3 中海油田服务股份有限公司）

【摘 要】 研制的可控偏心器旋转导向钻井工具主要由驱动轴，导向机构、定位总成、测控单元、轴承支撑系统等部分组成。该工具通过偏心执行机构——导向机构来实现井眼轨迹的控制。导向机构由3个互成120°角的翼肋及液缸组成，3个翼肋的伸出量在钻具的相应位置形成1个偏心位移矢量，使可控偏心器偏离井眼中心线，形成1个等效弯接头，通过调整3个翼肋的偏心位移矢量，可形成不同的工具面角和弯接头弯角。现场试验证明，该工具的工作原理可行，满足旋转导向钻井井眼轨迹的控制要求。

【关键词】 可控偏心器 旋转导向 钻井 井眼轨迹 位移矢量

一、引言

旋转导向钻井技术是20世纪90年代初发展起来的一项自动化钻井新技术。国外钻井实践证明，在水平井、大位移井、大斜度井、三维多目标井中推广应用旋转导向钻井技术，既提高了钻井速度、减少了事故也降低了钻井成本。目前，国外主要有3种不同类型的旋转导向钻井系统（贝克休斯公司的AutoTrak旋转闭环钻井系统、斯伦贝谢公司的PowerDrive调制式全旋转导向钻井系统和哈里伯顿公司的Geo－Pilot旋转导向自动钻井系统[1~6]）。国内学者也对该技术进行了介绍并开展了相关的研究工作[7~13]。

在国家科技部和中国海洋石油总公司的支持下，中海石油研究中心与西安石油大学、中海油田服务有限公司、中海石油（中国）有限公司天津分公司、中国石油集团科学技术研究院联合，研制和开发了具有自主知识产权的旋转地质导向钻井系统[5~7]。该系统主要包括随钻电阻率及自然伽马测井系统（LWD）、随钻测量系统（MWD）、随钻钻井工程参数测量系统、旋转导向钻井工具系统、地面监控系统及地面井下双向信息传输系统组成。研制的第一代旋转地质导向钻井系统样机在陆地及海上油田进行了现场钻井试验，为该系统的后续工程化研究奠定了基础。笔者主要介绍该系统中的可控偏心器旋转导向钻井工具的研制及现场试验情况。

二、技术分析

1. 结构

可控偏心器旋转导向钻井工具主要由驱动轴、不旋转外套、导向机构、定位总成、测控单元、

基金项目：国家863研究课题“可控三维轨迹钻井技术”（2003AA602012）的部分内容

李汉兴，高级工程师，生于1966年，1988年毕业于江汉石油学院石油矿场机械专业，2001年获西南石油大学机械设计及理论专业博士学位，现在中海石油石油研究中心从事旋转导向钻井技术研究工作。地址：（100027）北京市东城区东直门外小街6号海油大厦。电话：（010）84523587。

信号传输滑环、轴承支撑系统和密封系统等构成。驱动轴由上半轴和下半轴组成,上半轴与LWD系统连接,下半轴与钻头连接。驱动轴随钻柱一起旋转并驱动钻头。驱动轴通过轴承支撑在不旋转外套内壁,不旋转外套相对于井壁不旋转。导向机构、定位总成、测控单元等安装在不旋转外套上。

导向机构由3个翼肋及驱动液缸组成,液压动力来源于钻井液,3个翼肋可独立伸出或缩回。

定位总成是1套液压控制系统,用于独立控制3个翼肋伸出或缩回的位移量。

测控单元由多个测量传感器、信号处理模块、信号储存和传送模块等组成。测控单元可测量旋转导向工具在井底的空间姿态参数及工作参数,包括3个翼肋的位移、井下环空和钻柱内压力、井下温度、工具面角、井斜、工具轴向与径向振动、井下电源工作电压与温度等,并将这些数据储存和编码实时传送到MWD系统发送到地面。同时测控单元内装有解码器,用于接收和解码地面发送的控制指令,并向定位总成发出控制信号以控制3个翼肋的位移。

2. 工作原理

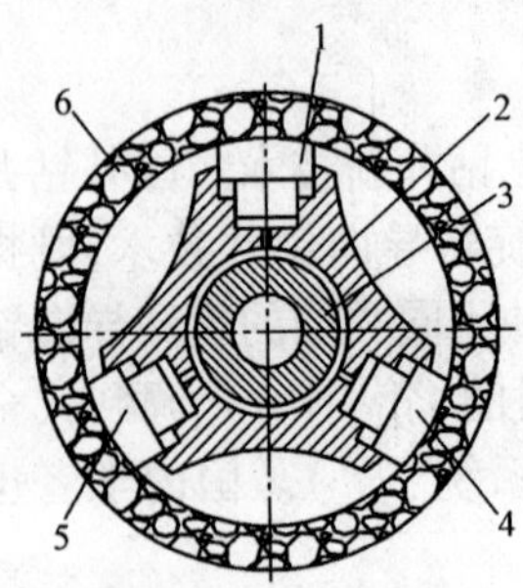

图1 导向机构示意图

1—1#翼肋;2—不旋转外套;3—驱动轴;4—2#翼肋;5—3#翼肋;6—井壁

可控偏心器旋转导向工具通过偏心执行机构——导向机构来实现井眼轨迹的控制。导向机构由3个互成120°角的翼肋及其驱动液缸组成。3个翼肋的伸缩彼此独立。在钻进过程中,钻井液通过驱动轴上的小孔进入翼肋驱动液缸。在钻柱内外钻井液压差的作用下,3个翼肋被驱动而伸出,并与井壁相接触。翼肋伸出量受定位总成控制,导向机构如图1所示。

3个翼肋伸出时在钻具的相应位置形成一个偏心位移矢量,使可控偏心器轴线偏离井眼中心线。这样,在钻进过程中可控偏心器等效为1个弯角可调的弯接头,可以通过调整3个翼肋的偏心位移矢量,形成不同的工具面角和弯接头弯角,工作原理如图2所示。

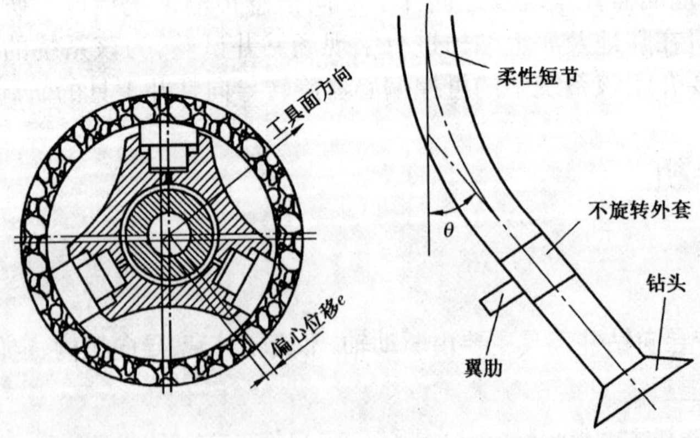

图2 可控偏心器导向控制工作原理图

钻井过程中，工程参数探测器不断将测量数据发送到地面监控系统中，当地面监控系统分析数据后，判断应该改变当前偏心矢量时，就通过下行通道发出调整命令，由测控单元和翼肋定位机构执行相应的操作。

可控偏心器的工作状态可分为2种模式——维持模式和导向模式。

(1)维持模式是维持当前的偏心位移合成矢量，以现有的造斜能力和纠方位能力进行造斜与纠方位作业；监测翼肋姿态，对可能出现的偏心矢量漂移进行补偿。

(2)导向模式是根据接收地面监控系统发送的参数，调整3翼肋的位移量，从而改变可控偏心器的偏心位移合成矢量，达到改变造斜力和纠方位力的目的。

当偏心器工作在维持模式时，相当于在钻井过程中始终将弯接头的工具面角维持在某一固定值，以一定的造斜率进行连续井斜、方位的调整；当偏心器工作在导向模式时，由地面发出调整命令，偏心器中的测控单元和定位机构对翼肋位移做出相应调整，相当于用弯接头钻井时改变其工具面角，使弯角的大小和指向发生改变，从而改变造斜方向。

可控偏心器旋转导向工具控制井眼轨迹的基本过程：由旋转导向钻井工具中的井眼几何参数传感器测得旋转钻井条件下近钻头处的井斜角、方位角和工具面角等参数，并通过短程通讯元件将上述参数传输到随钻测量仪，再继续由随钻测量仪的上传通道将数据传输到地面。根据实钻井眼与设计井眼的相对位置偏差，通过信息处理综合决策系统来调整钻头走向，即改变工具面角参数，并将决策代码通过钻井泵排量载波下传到井下信息处理中心进行指令接收、识别、解释和处理。通过测控系统控制翼肋定位机构，改变3个翼肋的伸出位移量，形成新的合成偏心位移矢量，实施工具面角的调整，从而实现钻柱在连续旋转状态下的三维导向。

3. 结构特点

研制的可控偏心器旋转导向工具依靠3个翼肋伸出量在钻具的相应位置形成1个偏心位移矢量，使可控偏心器轴线偏离井眼中心线，形成1个等效弯接头。通过调整3个翼肋的偏心位移矢量，可形成不同的工具面角和弯接头弯角。这一导向控制模式与国外几家公司有着本质区别：贝克休斯公司的AutoTrak旋转闭环钻井工具通过在3个翼肋上施加不同的压力形成导向力矢量来控制井眼轨迹；斯伦贝谢公司的PowerDrive调制式全旋转导向钻井工具通过承受高压的1个翼肋拍击井壁的频率和方向来控制井眼轨迹；哈里伯顿公司的Geo－Pilot旋转导向自动钻井工具通过控制其偏置机构内外偏心环的角度形成偏心位移并使驱动轴发生弯曲来控制井眼轨迹[1~6]。

4. 主要技术参数

适用井眼直径：215.9mm(8½in)；

旋转导向工具造斜率：0°~6°/30m；

最高耐压：60MPa；

最高温度：125℃；

偏心器偏心范围：0~20mm；

井下正常工作时间：≥150h；

最大钻压：250kN；

最大钻头扭矩:20kN·m;

最大转速:200r/min;

工具最大抗拉载荷:450kN。

三、现场试验

可控偏心器旋转导向钻井工具样机于 2005 年 11 月分别在长庆油田西 28－022 井、宁 37－32井和渤海油田 LD5－2－A1 井进行了现场钻井作业试验。旋转导向钻井系统下钻深度 3018m,井斜 58.70°,方位 14.4°;完钻深度 3147.8m,井斜 59.8°,方位 14.7°。旋转导向轨迹控制作业,每隔 30m 发送控制指令,共发送 4 个指令。

表 1 为可控偏心器旋转导向钻井工具进行钻井作业时的随钻测量数据。由实钻结果可以看出:在 3048m 处,最大狗腿 1.06°/30m,该井段为稳斜井段,实际井斜变化率 0.28°/30m,方位变化率 0.08°/30m,完全达到了试验预期的轨迹控制要求。

表 1　LD5－2－A1 井试验随钻测量数据

<table>
<tr><th>序号</th><th>钻头位置,m</th><th>测量位置,m</th><th>井斜(°)</th><th>方位(°)</th><th>实际井斜每 30m 变化率,(°)</th><th>实际方位每 30m 变化率,(°)</th><th>工作面</th><th>控制轨迹变化</th><th>实际效果</th><th>效果评价</th></tr>
<tr><td>1</td><td>3029.37</td><td>3018.00</td><td>58.7</td><td>14.4</td><td>—</td><td>—</td><td rowspan="2">3018～3048
330°</td><td rowspan="2">增斜</td><td rowspan="2">增斜</td><td rowspan="2">达到设计要求</td></tr>
<tr><td>2</td><td>3044.37</td><td>3033.00</td><td>59.0</td><td>14.7</td><td>0.6</td><td>0.60</td></tr>
<tr><td>3</td><td>3059.37</td><td>3048.00</td><td>59.5</td><td>14.9</td><td>1.0</td><td>0.40</td><td rowspan="2">3048～3078
30°</td><td rowspan="2">增斜微增方位</td><td rowspan="2">增斜,方位微降</td><td rowspan="2">—</td></tr>
<tr><td>4</td><td>3074.37</td><td>3063.00</td><td>59.5</td><td>14.5</td><td>0.0</td><td>－0.80</td></tr>
<tr><td>5</td><td>3089.37</td><td>3078.00</td><td>59.8</td><td>14.7</td><td>0.6</td><td>0.40</td><td rowspan="2">3078～3108
120°</td><td rowspan="2">稳斜增方位</td><td rowspan="2">稳斜稳方位</td><td rowspan="2">达到设计要求</td></tr>
<tr><td>6</td><td>3104.37</td><td>3093.00</td><td>59.8</td><td>14.7</td><td>0.0</td><td>0.00</td></tr>
<tr><td>7</td><td>3119.37</td><td>3108.00</td><td>59.8</td><td>14.9</td><td>0.0</td><td>0.40</td><td rowspan="2">3108～3147
稳斜</td><td rowspan="2">—</td><td rowspan="2">—</td><td rowspan="2">达到设计要求</td></tr>
<tr><td>8</td><td>3029.37</td><td>3136.43</td><td>59.8</td><td>14.7</td><td>0.0</td><td>－0.21</td></tr>
</table>

图 3 为控制指令发送与井下导向机构执行情况结果图。井眼轨迹控制指令按照一定的编码方式来控制钻头压降,并在可控偏心器内解码及执行。图 3(a)为按照井眼轨迹控制要求,在地面发送控制指令时钻头压降变化曲线。图 3(b)为可控偏心器工具面测量曲线。图 3(c)为接收控制指令后可控偏心器 3 个翼肋伸出位移曲线。从图 3 可以看出,井下导向机构解码并执行了地面发送的控制指令。

四、结论

(1)研制完成了具有自主知识产权的旋转导向钻井工具样机。新研制的工具主要通过导向机构的合成偏心位移矢量来控制井眼轨迹,与国内外目前研究的旋转导向钻井工具在导向控制原理方面有着本质区别。

(2)旋转导向钻井工具的基本功能有导向、稳斜或不导向 2 种。该功能的实现需要进行

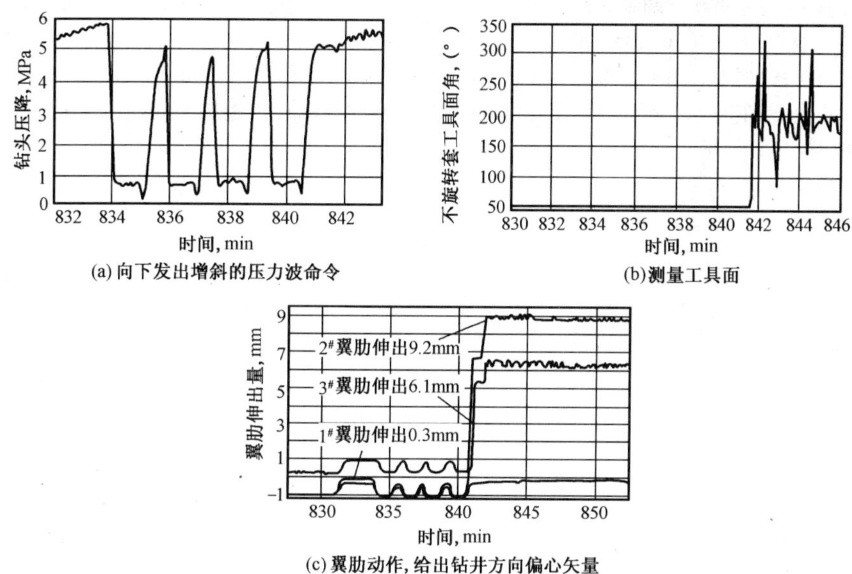

图3 控制指令发送与井下导向机构执行情况结果图

钻井技术信息传输,即通过该工具的测控单元、短程通讯和MWD、地面监控综合决策系统进行通信,形成决策代码;通过钻井液排量控制下传信息指令,工具测控单元进行接收、处理;通过旋转导向工具的工具面角的调整,改变偏置执行机构偏心位移矢量来实现。

(3)可控偏心器旋转导向钻井工具在陆地和海上油田进行了现场钻井作业试验,验证了可控偏心器旋转导向钻井工具原理可行,满足现场旋转导向钻井井眼轨迹控制要求。

(4)现场试验为下一步进行可控偏心器旋转导向钻井工具的改进和完善,实现工程化和产业化提供了宝贵的数据资料。

参考文献

[1] Barr J D, Clegg J M, RussellM K. Steerable RotaryDrilling with an Experimental System. SPE 29382

[2] Downton G, Hendricks A, Klausen T S, et al. New directions in rotary steering drilling Oilfield Review,2000,12(1):18~29

[3] Poli S, Donat F, Oppelt J, et al. Advanced Tools for Advanced Well: Rotary Closed Loop Drilling System. SPE36884

[4] Donat F,Oppelt J,Rognitz D,et al. Innovative Rotary Closed Loop Drilling System. SPE 39328

[5] 姜伟. 旋转导向钻井偏心稳定器横向振动研究. 中国海上油气,2006,18(5):330~333

[6] 蒋世全,姜伟,付鑫生等. 旋转导向钻井技术研究进展. 见:第六届全国石油钻井院所长会议论文集. 北京:石油工业出版社,2007

[7] 李汉兴,姜伟,高德利. 可控偏心器旋转导向钻具组合的性能分析. 见:第六届全国石油钻井院所长会议论文集. 北京:石油工业出版社,2007

[8] 张绍槐,狄勤丰. 用旋转导向钻井系统钻大位移井. 石油学报,2000,21(1):76~80

[9] 李松林,苏义脑,董海平. 美国自动旋转导向钻井工具结构原理及特点. 石油机械,2000,28(1):42~44,55

[10] 闫文辉,彭勇,张绍槐. 旋转导向钻井工具的研制原理. 石油学报,2005,26(5):94~97

[11] 狄勤丰,韩来聚,孙铭新．调制式旋转导向系统导向力“等力合成模型”的建立与分析．石油大学学报(自然科学版),2004,28(6):35~37

[12] 胡金艳,周静,付鑫生．用可控偏心器实现井眼轨迹的闭环控制．天然气工业,2002,22(6):58~60

[13] 周静,付鑫生,姜东霞等．调制式可控偏心器伺服平台的滚动稳定控制系统仿真．控制理论与应用,2001,18(1):135~138

本文原发表于《石油机械》2007 年第 9 期

可控偏心器旋转导向钻井工具偏心位移控制分析

李汉兴[1]　姜　伟[1]　蒋世全[1]　付鑫生[2]

(1 中海石油研究中心　2 西安石油大学电子工程学院)

【摘　要】 介绍了可控偏心器旋转导向钻井工具的工作原理及结构。所研制的可控偏心器旋转导向钻井工具主要通过导向机构的合成偏心位移矢量来控制井眼轨迹,与国内外目前研究的旋转导向钻井工具在导向控制原理方面有着本质的区别。分析了控偏心器旋转导向钻井工具合成偏心位移的形成与分解原理,阐述了导向机构位置状态发生改变时偏心位移矢量的控制过程。

【关键词】 可控偏心器　旋转导向　偏心位移

一、引言

旋转导向钻井技术是20世纪90年代初发展起来的一项自动化钻井新技术。国外钻井实践证明,在水平井、大位移井、大斜度井、三维多目标井中推广应用旋转导向钻井技术,既提高了钻井速度、减少了事故也降低了钻井成本。国外目前主要有3种不同类型的旋转导向钻井系统,即:贝克休斯公司的AutoTrak旋转闭环钻井系统、斯伦贝谢公司的PowerDrive调制式全旋转导向钻井系统和哈里伯顿公司的Geo－Pilot旋转导向自动钻井系统[1~6]。国内学者也对该技术进行了介绍并开展了相关的研究工作[7~13]。

“十五”期间,中海石油研究中心牵头组织了国家863课题“可控(闭环)三维轨迹钻井技术”的研究工作。在国家科技部和中国海洋石油总公司支持下,中海石油研究中心与西安石油大学、中海油田服务有限公司、中海石油(中国)有限公司天津分公司、中国石油集团勘探开发研究院联合,研制和开发了具有自主知识产权的旋转地质导向钻井系统[5~7]。该旋转地质导向钻井系统主要包括随钻电阻率及自然伽马测井系统(LWD)、随钻测量系统(MWD)、随钻钻井工程参数测量系统、旋转导向钻井工具系统、地面监控系统及地面井下双向信息传输系统组成。研制的第一代旋转地质导向钻井系统样机在陆地及海上油田进行了现场钻井试验,为该系统的后续工程化研究奠定了基础。本文主要介绍旋转地质导向钻井系统中的可控偏心器旋转导向钻井工具的研制及现场试验情况。

基金项目:国家863研究课题“可控三维轨迹钻井技术”(2003AA602012)的部分内容

李汉兴,高级工程师,生于1966年,1988年毕业于江汉石油学院石油矿场机械专业,2001年获西南石油大学机械设计及理论专业博士学位,现在中海石油石油研究中心从事旋转导向钻井技术研究工作。地址:(100027)北京市东城区东直门外小街6号海油大厦。电话:(010)84523587。

二、可控偏心器旋转导向钻井工具的结构和工作原理

1. 可控偏心器旋转导向钻井工具的结构

可控偏心器旋转导向钻井工具主要由驱动轴、不旋转外套、导向机构、定位总成、测控单元、信号传输滑环、轴承支承系统和密封系统等构成。驱动轴由上半轴和下半轴组成，上半轴与 LWD 系统连接，下半轴与钻头连接。驱动轴随钻柱一起旋转并驱动钻头。驱动轴通过轴承支承在不旋转外套内壁，不旋转外套相对于井壁不旋转。导向机构、定位总成、测控单元等安装在不旋转外套上。

导向机构由三个翼肋及其驱动液缸组成，液缸液压动力来源于钻井液，三个翼肋可独立伸出或缩回。

定位总成是一套液压控制系统，用于独立控制三个翼肋的伸出或缩回位移量。

测控单元由多个测量传感器、信号处理模块、信号储存和传送模块等组成。测控单元可测量旋转导向工具在井底的空间姿态参数及工作参数。这些参数包括三个翼肋的位移、井下环空和钻柱内压力、井下温度、工具面角、井斜、工具轴向与径向振动、井下电源工作电压与温度等，并将这些数据储存和编码实时传送到 MWD 系统发送到地面。同时测控单元内装有解码器，用于接受和解码地面发送的控制指令，并向定位总成发出控制信号以控制三个翼肋的位移。

2. 可控偏心器旋转导向钻井工具工作原理

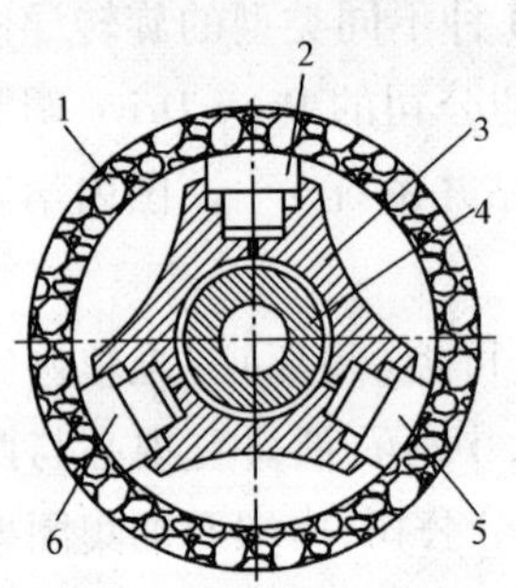

图1　导向机构示意图

1—井壁；2—1#翼肋；3—不旋转外套；4—驱动轴；5—2#翼肋；6—3#翼肋

可控偏心器旋转导向工具是通过偏心执行机构—导向机构来实现井眼轨迹控制的。导向机构由三个互成 120°角的翼肋及其驱动液缸组成，三个翼肋的伸缩彼此独立。在钻进过程中，钻井液通过驱动轴上的小孔进入翼肋驱动液缸。在钻柱内外钻井液压差作用下，三个翼肋被驱动而伸出，并与井壁相接触。翼肋伸出量受定位总成控制，如图 1 所示。

三个翼肋伸出时在钻具的相应位置形成一个偏心位移矢量，使可控偏心器轴线偏离井眼中心线。这样在钻进过程中，可控偏心器可等效为一个弯角可调的弯接头，可以通过调整三个翼肋的偏心位移矢量，形成不同的工具面角和弯接头弯角。如图 2 所示。

钻井过程中，工程参数探测器不断将测量数据发送到地面监控系统中，当地面监控系统分析数据后判断应该改变当前偏心矢量时，就通过下行通道发出调整命令，由测控单元和翼肋定位机构执行相应的操作。

可控偏心器旋转导向工具控制井眼轨迹的基本过程：由旋转导向钻井工具中的井眼几何参数传感器测得旋转钻井条件下近钻头处的井斜角、方位角和工具面角等参数，并通过短程通讯元件将上述参数传输到随钻测量仪，再继续由随钻测量仪的上传通道将数据传输到地面。根据实钻井眼与设计井眼的相对位置的偏差，通过信息处理综合决策系统来调整钻头走向，即

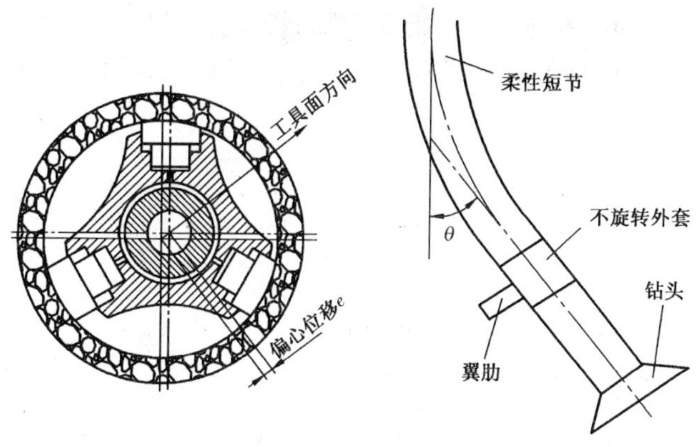

图 2　可控偏心器导向控制工作原理图

改变工具面角参数，并将决策代码通过钻井泵排量载波下传到井下信息处理中心进行指令接收、识别、解释和处理，通过测控系统控制翼肋定位机构，改变三个翼肋的伸出位移量，形成新的合成偏心位移矢量，实施工具面角的调整，从而实现钻柱在连续旋转状态下的三维导向。

三、可控偏心器偏心位移矢量控制

如前所述，可控偏心器旋转导向钻井工具三个翼肋的伸出位移形成了一个偏心合位移矢量，在钻井过程中，要根据所需的造斜率来确定偏心位移矢量，将其分解为三个翼肋各自的位移量。

图 1 为可控偏心器旋转导向工具翼肋在井底的理想位置。实际工作过程中由于摩擦力的存在，不旋转外套会随着钻柱的旋转而以一定的速度旋转，因此改变了翼肋在井底的位置，如图 3 所示。这样，在实际位移控制时需考虑不旋转外套转动的角度。

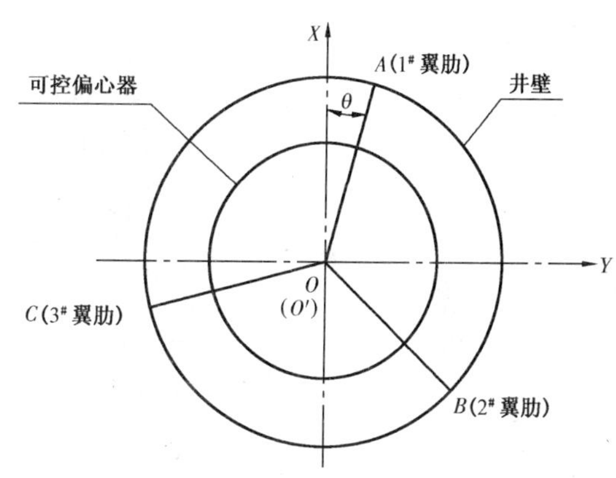

图 3　翼肋井底实际位置示意图

1. 偏心位移矢量的合成

三翼肋互成 120°角，在可控偏心器的不旋转外套上处于同一径向截面上。因此可以建立图 3 所示的坐标系：以可控偏心器翼肋所在截面处的井眼中心作为坐标原点，井眼高边径向所指方向（从井口向井底看）为 X 轴正方向，沿 X 轴正方向顺时针旋转 90°（右手螺旋法则）为 Y 轴正方向。

设三个翼肋同时伸出与井壁接触，工具中心与井眼中心相重合时，翼肋长度为原始长度，此时，图 3 中 OA、OB、OC 长度为井眼半径 R。

由于三翼肋均与井壁接触，这样三个翼肋相对于工具的伸出量使工具中心相对于井眼中心形成一个偏心位移 $\vec{e}$,即图 4 中 OO'。此时,翼肋长度为 $O'A'$,$O'B'$,$O'C'$,设三个翼肋的独立伸缩使工具中心形成的位移矢量分别为$\vec{e_1}$,$\vec{e_2}$,$\vec{e_3}$。与 X 轴夹角分别为$\vec{\alpha_1}$,$\vec{\alpha_2}$,$\vec{\alpha_3}$(顺时针方向为正)。

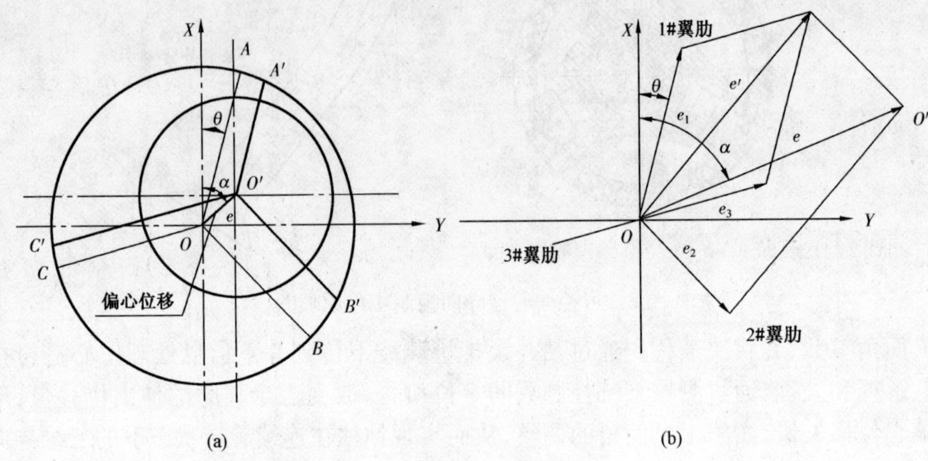

图 4　偏心位移合成示意图

(a)翼肋伸缩示意图;(b)翼肋独立伸缩形成的偏心位移及合成偏心位移示意图

规定:翼肋长度小于原始长度,翼肋缩回,位移为正;翼肋长度大于原始长度,翼肋伸出,位移为负。

据此,有:

$$\begin{cases} |e_1| = |O'A' - OA| \\ |e_2| = |O'B' - OB| \\ |e_3| = |O'C' - OC| \end{cases} \tag{1}$$

$$\begin{cases} \alpha_1 = \begin{cases} \theta & O'A' < R \\ 180 + \theta & O'A' > R \end{cases} \\ \alpha_2 = \begin{cases} \theta + 120^\circ & O'B' < R \\ \theta + 300^\circ & O'B' > R \end{cases} \\ \alpha_1 = \begin{cases} \theta + 240^\circ & O'C' < R \\ \theta + 420^\circ & O'C' > R \end{cases} \end{cases} \tag{2}$$

合成偏心位移为 $\vec{e}$,与 X 轴夹角为 α。则:

$$\vec{e} = \vec{e_1} + \vec{e_2} + \vec{e_3} \tag{3}$$

即:

$$\begin{cases} e_x = e\cos\alpha = e_1\cos\alpha_1 + e_2\cos\alpha_2 + e_3\cos\alpha_3 \\ e_y = e\sin\alpha = e_1\sin\alpha_1 + e_2\sin\alpha_2 + e_3\sin\alpha_3 \end{cases} \tag{4}$$

化为向量形式为:

$$\begin{bmatrix} \cos\alpha_1 & \cos\alpha_2 & \cos\alpha_3 \\ \sin\alpha_1 & \sin\alpha_2 & \sin\alpha_3 \end{bmatrix} \begin{bmatrix} e_1 \\ e_2 \\ e_3 \end{bmatrix} = \begin{bmatrix} \cos\alpha \\ \sin\alpha \end{bmatrix} e \tag{5}$$

在钻进过程中，翼肋定位控制器不断检测三翼肋的位移矢量，经过向量合成后与设定值相比较，若出现偏差则需要调整。

2. 偏心位移矢量的分解

在利用可控偏心器钻井时，偏心位移是影响造斜率的一个重要因素。在钻井过程中，要根据所需的造斜率来确定偏心位移矢量，然后将其分解为三个翼肋各自的位移量。只要使三个翼肋形成一定的位移矢量保持不变，就可以让偏心器按照一定的造斜率向前钻进。

给定偏心位移矢量 $\vec{e}$ 后，它的模值和夹角都随之而确定。从式(3)可以看出，在 e 和 α 已知情况下，两个方程确定三个未知数，方程组的解并不能唯一确定，还需要增加求解条件。可控偏心器在钻进过程中最终形成偏心矢量时，三个翼肋所处的状态应该是都贴在井壁上，而井壁的直径是确定的。由此，我们可以得到另外一个求解条件，即三翼肋位移矢量同在一个外接圆上，如图 5 所示。

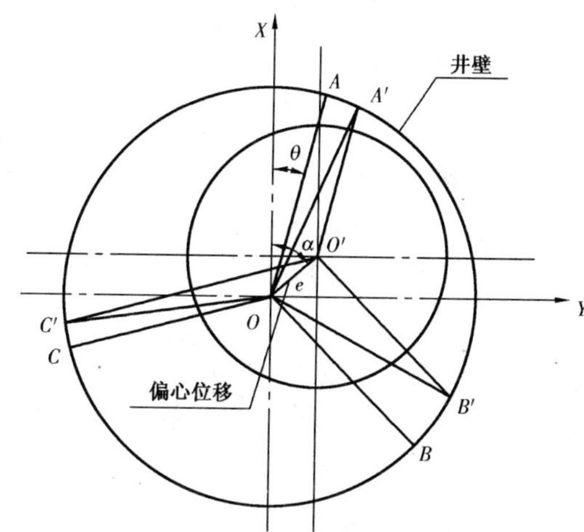

图 5　偏心位移的分解

图 5 中，O'为可控偏心器导向工具翼肋所在截面中心，O 为井眼所在圆的圆心，A'，B'，C'分别为 1#、2#和 3#翼肋与井壁的接触点。$O'A'$，$O'B'$，$O'C'$分别为三翼肋此时的长度，OA_1、OB、OC 为井眼半径。已知偏心位移矢量 $\vec{e}$ 模值 e，角度 α，以及 1#翼肋与 X 轴的夹角 θ，则在 $\Delta OO'A'$、$\Delta OO'B'$、$\Delta OO'C'$中利用余弦定理可以求出此时 1#，2#，3#翼肋长度 $O'A'$，$O'B'$，$O'C'$。

即：

$$\begin{cases} R^2 = e^2 + O'A'^2 - 2eO'A'\cos\angle OO'A' \\ R^2 = e^2 + O'B'^2 - 2eO'B'\cos\angle OO'B' \\ R^2 = e^2 + O'C'^2 - 2eO'C'\cos\angle OO'C' \end{cases} \tag{6}$$

式中：$\angle OO'A'$、$\angle OO'B'$、$\angle OO'C'$大小需根据 1#翼肋、偏心位移 $\vec{e}$ 的矢量方向 α 来确定。由于三个翼肋互成 120°夹角，1#翼肋长度 $O'A'$确定以后，其余两个翼肋长度也就唯一确定了。如图 5 所示状态时，$\angle OO'A' = 180° - (\alpha - \theta)$。

表 1 为在如图 5 所示的偏心位移 $\vec{e}$ 的情况下，1#翼肋与 X 轴的夹角 θ 在不同的象限时分别为$\angle OO'A'$角大小。

表 1

θ	0° ~90°	90° ~180°	180° ~270°	270° ~360°
$\angle OO'A'$	180° -($\alpha-\theta$)	180° -($\theta-\alpha$)	180° -($\theta-\alpha$)	($\theta-\alpha$) -180°

图 6 为 1#翼肋与 X 轴夹角变化时翼肋长度变化示意图。

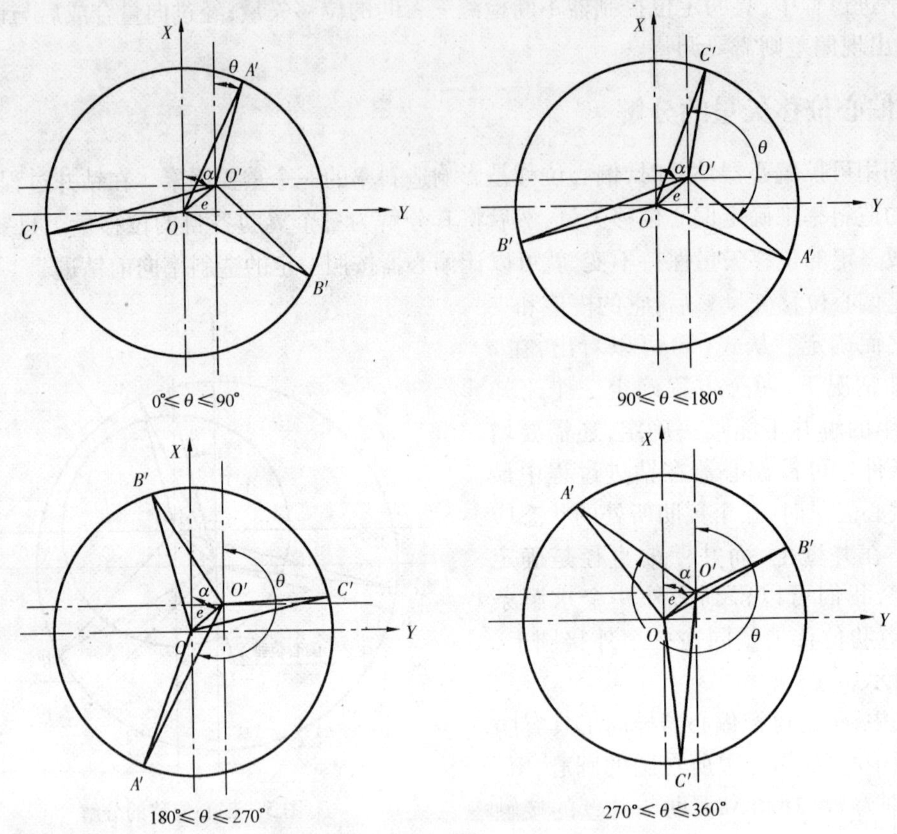

图 6　1#翼肋与 X 轴夹角变化时翼肋长度变化示意图

求解方程(5)时可能会得到两个根,要根据图 6 所示情况舍去一个不合理的结果。同理可求出偏心位移 $\vec{e}$ 的矢量方向 α 在 0° ~360°范围内变化时各翼肋的长度。

各翼肋长度求出后,其偏心位移$\vec{e_1}$,$\vec{e_2}$,$\vec{e_3}$也就随之确定。

3. 偏心位移控制过程

在利用可控偏心器钻井时,当根据实际情况确定偏心位移矢量之后,需要调整三翼肋伸出量,使之形成相应的位移。三翼肋伸出量相同时(与井壁接触),偏心位移矢量为零,偏心器轴线与井眼轴线重合,此时偏心器起稳斜作用(图 3 所示)。当根据定向钻井造斜要求需要偏心器形成某一偏心位移矢量时,首先将这一偏心位移矢量分解为三翼肋的位移矢量,再由各翼肋的定位控制系统将翼肋位置锁定在相应的位移量上。当可控偏心器偏心位移矢量确定之后,限于三翼肋均贴井壁这一现实因素,分解到三翼肋上的位移量就唯一确定了。此时可以通过翼肋定位控制系统来对翼肋进行定位控制，偏心器将按照设定的造斜率进行连续的井斜、方位调整。

钻进过程中，由于不旋转外套不可避免地绕工具轴线转动，使三个翼肋的位置发生改变。图7为不旋转外套转动使翼肋从图5位置发生变化示意图。图中，各翼肋长度不发生变化但1#翼肋与X轴夹角θ变化到θ'，各翼肋与井壁接触点变化为A'',B'',C''。根据前述偏心位移合成原理，此时合成偏心位移矢量变化$\vec{e'}$。合成偏心位移矢量发生了变化。为使造斜率和造斜方向不变，需要根据此时翼肋位置重新按照式(5)进行偏心位移的分解，调整翼肋伸缩位移。

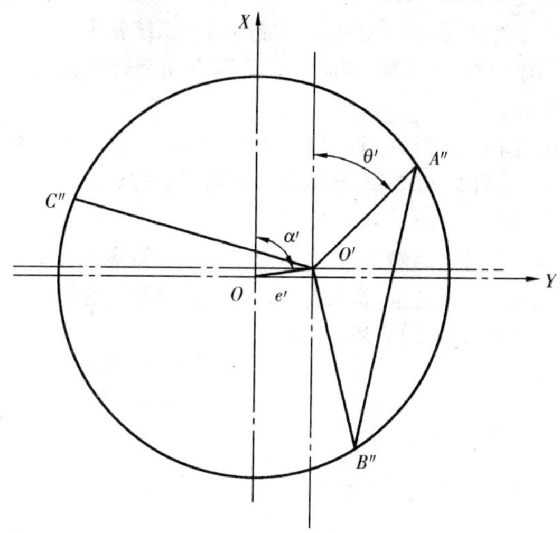

图7　合成偏心位移矢量变化示意图

在钻进过程中，旋转导向钻井工具内传感器不断测量1#翼肋的位置(与X轴夹角θ)，及时调整三个翼肋的偏心位移，保持合成偏心位移矢量不变；需要调整造斜率和造斜方向时，确定新的合成偏心位移矢量，再根据偏心位移矢量分解原理调整三个翼肋的偏心位移，从而实现井眼轨迹的连续自动控制。

四、结论

(1)可控偏心器旋转导向钻井工具主要通过导向机构的合成偏心位移矢量，形成一个等效弯接头结构来实现井眼轨迹控制的。

(2)合成偏心位移是由三个翼肋的偏心位移合成而得。控制三个翼肋的伸缩位移就可控制合成偏心位移工具等效弯接头弯角，从而控制井眼轨迹。

(3)可控偏心器旋转导向钻井工具通过实时监测三个翼肋的空间姿态，来调整三个翼肋的伸缩位移，保持合成偏心位移不变，或根据造斜需要，根据新的合成偏心位移要求进行偏心位移矢量分解，调整三个翼肋的伸缩位移，实现井眼轨迹的连续控制。

参考文献

[1] BarrJD, Clegg J M, Russell M K. Steerable rotary drilling with an experimental system[R]. SPE 29382

[2] Downton G, Hendricks A, KlausenT S, etal. New directions in rotary steering drilling[J]. Oilfield Review, 2000, 12(1):18~29

[3] Sandro Poli, Franco Donat, Joachim Oppelt, etal. Advanced Tools for Advanced well: Rotary Closed Loop Drilling System. SPE 36884

[4] Franco Donat, Joachim Oppelt, Detlef Rognitz, etal. Innovative Rotary Closed Loop Drilling System. SPE 39328

[5] 姜伟. 旋转导向钻井偏心稳定器横向振动研究. 中国海上油气, 2006, 18(5):330~333

[6] 蒋世全，姜伟，付鑫生等. 旋转导向钻井技术研究进展. 见:第六届石油钻井院所长会议论文集. 北京:

石油工业出版社,2007
[7] 李汉兴,姜伟,高德利. 可控偏心器旋转导向钻具组合的性能分析. 第六届全国石油钻井院所长会议论文集,373~378
[8] 张绍槐,狄勤丰. 用旋转导向钻井系统钻大位移井[J]. 石油学报,2000,21(1):76~80
[9] 李松林,苏义脑,董海平. 美国自动旋转导向钻井工具结构原理及特点. 石油机械,2000,28(1):42~44,55
[10] 闫文辉,彭勇,张绍槐. 旋转导向钻井工具的研制原理. 石油学报,2005,26(5):94~97
[11] 狄勤丰,韩来聚,孙铭新. 调制式旋转导向系统导向力“等力合成模型”的建立与分析. 石油大学学报,2004,28(6):35~37
[12] 胡金艳,周静,付鑫生. 用可控偏心器实现井眼轨迹的闭环控制. 天然气工业,2002,22(6):59~61
[13] 周静,付鑫生,姜东霞等. 调制式可控偏心器伺服平台的滚动稳定控制系统仿真[J]. 控制理论与应用. 2001,18(1):135~138

本文原发表于《中国海上油气》2008 年第 3 期

A method to realize the surface – to – downhole communication while drilling

Jing Zhou　Xingsheng Fu　Haiyan Shang　Changxing Li

(Xi'an Petroleum Institute)

【**Abstract**】 One of the developments, at present, on drilling technology is to realize closed – loop control of wellbore path geologic pilot drilling. It is also a new high technical engineering that integrates drilling, machinery, electronic, microelectronic, sensors and control technology into a whole. This article is involved in the research of realization on communication channel necessary to closed – loop control of the project. It is well known that there are commercial products used in up – channel from the well to ground, and no one from ground to downhole. The research is by signaling "1" or "0" indicated as the clear difference of he vibration of drill pipe at operation and stopping, based upon that, and then to code the signal for downward transfer. It has been proved that method for signal transfer could be realized in normal well condition at indoor and oil field.

Introduction

Drilling technology has rapidly been developed since 1990s, and cluster drilling, horizontal drilling, extend reach drilling all are improved correspondingly. Their development is close in correspondence with the closed – loop control system on the wellbore path. With the difficulty increment on oil and gas exploration and in pursuit of profits, geosteering drilling appears in foreign countries. The appearance of this system as well as combination with extend reach drilling technology upgrade to a new field certainly. Geosteering drilling system includes mainly the pilot set for flexible control forward direction of drilling bit in the well, Sensors proximate drilling bit, microcomputer in well and the communication channel between ground and downhole. At present, drilling industry at home and abroad is continually overcoming the technical difficulties on closed – loop control system of the wellbore path, and making experiments on oil field. US, UK, Russia, Germany and Norway all are testing the pilot set controllable forward direction on the drilling bit. Anadrill Company is the first to install many sensors proximate drilling bit on the powerful drilling set under the motor, and put into practice geosteering with testing while operation. China National Petroleum & Gas Company. China Ocean oil Company, also are carrying out closed – loop control technology on well path. Whatever geometric or geologic steering on wellbore path control system in order to make a great closed – loop control system on the ground, and bi – direction communication channel is undoubtedly very important part of the system for safety drilling. Although Japanese scientist has developed bidirection communication system by electromagnet transfer, according to The 14th World Oil Conference report, the test depth in well is only up to 3000m, and unperfected to horizontal well and extend reach well, also high cost. In fact, the communication channel MWD system from downhole to surface has been commercialized all over the world, and the transfer ratio is up to 10 bits/sec. There is no one from surface to downhole (hereafter as downlink) in the world. Such research has been done abroad acording to indexing documents and patents. They make mostly use of drill pipe movement (including upward – downward and rotation), the drilling pressure change, the difference of mud discharge capacity to transfer information downwards. This way is easy to be accepted and practiced for safety drilling. he key problem of this transfer is more random within drill pipe movement, and more differences with the movement features in different well condition. As a result, to transfer information by drill pipe we have to clearly understand drill pipe moving condition in different wells, in order to obtain and analysis relative subsurface parameters, then find out two states difference about most vibration of drill pipe in – well when moving or stopping, and decide the way for transfer command downwards, and then code, decode, transfer information downwards. The followings are principle and method of information transfer channel downwards by use of the combination drill pipe vibration and mud discharge capacity as the information carries.

Take drill pipe as a channel to transfer signal

Downlink as a communication system includes sending terminal, signal channel and receiving terminal. If drill pipe vibration signal is received on it, the drill pipe is a channel for communication system. For the best efficacy of communication, first of all, the channel features have to be researched, i. e. the drill pipe vibration features under drilling process. The analyses to drill pipe vibration features within three periods of going in the hole, normal drilling and lift the set. And coding, decoding are followings.

The well bottom condition when tripping

As a result of tongs clamp down on the drill pipe within the period of stand connection, so the whole drill pipe is in motionless and no acceleration on roximate drilling bit. Within going in the hole period, indicated in [1 – 3], the velocity change is related to some factors such as driller's operation, the functions of braking device, elastic deformation from lifting system and the load etc. Within lifting period, there are two changes too, i. e. the motionless in break out and the motion with lifting drilling set. The state changes are alternative until drilling bit up to ground. According to the site testing some drillers on the document [1 – 3] description, the time for starting to lift a stand is about between 40 – 60sec., and the accelerate peak change upon drill pipe is from 0. 6m/s^2 to 2. 3 m/s^2, These parameters are obtained at lifting load 110T, and related to other well operating data. Fig. 1 indicates the testing data curve on Maling area of Chang – qing. The upper figure shows the process of pressure change while going in the hole, the lower is the process of drilling bit vibration change. We can find out that the reality result is same as the theory analysis.

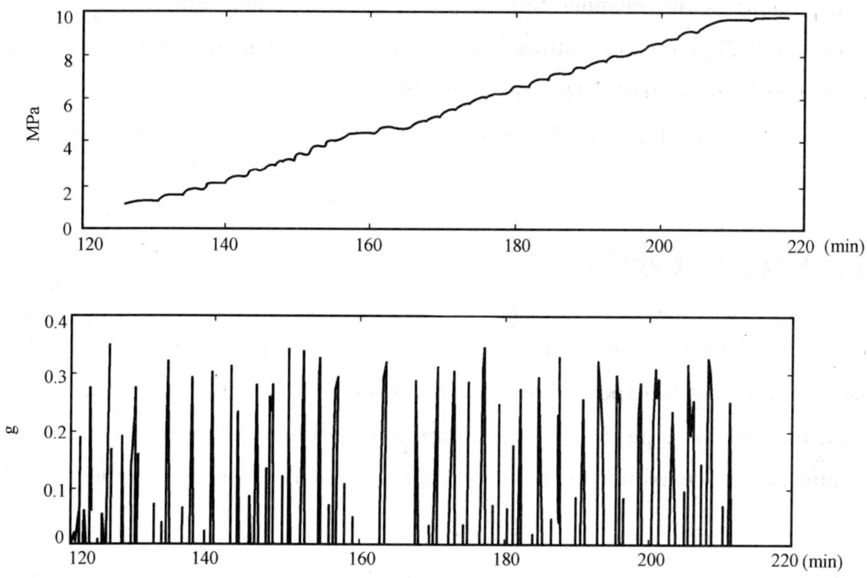

Fig. 1 The pressure and vibration proximate drilling bit when down it.

The drill pipe motion while drilling

In fact, there are many factors influence upon drill pipe vibration when drilling and relationship between each other is more complex. The drill pipe vibration is related to formation, wellbore, well depth, drilling assemble, drilling bit and mud as well as drilling operating parameters such as drilling pressure, rotary speed, and mud flow. Normally the drill pipe vibration is more stable. In some cases, these can be strong vibrated on drill pipe such as resonance and whirling. It will damage drilling assemble. If taking vibration as information carries and with a fine communication quality, it is necessary to make drill pipe in normal stable operation. Document [1 – 3] gives some model and algorithm to pre – test drill pipe vibration in – well. The model accuracy will be in influence much because of the technical complexity in the well. The vibration sensor of down channel is installed at 1 – 2m away from drilling bit in the well. So the decoder design indicates and technical parameters for down channel are much influenced by the drill pipe vibration near drilling bit. According to the document, Amoco Co. incooperation with Sperry – Sun Co. in 1994 put drill pipe vibration into test in lab and site. The testing results can be used for the design basis of communication system transfer information from ground to downhole. Fig. 3 shows the test result of drilling bit vibration when drilling in Chang – qing.

Coding

Based upon analysis the channel features, and in accordance with the principle of digital communication, the drill pipe can be utilized as a downlink for communication. To complete the task of downlink, coding is in two parts. One is signal source coding, i. e. logical"1"and"0"definition. Other is information coding, i. e. the different combination of signal source code indicates different information.

Signal Source Coding

Due to the drill pipe as a carrier to transfer vibration signal, vibration will undoubtedly be in operation, so it is possible to export signal from vibration sensors installed on the drill pipe in the well. The drill pipe motion type includes lifting upward, falling down and rotating. For a minimum wrong code ratio with in communication system, it is necessary to select suitable code for"1"and "0".

The vibration features in lift – up or fall down

The vibration time from drill pipe lasts long in lift – up or fall down. As the velocity change curve seen, the velocity change from zero to the maximum is ormally in 5 – 10 seconds. This parameter is mainly related to the drilling rig and the load; if regardless below consideration of drill pipe elasticity, wellbore attitude and mud flow, it is simply thought that the hook acceleration seems to be same as the point proximate drilling bit. The maximum acceleration is about 0. 23g. Fig. 2 shows the time and the frequency distribution of drill pipe acceleration in falling down. From that seen, the main features of drill pipe acceleration in lifting and falling is a long lasting time. So on the spectral drawing, the frequent component distributes mainly below 1hz; and the acceleration peak is less only below0. 4g.

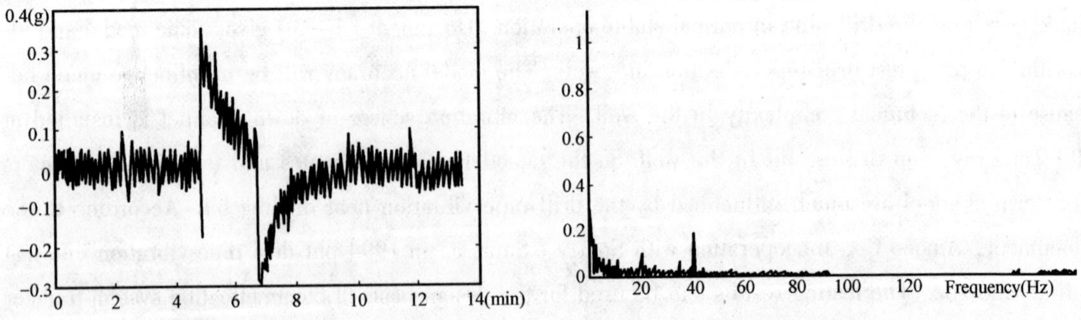

Fig. 2 The distribution for drill stem accelerate and frequency when up or down it

Vibration signal features in drilling

According the report on vibration in drilling mentioned above document, drill pipe acceleration and its spectrum features shown as fig. 3. From fig. 3 seen: 1. Hi – frequency component more distribute in the acceleration spectrum when drilling. If only thinking of main frequency component, the main vibration frequency component of drill pipe is 1. 5Hz – 9Hz under 30rpm – 180rpm. If 120rpm, typically, main vibration frequency is 6Hz, 2. The vibration amplitude (especial in transverse vibration) value is bigger in drilling, it's mean value can be up to 0. 5g – 3g, and the peak up to above 10g.

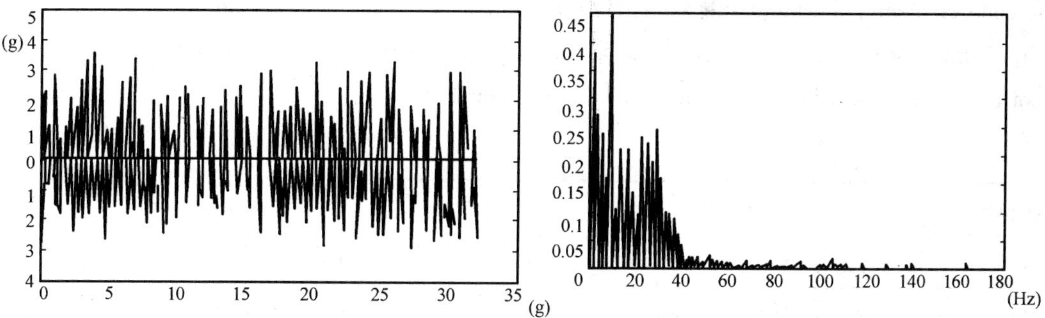

Fig. 3 The drilling bit vibration in operation

Signal Source Coding

As above analysis known, it is clear that the vibration signal difference on drill pipe when lifting, falling and rotating. The difference is: 1. The frequency of vibration signal is higher in drilling, normally within some to a few of tens Hz changed. When lifting or falling the frequency is lower not over 0. 5Hz. 2. Vibration amplitude is not over 0. 3g in lifting or falling normally. The mean value of transversal peak – amplitude is between 0. 5g to 3g in drilling or larger. But in the time of 30sec to 60sec. the vibration peak appears only two times (included one negative peak) in lifting or falling. The vibration signal peak in drilling appears at least 1. 5 – 9 times within 1 sec.

The pressure change in well as coding for transfer information

Under the mud circulating pump normal operation and the wellbore cleaner, due to switching on/off it, the pressure difference is made up to 2 – 3MPa between inside and outside of the bit in well, It has been proven on site testing. The stable pressure difference can be used to transfer ground information.

According to above features, signal source code can be: If drill pipe in motionless (pump off) 10 – 30sec, the signal "0" is for information source.

If drill pipe in drilling (pump on) 10 – 30sec, the signal "1" is for information source.

Information Coding

Downlink is a unidirectional communication system. Form the classification of the communication system; it belongs to the correction system of forward mistake, mistake communication without feedback channel. And the carrier for transfer signal is the vibration signal on drill pipe, but the drill pipe vibration is in complexity. To guarantee communication quality, it is necessary to take a suitable code method and make an enough low wrong code ratio for transfer signal. Information coding is made of two parts, i. e. sync code element plus information code element. So the longer the sync code elements, the lower the wrong code ratio, and the code elements do not allow too long at all in drilling operation, because it will make the operation in the complexity or an accident. Thinking of above factors, a kind of signal code shown as table 1.

Table 1

Sync code	Information code	Sync code	Information code
11	Depth(decimal system 4 digits)	15	Inclination(decimal system 2 digits)
12	Vane extensial value(Decimal system 2 digits)	16	Azimuth(decimal system 3 digits)
13	Vane whole extension	17	Tool face orientation(Decimal system 3 digits)
14	Whole vane return		

Testing in lab for downlink

Testing terms. Due to the technology of the pressure is more perfect and the technology accumulation about vibration is relatively weak, so lab testing is concentrated on the vibration channel and the pressure channel experiment is put stress on site testing results.

Terms: Program performance experiment

Instrument aging test

Hi – temperature test

The vibration test with heating up

Lab experiment results

The lab experiment is mainly in stress upon the practice of the program performance, no mistake is very important. Fig. 4 is with about 120rpm and a little bit of pressure, sending a simulative depth parameter to 1233m deep. Transversal axis unit: min. Longitudinal axisunit: acceleration g.

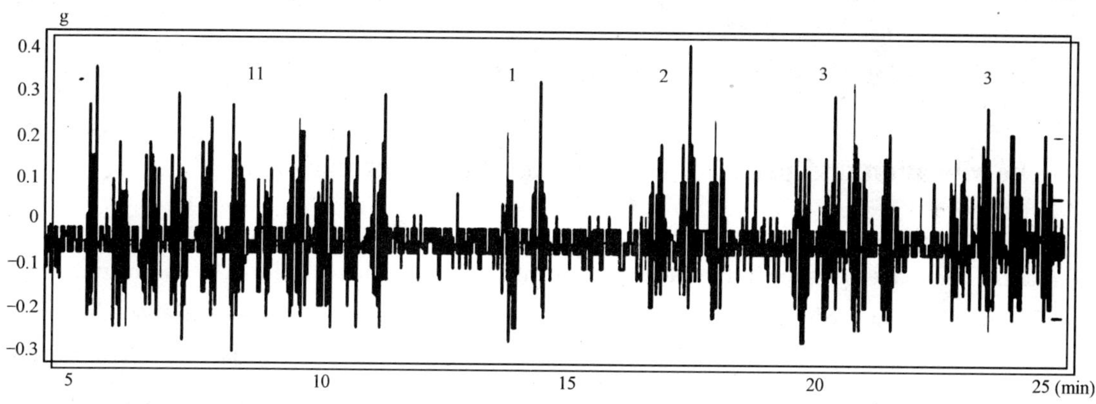

Fig. 4 The example of depth 1233m ground sending test

Conclusion

The conclusion according to a series of testing is the followings:

1. It is possible to put vibration signal to send the code elements under very evident difference between vibration and motionless;

2. To code as the rule and send code elements correctly, the instrument software can accurately decode the ground information, especially under the waiting time for the synched enough;

3. The intelligent learning performance of the software reinforces allowable mistake ability within decoding, in the possession of a certain self – adaptable function also insensitive to the initiative value of the threshold;

4. If there is few difference between vibration and motionless, it is requisite to attain a certain operating manner extendible the difference as large as possible between the vibration and the motionless, especially in site testing, and pay attention the exact test parameters, and find out the best operating manner for sending code elements.

Site test and junior conclusion

Site test. Fig 5 shown the BHA of site experiment.

Place: Yinjiaqiao village Mubocountryside Huan country , GanSu province Structure position: projecting Mubo

Quantity/time of the tested well: 11points/120hours.

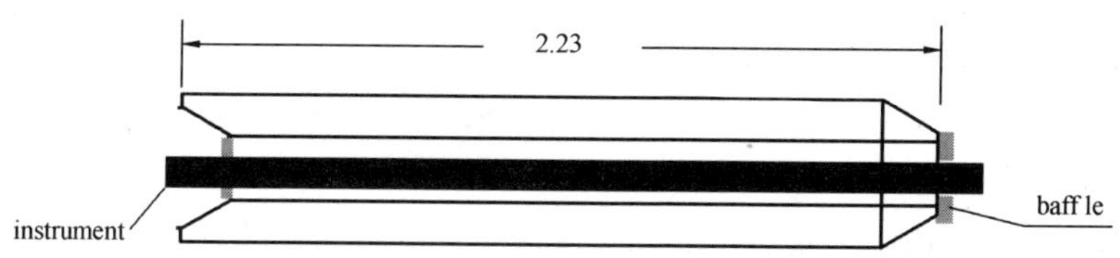

Fig. 5 The BHA of the site experiment

Site testing process and data analysis

The vibration and pressure near drilling bit in normal drilling

Test curve on site, shown as Fig. 6, the upper is for the pressure, the lower the vibration. From the drawing seen, the pressure in the well changes with the increasing of well depth and mud proportion in normal drilling. When pump stopped and, the pressure changing in the well is about 2. 5MPa. The value is varying with the velocity change while lifting or falling drill pipe. The vibration is almost as a zero in the period of connecting a stand but the max. value in all drilling. When normal drilling, the pressure and the vibration curve reflex that the possibility of the operating manner coincident with coding rule is almost as a zero, even if coincident with a code element but impossible coincidence with the combination coding. So the combination coding in well is very important.

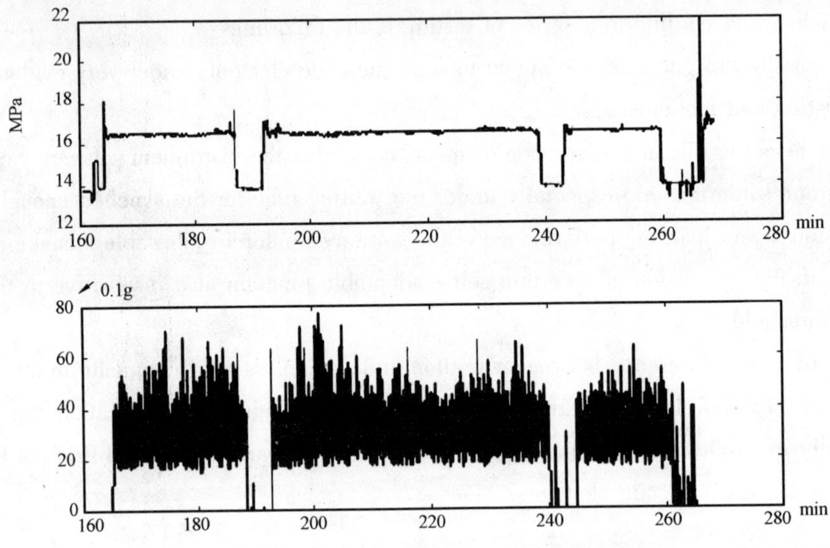

Fig. 6 The pressure and vibration in normal drilling

The vibration and the pressure near the drilling bit when going in the hole

Fig. 7 shows the pressure and the vibration corresponding relationship, the upper for the pressure, the lower the vibration under 2200m depth testing. Every falling down a stand, the ressure goes up about 0. 27MPa, and the vibration has a bigger acceleration change. The time to fall down a stand is 20 – 40 sec. , and an intermittent time 1 – 3min not the same between two stands. So at that time, there is a most coincident with the command – coding manner, the numbers below 10 all have the coincident possibility. The site testing result proves it. The least is number over 10; no one appears in 8 times site testing done. If sending the command for the individual well by the combination coding, the wrong code is avoidable.

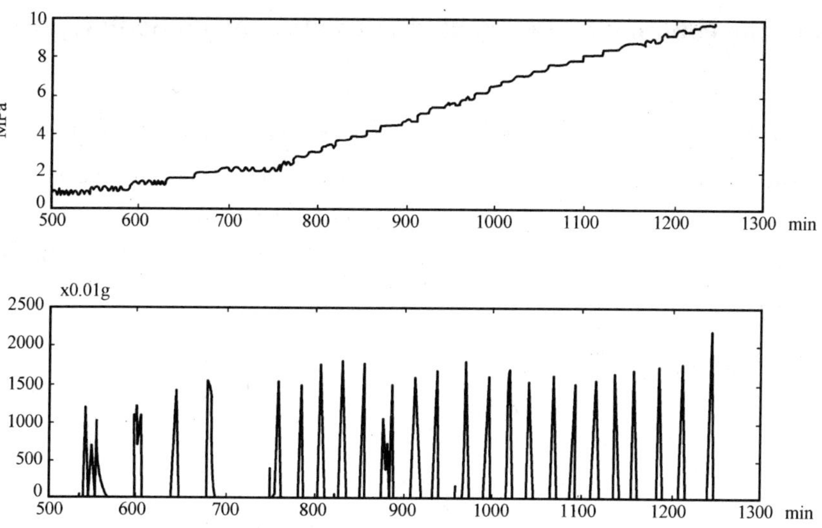

Fig. 7 The pressure and the vibration tested in well when falling the set

To transfer the command when rotating drill pipe with the pump on

As Fig. 8 shown, the upper is for the pressure, the lower the vibration. From Fig. 8 seen, the pump on can make very strong vibration in the well, at that point the depths is about 1800m. To transfer the command under the pump on switch on 30sec stopping 30sec, the command is 6,3,4. Seen from the lower fig., the pressure seems without change. That is coincidental with the practice.

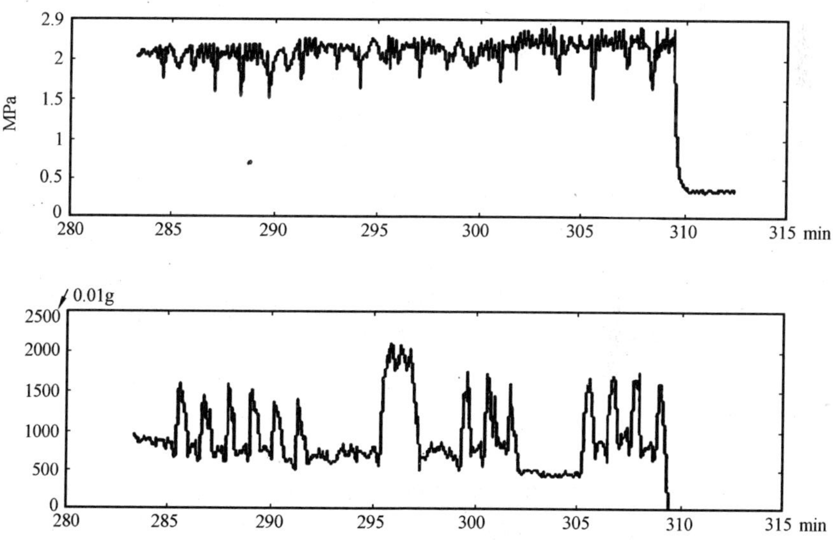

Fig. 8 The pressure and the vibration relationship under transfer command while the drill stem rotating with the pump on

Transfer the command when drill pipe rotating or motionless, adjusting mud flow

Fig. 9 shows the downward information after decoding obtained from the well, based upon some site channel tests. The upper is for the vibration, command code element 11 and information digit 6, 4. The lower is for the pressure, command code element 3, 2 are sent by the rule. The lower only indicates the command 3, 2. And mudflow can also be adjusted and controlled by another device on the platform.

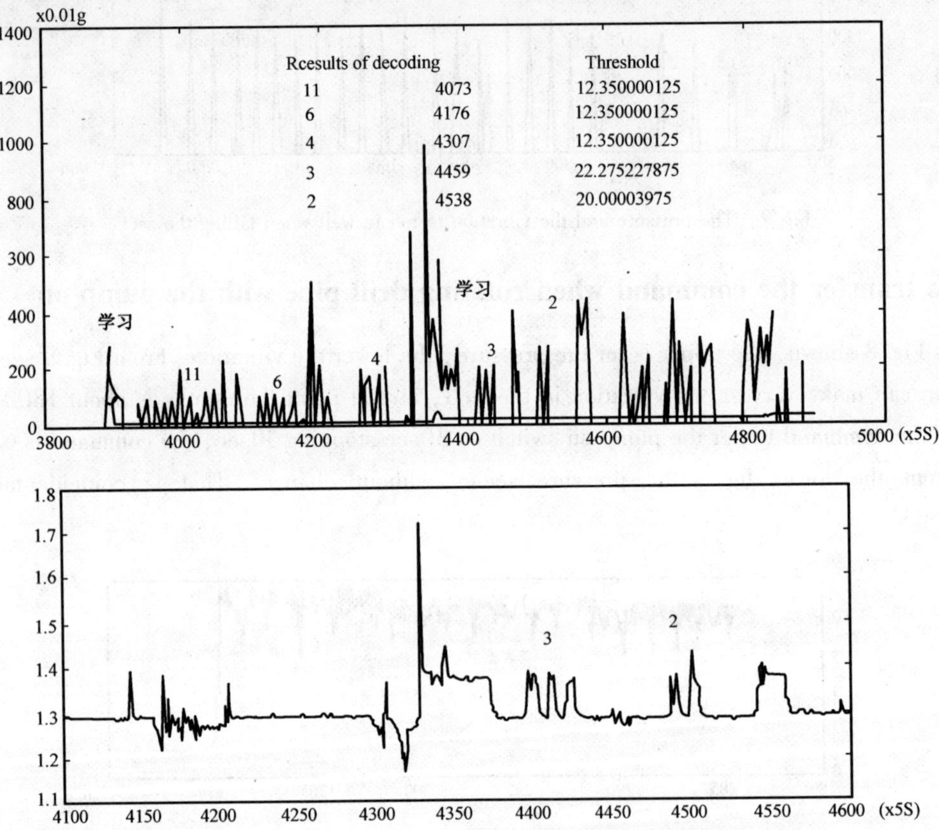

Fig. 9 The site testing result for sending command when drill stem rotating or adjusting mud discharge capacity with the pump off

Conclusion

1. Through exact testing the vibration signal on the drilling bit in the well, and decoding code signal sent from ground and explaining them, it is able to predicate the method and the principle adapted right. It is suitable to absolute most wellbores;

2. Also discovery on testing, the method of transfer information downward has a certain of limi-

tation in operation such as the time and the operation manner limit. Some device on the standpipe will improve this method.

3. In the case of application to the extend reach well, due to the extension of horizontal displacement and the friction increased, the operator is difficult to control the drilling bit on ideal rotation. But to increase the ability of mistake allowance for decode software is able to transfer information. Proved in testing, if the difference between ground and in well is very large, under the friction increased and the drilling set rotating, it is able to correctly transfer information downwards as long as increasing the ability of mistake allowance for decode software, and making vibration difference in the well by changing the mud flow.

References

[1] Dykstra M W, Chen D C K, Warren T M and Zanoni S: "A. Experiment Evaluations of Drill Bit String Dynamics". SPE 28323, 1994

[2] Dykstra W and Chen D C K. : "Drill string component mass unbalance – A major source of downhole vibrations". SPE 29350, 1995

[3] Dubinsky V S H and Henneuse H P. : "Surface monitoring of downhole vibrations: Pussian, Eurpean and American Approaches". SPE 24969, 1992

[4] Bardin, et al. : " Method and device for remote – controlling drill string equipment by a sequence of information". United States Patent 5,065,825

[5] Patton B J. : "Methed an Apparatus for surface to downhole communication" U. S. Patent 3800277

[6] Engelder. " Method and apparatus for telemetry while drilling by changing drill string rotation angle or speed" United States Patent 4,763,258

[7] Rorden. " Combinatorial coded telemetry" United States Patent 4,787,093

[8] Pavone, et al. : " Method and system of analysis of the behavior of a drill string" United States Patent 5,550,788

内置式可控偏心器伺服平台稳定控制模型

姜东霞　周　静　付鑫生

（西安石油大学）

【摘　要】在细化结构的基础上，对内置式可控偏心器的各个部分进行了受力分析，在此基础上构造了滚动稳定平台的控制模型，确定了内置式可控偏心器滚动稳定控制模型，为系统的后续分析提供了依据。

【关键词】定向钻井　造斜工具　可控偏心器　稳定控制　模型

水平井和大位移井是国内外近年来在海滩、湖泊、稠油油藏及沙漠、海洋等复杂地面条件下进行勘探和开发的一种经济而有效的先进技术，但采用目前工作在滑动模式下的导向技术钻大位移井存在下列问题：在滑动导向钻进井段，不旋转的钻柱与井壁之间摩阻很大，极易造成井眼不规则，甚至出现卡钻事故。这些缺点限制了大位移井的水平位移，目前，用这种方法所钻井眼水平位移只能达到7000m，为了增加水平位移，必须尽量缩短滑动段的距离，最好的办法是完全摆脱滑动模式，采用在旋转模式下进行造斜的定向钻井技术，并采用可遥控的井下造斜导向工具，构成井眼轨迹井下闭环控制系统。因此提出了内置式可控偏心器这种井下智能化造斜导向工具。

作者在1993年提出了XTCS（Xi'an Trajectory Control System）井下闭环和旋转导向钻井系统，Barr于1995年给出了能完成旋转导向的两种可能的导向工具。旋转导向系统的突出优点主要在于其能克服滑动导向系统所遇到的摩阻过大和井眼不清洁等问题，从而可使钻井导向能力得到大幅度提高，这一点对于正在迅速兴起的大位移钻井等具有复杂结构的特殊类型井尤为重要。

根据造斜导向机构——偏心翼片的导向方式，可控偏心器可分为两种：固定式和内置式。固定式可控偏心器的导向机构是相对于大地不旋转的，一个旋转的驱动轴穿过导向机构与钻头相连。固定式可控偏心器的偏移矢量是静态的，在造斜导向过程中，偏心翼片只需偶尔缓慢地伸出或缩回，就可达到造斜或纠偏的目的。内置式可控偏心器的造斜导向机构是随着钻头一起旋转的，它的偏移矢量是动态的。在造斜过程中，钻头每转动一圈，三个偏心翼片依次伸出和收缩一次。目前，已有美国、英国、德国和挪威的石油公司研制了固定式的可控偏心器样机并正在油田试验；内置式可控偏心器的概念由Barr在1992年提出，并由英国的COMCO公司在1996年做出样机进行现场试验。据中国石油信息情报所1998.3联网检索，其详细结构和控制方法未见报道，本文就此进行研究与分析。

一、内置式可控偏心器的构成

可控偏心器主要包括以下两个部分：

（1）三个空间相位相差120°的可伸缩翼片及其控制阀。

(2)伺服控制系统,它安装在图1所示的伺服平台中,功能是控制翼片伸出的方向,也即控制造斜的方向。

在钻井过程中,翼片是随着钻头一起旋转的。翼片的伸缩由钻井液提供动力,并由控制阀来分配。控制阀的结构见图1所示,它为一盘阀系统,由上下两部分组成。上盘阀由伺服平台的输出控制轴带动,其上有一个液压孔,液压孔做成如图1所示弧形长孔形状,目的是为了使高压钻井液作用在翼片上的力具有一定的作用时间,以保证侧向控制力的作用效果。

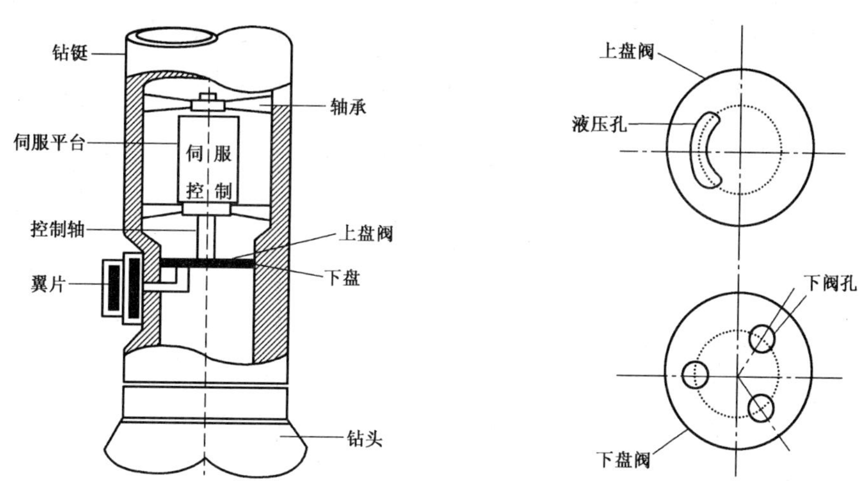

图1　可控偏心器机构示意图

钻井液通过控制轴上的带筛孔的元件进入控制轴再流向上盘液压阀孔。下盘与导向机构轴体相固连,其上有三个直径相同的圆孔,称为下阀孔。下阀孔下的通道通向伸缩翼片的活塞室。三个下阀孔之间的相位相差120°。

当导向机构处于工作状态时,伺服控制系统将伺服平台稳定在一个固定的方位上不动,由于伺服平台输出轴与盘阀机构的上盘阀固连在一起,因此这就确保了上盘阀的液压孔稳定在该方位上不动。于是钻井液流过上盘阀液压孔,下盘阀随钻头一起同步旋转,其中的一个下阀孔与上盘阀的液压孔眼位于同一轴线上时(两孔相接),与之相连的伸缩机构被高压钻井液推动,活塞外推,翼片与井壁接触,并给井壁施加一作用力。该作用力的方向则由上盘液压孔眼的位置确定,作用力的大小由钻井液压力和钻井液与翼片活塞的接触面积确定。当上盘液压孔眼在伺服控制系统作用下处于井眼高边方向时,翼片对井壁的作用力方向就沿井眼高边方向,井壁对它的反作用力就指向井眼低边,此时,导向机构就处于全力降斜状态。当液压孔眼在控制机构作用下处于井眼低边方向时,翼片对井壁的作用力就指向井眼低边方向,井壁的反作用力就指向井眼高边,此时,导向机构就处于全力增斜状态。当液压孔眼在控制机构作用下处于90°相位时,导向机构就处于90°降方位状态;当液压孔眼在控制机构作用下处于270°相位时,则导向机构就处于90°增方位状态。

在钻头每一转过程中,三个下阀孔眼分别与液压阀孔相通一次,与之相连的伸缩块伸缩一次。相通时,与该下阀孔相通的伸缩块伸出;不相通时,与该下阀孔相通的伸缩机构活塞腔内的压力卸压,伸缩块在复位弹簧的作用下和井壁的推动下回收。

导向机构通过控制阀实现定向功能,而控制阀连接在伺服控制系统的输出控制轴上,它受伺服控制系统的控制,因此,伺服控制系统是实现可控偏心器定向功能的关键。

二、滚动稳定平台的机械结构设计

在钻井过程中，钻柱是不断地旋转着的，要实现伺服控制系统的定位功能，就要求设计一个能够相对于大地不旋转的(称为滚动稳定的)伺服平台，也就是说应使平台在大地坐标系中受到的合扭矩为零。在钻井过程中，钻井液冲击叶轮，使叶轮沿逆时针方向旋转，于是叶轮内缘的永久磁铁被带动着一起旋转，形成旋转磁场。由于电磁耦合的作用，平台外表面的线圈中会产生感应电流，进而会产生电磁转矩，这个电磁转矩也作用在平台上，并且可以通过控制该电磁转矩的大小，来控制平台的受力情况，因此我们把永久磁铁与线圈绕组一起称作扭矩发生器。为了使平台可以进行正、反两个方向的调整，必须有一对旋转方向相反的扭矩发生器，如图2所示。上、下叶轮外套在结构及原理上完全相同，但是叶片的形状不同，因此它们传递给平台的扭矩方向相反。此时，伺服平台受到如下几个扭矩：

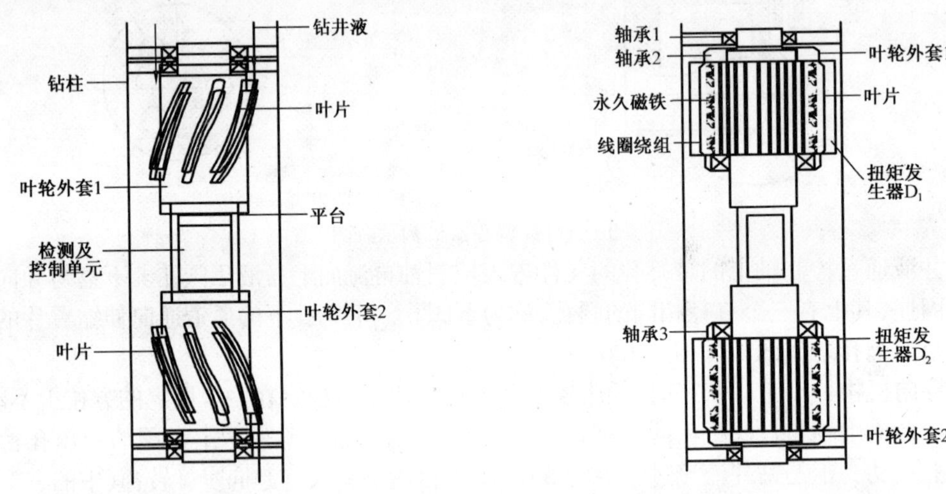

图2　伺服控制系统结构图

(1)轴承1对平台的摩擦扭矩 $M_{bcaring1}$。轴承1用来将平台支撑在空心钻铤内部，由一对滚动轴承构成。

(2)轴承2对平台的滚动摩擦扭矩 $M_{bcaring2}$。轴承2的作用是将上部的叶轮外套1安装在平台上，使叶轮外套1能够在钻井液的冲击下相对于平台旋转。

(3)扭矩发生器 D_1 传递给平台的电磁转矩 M_{D1}。扭矩发生器由叶轮外套1内壁的永久磁铁与平台外表面的线圈绕组构成。

(4)钻铤旋转带动钻井液旋转，旋转的钻井液传递给平台的粘滞摩擦扭矩 M_{mud}。

(5)轴承3传递给平台的滚动摩擦扭矩 $M_{bcaring3}$。轴承3的作用是将下部的叶轮外套2安装在平台上，使叶轮外套2能够在钻井液的冲击下相对于平台旋转。

(6)扭矩发生器 D_2 传递给平台的电磁转矩 M_{D2}。

(7)盘阀系统传递给平台的摩擦扭矩 M_{valve}。

图 2 中,检测和控制单元的作用是调节两个扭矩发生器传递给平台的扭矩的大小,从而保证平台所受正、反扭矩相等,使平台始终处于稳定状态(即不旋转状态)。

三、滚动稳定平台的受力分析

1. 轴承的滚动摩擦扭矩 $M_{bcaring1}$

轴承的滚动摩擦扭矩 $M_{bcaring1}$ 为:

$$M_{bcaring1} = \mathrm{sign}(n_0 - n) \cdot r_{c1} G_{平台}(f_{\mu1}\sin DEV + f_{\mu2}\cos DEV)$$

式中 r_{c1}——轴承摩擦平均半径;

N_1——轴承 1 承受的径向压力;

N_2——轴承 1 承受的轴向压力;

$f_{\mu1}$——轴承的径向滚动摩擦系数;

$f_{\mu2}$——轴向滚动摩擦系数;

DEV——井斜角;

$G_{平台}$——平台总重量;

n——平台的转速;

n_0——钻杆的转速;sign 表示符号函数。

2. 钻井液对平台的粘滞摩擦扭矩 M_{mud}

在钻井过程中,由于钻铤不断地旋转,钻井液被带动旋转。旋转着的钻井液对伺服平台产生一个粘滞摩擦转矩 M_{mud}。设钻铤的角速度为 ω_0(规定逆时针方向为正),平台的角速度为 $\omega_{平台}$,钻铤的内半径为 $r_{钻铤}$,平台的外半径为 $R_{平}$ 台,则钻井液对平台的粘滞摩擦转矩示意图如图 3 所示。

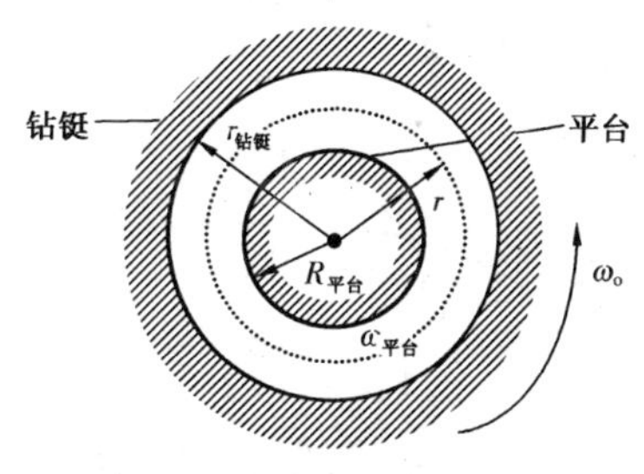

图 3　钻井液对平台的粘滞摩擦转矩示意图

钻铤在井眼中绕自身轴线旋转,钻井液由于与钻铤之间的粘滞摩擦而获得一定的速度,并且该速度随着半径的减小而减小。根据流体摩擦力基本定律,在半径为 r 处,钻井液获得的剪切力 τ 为

$$\tau = \mu \mathrm{d}v/\mathrm{d}r$$

式中 μ——钻井液的黏性系数;

v——钻井液获得的周向速度。

在钻井条件下可以认为

$$\mathrm{d}v/\mathrm{d}r = r\mathrm{d}\omega/\mathrm{d}r$$

代入上式中,得剪切力表达式

$$\tau = \mu r \mathrm{d}\omega / \mathrm{d}r$$

设钻井液与平台接触面的长度为 l，钻井液的转动力矩等于切应力与面积和力臂的乘积，所以半径为 r 处，钻井液受到来自平台的转动力矩为

$$M_r = \tau \cdot r \cdot s = 2\pi l \mu r^3 \frac{\mathrm{d}\omega}{\mathrm{d}r}$$

对上式求解 dω，根据边界无滑移条件为

$$r = r_{钻铤};\omega = \omega_0$$

$$r = R_{平台};\omega = \omega_{平台}$$

得 $r = R_{平台}$ 处钻井液转动力矩为

$$M = 4\pi l \mu \frac{R_{平台}^2 r_{钻挺}^2}{r_{钻挺}^2 - R_{平台}^2}(\omega_0 - \omega_{平台})$$

因此，钻井液对平台的阻转力矩为

$$M_{\mathrm{mud}} = \frac{2}{15}\pi^2 l \mu \frac{R_{平台}^2 r_{钻挺}^2}{r_{钻挺}^2 - R_{平台}^2}(n_0 - n)$$

3. 盘阀系统传递给平台的阻转力矩 M_{valve}

伺服平台的输出轴上连接有盘阀系统，盘阀系统由上、下两个盘阀构成，其结构如图 1 所示。设两盘阀之间的缝隙为 s，由于下盘阀随着钻铤一起旋转时，带动两盘阀缝隙中的钻井液一起旋转。旋转的钻井液又反过来作用在固定于伺服平台上的上盘阀上，产生阻转力矩 M_{valve}，见图 4。

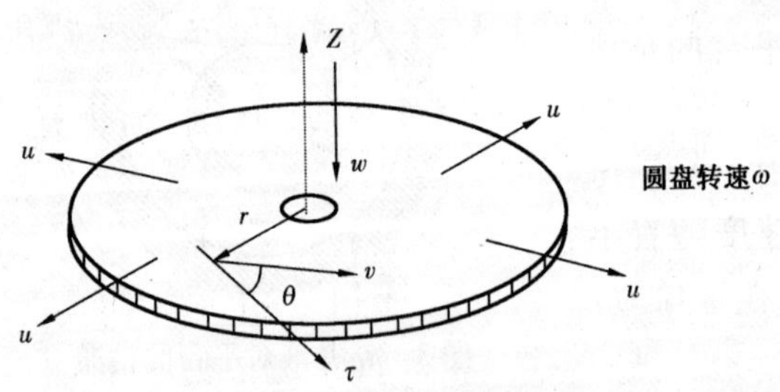

图 4　下盘阀带动流体运动示意图

靠近盘阀的流体层，通过摩擦的作用由盘阀带动着旋转，并由于离心作用向外抛开，这种情形是一种三维流动，即存在径向 r、周向 φ 和轴向 z 三个方向的速度分量，分别用 u、v、w 来表示，流体在旋转圆盘带动下，由最初的单一的轴向速度变成了具有三个方向的速度分量：径向速度 u、周向速度 v、轴向速度 ω。设盘阀半径为 $R_{阀}$，上下盘阀之间的缝隙厚度为 s。由于 s 值很小，则切向速度横跨间隙的变化是线性的，所以，离开下盘阀轴心处距离为处的切应力等于 $\tau = r\omega\mu/s$，则下盘阀附近钻井液的黏性力矩为

$$M_2 = 2\pi\int_0^{R_{阀}} \tau r^2 \mathrm{d}r = \frac{\pi}{2}\frac{\omega\mu R_{阀}{}^4}{s}$$

该粘滞摩擦扭矩反作用于上盘阀,使上盘阀的下表面受到黏性摩擦扭矩 M_{valve} 的作用,其大小与 M_2 相等,方向与钻杆旋转方向相同,因此,得 M_{valve} 的表达式为

$$M_{valve} = \frac{\pi^2}{60}\frac{(n_0 - n)\mu R_{阀}^{\ 4}}{S}$$

4. 扭矩发生器 D_1 的电磁转矩 M_{D_1}

扭矩发生器 D_1 的结构如图 2 所示。在钻井过程中,钻井液冲击叶轮,使叶轮沿逆时针方向旋转,于是叶轮内缘的永久磁铁被带动着一起旋转,形成旋转磁场。由于电磁耦合的作用,平台外表面的线圈中会产生感应电流,进而会产生电磁转矩 M_{D_1}。为了计算该电磁转矩 M_{D_1} 的大小,首先要分析绕组线圈的绕制方法。

1)转子绕组接线方法

转子绕组中产生的感应电势是矩形波。为了减小转矩脉动,增大空间利用率,将转子绕组接成三相对称的星形绕组,转子绕组相数 $m=3$。设定:子磁场极对数为 p;转子绕组每极每相槽数为 q,总槽数为 Z_{R1};每个转子导条的匝数为 W_{R1}(即每个转子槽内安放的元件边数为 W_{R1})。因此,转子绕组串联总匝数为 $Z_{R1}\cdot W_{R1}$。

2)转子绕组感应相电势

假设磁场是 p 对极的,由于磁场是旋转的,其转速为 n_B(r/min),则磁场每转过一周,空间某点的磁通密度就要交变 $2p$ 次,所以空间任意一点的磁通密度都是交变的脉振矩形波。在这样磁场的切割下,转子中产生的感应电势 e 随时间也是按矩形波规律变化的,感应电势交变的频率与旋转磁场切割速度和磁极对数有关。

(1)转子绝对转速为零(即堵转)的情况:

转子不动时,旋转磁场切割转子的速度等于磁场的转速,如果旋转磁场的极对数为 p 则旋转磁场在空间转一转,转子绕组中的感应电势要交变 $2p$ 次,设磁场沿逆时针方向旋转,转速为 n_B,对应的角速度为 B_{δ_1}。这相当于磁场不动,而转子沿顺时针方向以同样大小的速度旋转。再来分析感应电势的幅值对于一个元件边,当它从一个极下转到另一个极下时,电枢所转过的电角度为π,与元件边交链的磁通由 ϕ 变成 $-\phi_1$,则这一过程所用的时间为

$$\Delta t = \frac{\pi}{\omega_{B1}} = \frac{60}{2p_1 n_{B1}}$$

根据电磁感应定律 $e=-\mathrm{d}\phi/\mathrm{d}t$,一个元件边感应的电势的大小为

$$E_i = P_1 n_{B1}\phi_1/15$$

转子绕组每相串联匝数为 $Z_{R1}W_{R1}/m_1 = Z_{R1}W_{R1}/3$,所以产生的感应相电势的幅值为

$$E_0 = \frac{Z_{R1}W_{R1}}{3}E_i = \frac{1}{45}W_{R1}Z_{R1}p_1\phi_1 n_{B1}$$

(2)转子旋转的情况:

当转子绕组接上负载，形成闭合回路后，转子中会产生感应电流，转子轴就会受到电枢转矩的作用。当该电枢转矩大于作用在负载上的反扭力矩后，转子轴就会旋转起来。设转子转速用 n 来表示，则定义转差率如下

$$S = \frac{n_{B1} - n}{n_{B1}} = 1 - \frac{n}{n_{B1}}$$

根据 $E_R = S \cdot E_0$ 可得这时的转子绕组感应电势幅值为

$$E_{R1} = \frac{1}{45} W_{R1} Z_{R1} p_1 \phi_1 (n_{B1} - n)$$

3）转子电路感应线电压

因为在任意时刻，转子绕组总有两相是导通的，所以线电压的值为

$$U_{R1} = 2E_{R1} = \frac{2}{45} W_{R1} Z_{R1} p_1 \phi_1 (n_{B1} - n)$$

4）电磁转矩计算

转子导条的受力示意图如图5所示。

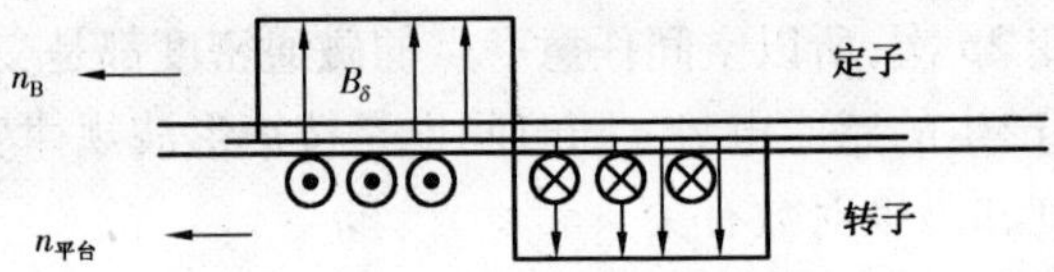

图5　转子导条受力示意图

对于单个的转子导条，有效电流为 I_{R1}，所受的电磁力为

$$F_i = B_{\delta 1} I_{R1} l, B_{\delta 1} = \frac{p_1 \phi}{D_s l}$$

已知转子串联总匝数 $Z_{R1} \cdot W_{R1}$，而在任意时刻，转子有且只有两相是导通的，即任意时刻导通的转子导条数为 $\frac{2}{3} Z_{R1} W_{R1}$，则总的电磁力为

$$F = \frac{2}{3} Z_{R1} W_{R1} F_i = \frac{2 Z_{R1} W_{R1} p_1}{3 D_s} \phi_1 I_{R1}$$

则转子绕组产生的电磁力矩为

$$M_{D1} = F \cdot \frac{D_R}{2} = \frac{2 Z_{R1} W_{R1} p_1 \phi_1}{3 D_s} I_{R1} \cdot \frac{D_R}{2} = \frac{1}{3} Z_{R1} W_{R1} p_1 \phi_1 I_{R1}$$

其中，转子铁心直径与定子铁心直径看成相等。

转子电路的有效电流大小为

$$I_{R1} = \frac{U_{R1}}{R_{L1}} = \frac{2}{45R_{L1}}W_{R1}Z_{R1}p_1\phi_1(n_{B1} - n)$$

所以电磁转矩表达式为 $M_{D1} = C_{M1}\frac{n_{B1} - n}{R_{L1}}$

式中 $C_{M1} = \frac{2p_1^{\ 2}\phi_1^{\ 2}Z_{R1}^{\ 2}W_{R1}^{\ 2}}{135}$称为扭矩发生器的特性系数。

5)永久磁场旋转的转速 n_{B1} 的确定

永久磁铁嵌在叶轮外套的内壁上。在造斜过程中,由于钻井液对叶轮外套上叶片的冲击,使叶轮外套带动永久磁铁一起旋转,产生旋转磁场,因此,旋转磁场的转速 n_{B1} 将与钻井液的冲击力以及叶片的倾斜角有关。图 6 表示钻井液冲击一个叶片的示意图,其中,叶片与周向的夹角 α_1 称作叶片的倾斜角。

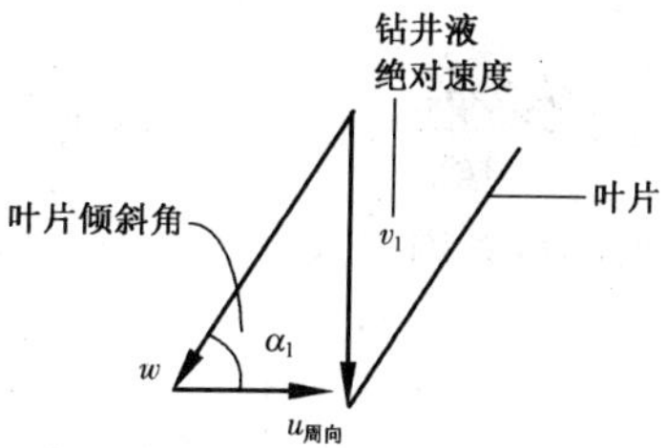

图 6　钻井液冲击叶片示意图

图 6 中,v_1 表示钻井液的绝对速度;w 表示钻井液冲击叶片之后产生的牵连速度,其方向与叶片平行;$u_{周向}$是钻井液冲击叶片后,在周向上产生的速度,又称为相对速度。设钻井液的流量为 Q,钻井液的过流面积为 S_1 则有

$$v_1 = \frac{Q}{S_1}, u_{周向} = v_1 \cdot \cot\alpha_1$$

在假设不产生涡流的情况下,钻井液在周向上的速度就等于叶轮外套的旋转速度,即钻井液以 $u_{周向}$周向的周向速度带动叶轮外套旋转,同时又以 w 的牵连速度,沿着与叶片平行的方向下流动。这样,我们得到叶轮外套 1 的旋转速度大小为

$$u_{周向} = \frac{Q}{S_1}\cot\alpha_1$$

设叶轮外套的平均半径为 $R_{外套1}$则得叶轮外套 1 的角速度为 ω_{B1} 于是得 D_1 磁场的转速 n_{B1} 为

$$n_{B1} = \frac{60\omega_{B1}}{2\pi} = \frac{30Q}{\pi S_1 R_{外套1}}\cot\alpha_1$$

5. 扭矩发生器 D_2 的电磁转矩 M_{D2}

扭矩发生器 D_2 与扭矩发生器 D_1 具有相同的结构和工作原理,因此,它所产生的电磁转矩 M_{D2}的数学模型与 M_{D1} 相似。设 D_2 的各项参数如下:磁极对数 p_2,旋转磁场的转速 n_{B2},磁通量 φ_2;转子导体的绕组系数 W_{R2};有效匝数 Z_{R2},转子侧外接负载电阻 R_{l2};叶轮外套半径 $R_{外套2}$,所有叶片的横截面面积 S_2,叶片倾斜角 α_2。通过以上分析可得

$$M_{D2} = C_{M2}\frac{n_{B2} - n}{R_{12}}$$

其中 $C_{M2} = \frac{2P_2{}^2\phi_2{}^2Z_{R2}{}^2W_{R2}{}^2}{135}$，称为扭矩发生器 D_2 的特性系数；$n_{B2} = \frac{30Q}{\pi S_2 R_{外套2}}\cot\alpha_2$，扭矩发生器 D_2 永久磁场的转速。

四、偏心器滚动稳定控制模型

以上分析了平台的受力，由此可得平台的机械特性方程为：

$$\sum M = J\mathrm{d}\omega/\mathrm{d}t$$

式中 $J = \frac{G_{平台}\phi^2_{平台}}{4g}$（kg·m），称为平台的转动惯量。

据此得到内置式可控偏心器的滚动稳定控制模型，如图7所示。

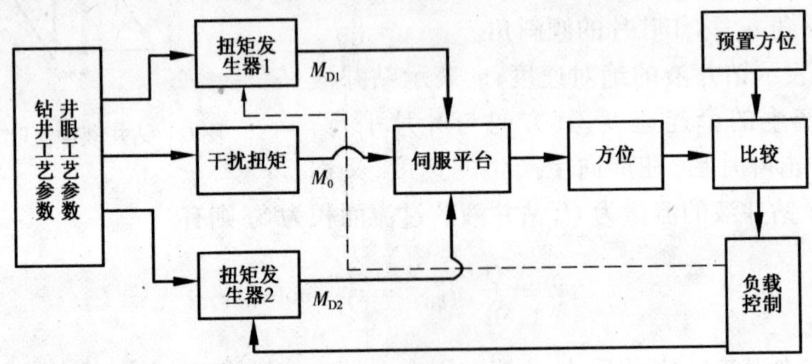

图7　可控偏心器滚动稳定控制模型

扭矩 M_{D1}、M_{D2}和干扰扭矩 M_0 综合作用在伺服平台上，通过比罗平台方位和预方位，利用其误差信号去控制两个扭矩发生器的负载，从而达到控制平台实际方位的目的。通过设计内置式可控偏心器各部件的参数，就可以得到具体的控制函数，由此分析控制特性，限于篇幅，本文不涉及这方面内容。

五、结论

通过以上的分析，我们得到了控制内置式可控偏心器的伺服平台保持空间滚动稳定的控制模型，从分析中可知，通过控制特殊设计的扭矩发生器的负载电阻，就可以控制伺服平台保持空间稳定，从而使内置式可控偏心器可以给井壁施加方位稳定的侧向力，控制这个侧向力的大小和方位，就可以达到利用内置式可控偏心器控制井眼轨迹的目的。

参考文献

[1] Barr. J D and Clegg J M. Steerable rotary drilling With an experimental system[J]. SPE/IADC 29382，1995 435－450

[2] Barr，John D，Steerable rotary drilling system[P]. EP 0728 907 A2，1996

[3] Barr，John D，Motion William C，Russell and Michael K. Steerable rotary drilling system[P]，EP 0728 908

A2,1996

[4] Barr, John D, Clegg John M, Motion William C. Steerable rotary drilling system[P]. EP 0728 908 A2, 1996

[5] Bob J Patton, Dalls, Tex. System for controlled drilling of boreholes along planned profile[J]. US 5439 064, 1995

[6] 陈理中等译. 美国钻井手册[M]. 北京:石油工业出版社,1980

[7] 陈谱. 钻井技术手册——钻具[M]. 北京:石油工业出版社,1992

[8] 杨渝钦. 控制电机[M]. 北京:机械工业出版社,1990

[9] 李隆年,王宝铃,周汝潢. 电机设计[M]. 北京:清华大学出版社,1992

[10] 余志清,徐华义. 钻柱动力稳定性控制理论与方法[M]. 西安:陕西科学技术出版社,1997

本文原发表于《西安石油学院学报(自然科学版)》2000 年第 1 期

可控偏心器液压系统自适应井径变化能力的分析

胡金艳[1] 周 静[2] 付鑫生[2]

(1 西安交通大学电信学院 2 西安石油学院电子工程及仪器系)

【摘 要】 讨论了钻进过程中井径扩大和缩小 1mm 的情况下,可控偏心器液压系统蓄能器回路的动静态特性。通过受力分析和液压传动计算,得出系统的静态参数。建立了动态方程组,并对液压系统自适应井径变化的能力进行了软件仿真。结果表明,在一定的条件下,可控偏心器的液压系统具有对井径 ±1mm 变化的自适应能力。

【关键词】 可控偏心器 液压系统 特征 理论分析 受力分析 井径

一、引言

可控偏心器是构成井眼轨迹闭环控制系统的核心工具,它能够实现旋转导向,不需要频繁起下钻,从而有利于提高钻井效率,降低钻井成本。根据造斜机构的导向方式不同,将可控偏心器分为固定式和内置式两种[1]。固定式可控偏心器的导向翼肋相对于大地不旋转,三个翼肋在固定的方位向井壁施加作用力,一个旋转的驱动轴穿过导向机构与钻头相连。内置式可控偏心器的导向翼肋是随着钻头一起旋转的,造斜过程中随着钻头的每一圈转动,三个偏心翼肋在某一固定方位依次伸出和收缩一次。本文研究的是固定式可控偏心器(以下简称为可控偏心器)。

可控偏心器主要由机械装置、液压系统、井下控制系统和下行通道组成。其中液压系统一方面在停钻时,接收来自井下控制系统的命令,调整相应翼肋的油缸压力;另一方面在钻进过程中,井下控制系统不对翼肋的油缸压力进行调整,这时要求液压系统自身具备抗井径变化和抗振动的能力,否则会产生方位漂移、液压系统压力过高等不利后果。笔者对可控偏心器液压系统蓄能器回路的动静态特征及液压系统自适应井径变化的能力进行了计算和仿真分析。

二、可控偏心器的液压系统及其蓄能器

图 1 为对应一个翼肋的可控偏心器液压系统结构图。其中系统的动力部分为电机、泵;控制部分为电磁换向阀;执行部分为液压油缸;辅件部分包括蓄能器、油箱、管路等。蓄能器共有 8 个,油缸前腔油路上有 5 个,后腔油路上有 3 个。

胡金艳(1973—),女,黑龙江省大庆市人,1999 年毕业于西安石油学院,电话:(029)2664114。

在钻进过程中，电磁阀的电磁铁不吸合，系统处于保压状态，这时由于井眼的扩径或缩径使油缸前腔、后腔产生的进油和回油则由蓄能器来补偿。因此，研究钻进过程中液压系统对井径变化的适应能力，蓄能器是关键。

蓄能器的种类很多，按蓄能方式可分为重力式、弹簧式和气压式；按结构可分为气瓶式、活塞式和胶囊式[3,4]。可控偏心器液压系统采用的是活塞弹簧式蓄能器，它具有结构简单、反应灵敏等特点。图 2 为翼肋液压系统弹簧式蓄能器的结构简图（图中尺寸单位为 mm）。当油路的压力高于蓄能器的内部压力时，液压油从入口处流入，推动活塞下移，弹簧变形量增加，使蓄能器蓄能；当油路的压力低于蓄能器的内部压力时，蓄能器释放能量，弹簧变形量减小，推动活塞上移，液压油从入口处流出。

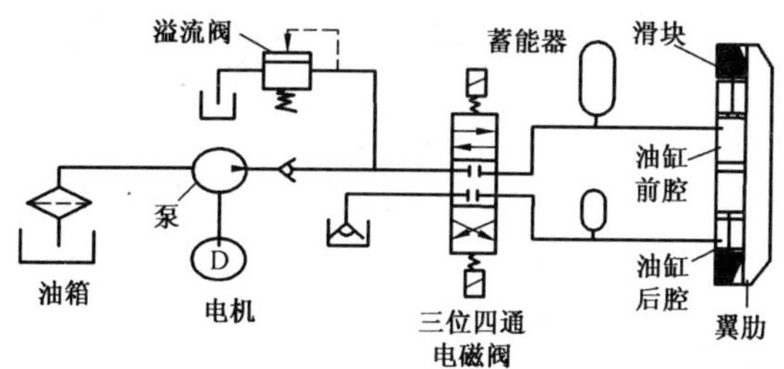

图 1　可控偏心器液压系统图

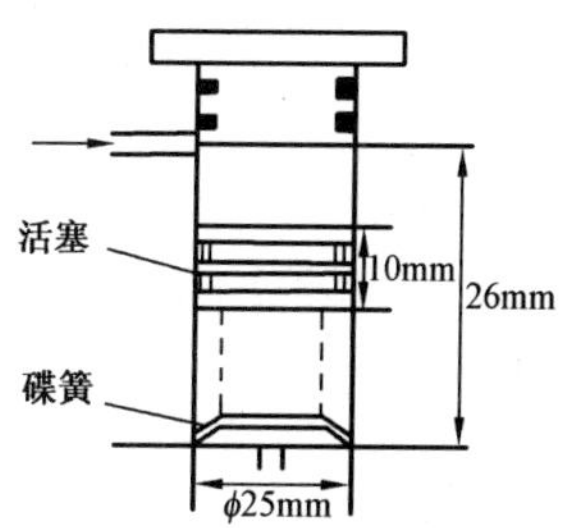

图 2　弹簧式蓄能器结构简图

弹簧采用 8 片碟簧对合方式。所选用的碟簧为标准 A 型无支承面碟簧：外径 $D=25$mm，内径 $d=12.2$mm，厚度 $\delta=1.5$mm，极限行程 $h_0=0.55$mm，自由高度 $H=2.05$mm。当碟簧变形量 $f=0.75h_0$ 时，载荷为 2.922kN，最大计算拉伸应力 $\sigma=1422$MPa。

单片碟簧最大静载荷：

$$N_{f=h_0} = \frac{h_0\delta^3}{\alpha D^2} \tag{1}$$

采用插入法查手册[5]得系数 $\alpha=0.778\text{TPa}^{-1}$，将各参数值代入式（1），得 $N_{f=h_0}=3817.5$N。根据碟簧对合的特性曲线和公式计算蓄能器 8 片碟簧的极限参数：

自由高度：　$H_0 = nH = 8\times 2.05\text{mm} = 16.4\text{mm}$

最大行程：　$f_{max} = nh_0 = 8\times 0.55\text{mm} = 4.4\text{mm}$

最大静载荷：　$N_{f=h_0} = 3817.5\text{N}$

三、蓄能器回路特性分析

设翼肋贴井眼力为 F，作用于一个滑块上的推力为 F'，油缸前腔油路上压力为 p（如图 3），作用于蓄能器活塞上的力为 N'，油缸前腔活塞横截面积 A_1，蓄能器活塞横截面积 A_2。在忽略摩擦及内外压差，并认为活塞上的作用力即为蓄能器碟簧所承受的静载荷力的情况下，有：

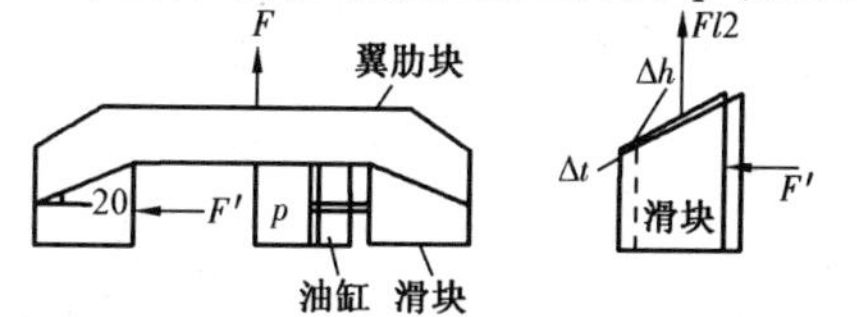

图 3　翼肋体与滑块受力和位移的关系

$$N' = \frac{FA_2\tan 20°}{2A_1} \tag{2}$$

其中,$A_1 = \pi \times 14^2 \times 10^{-6}\text{m}^2$,$A_2 = \pi \times 12.5^2 \times 10^{-6}\text{m}^2$。

根据式(2),可得到当蓄能器碟簧承受最大静载荷 $N' = N_{f=h_0}$时,翼肋的贴井眼力:

$$F_{max} = 2N_{f=h_0}A_1/(A_2\tan 20°) = 26.31\text{kN}$$

1. 蓄能器回路静态特性分析

在正常钻进中,对应一定的翼肋贴井眼力,翼肋油缸前腔油路上蓄能器的碟簧有一定的压缩量(即储存一定的能量,称之为初始变形)。单片碟簧载荷与变形之间成近似线性关系:

$$f/h_0 = N'/N_{f=h_0} \tag{3}$$

另外,根据翼肋贴井眼力与碟簧载荷的关系(2)及对合碟簧总变形 $f_\Sigma = nf$,则有碟簧初始变形量:

$$f_\Sigma = \frac{nh_0FA_2\tan 20°}{2A_1N_{f=h_0}} \tag{4}$$

1)井眼有 1mm 的扩径

当井眼有 1mm 扩径时,油缸前腔油路上的 5 个蓄能器释放能量,使油缸前腔充入液压油,用以补偿井眼的 1mm 扩径。油缸后腔的回油进入后腔油路上的 3 个蓄能器中。设翼肋移动距离为 Δh(翼肋伸出时为正,反之为负),油缸活塞移动距离为 Δl,根据图 3 可以得到二者之间的关系 $\Delta h = \Delta l\tan 20°$。

设油缸前腔油路上每一个蓄能器的碟簧总变形变化量为 Δf_Σ,为正表示碟簧变形量增加,为负表示碟簧变形量减小。

$$\Delta f_\Sigma = -2\pi A_1\Delta l/(5\pi A_2) \tag{5}$$

取 $\Delta h = 1\text{mm}$,$A_1 = \pi \times 14^2 \times 10^{-6}\text{m}^2$,$A_2 = \pi \times 12.5^2 \times 10^{-6}\text{m}^2$,得 $\Delta f_\Sigma = -1.38\text{mm}$。又设井眼有 1mm 扩径后,油缸前腔油路蓄能器碟簧的变形量为 f'_Σ,$f'_\Sigma = f_\Sigma + \Delta f_\Sigma = f_\Sigma - 1.38\text{mm}$。根据前面的计算,碟簧自由高度 $H_0 = 16.4\text{mm}$,由于蓄能器空间限制,碟簧至少有 0.4mm 的压缩量。因此,井眼扩径 1mm 后 f'_Σ 至少等于 0.4mm,从而要求 $f_\Sigma \geqslant 1.38\text{mm} + 0.4\text{mm} = 1.78\text{mm}$。由式(4)计算得相应的翼肋贴井眼力 $F \geqslant 10.65\text{kN}$。换言之,只有当翼肋贴井眼力≥10.65kN 时,该液压系统方能适应 1mm 井眼扩径的变化。

油缸后腔油路上的蓄能器在备压阀的作用下,其碟簧有一定的初始变形,当有 1mm 的井径扩大时,油缸后腔的回油进入 3 个蓄能器。其碟簧相应的压缩变化量为:

$$\Delta f_\Sigma = 2\pi A_3\Delta l/(3\pi A_2) \tag{6}$$

式(6)中的 $\Delta l = 2.747\text{mm}$,将油缸后腔活塞杆截面积 $A_3 = \pi \times (14^2 - 8^2) \times 10^{-6}\text{m}^2$,蓄能器活塞截面积 $A_2 = \pi \times 12.5^2 \times 10^{-6}\text{m}^2$ 代入,得油缸后腔油路上每个蓄能器变形变化

量$\Delta f_{\Sigma}=1.548\text{mm}$。

2）井眼有1mm的缩径

当井眼有1mm缩径时，油缸后腔油路上的3个蓄能器释放能量，使油缸后腔充入液压油，油缸前腔的回油进入前腔油路上的5个蓄能器中。油缸后腔每个蓄能器碟簧变形变化量：$f_{\Sigma}\geqslant=-2\pi A_3\Delta l/(3\pi A_2)=-1.548\text{mm}$，变形量为$f'_{\Sigma}=f_{\Sigma}+\Delta f_{\Sigma}=f_{\Sigma}-1.548\text{mm}$。与1mm扩径时同理，此处要求$f_{\Sigma}\geqslant 1.548\text{mm}+0.4\text{mm}=1.948\text{mm}$，方能满足1mm井眼缩径的变化。

对于$f_{\Sigma}=1.948\text{mm}$，计算碟簧静载荷：$N=\dfrac{f_{\Sigma}N_{f=h_0}}{8h_0}=1690.11\text{N}$。

回油路备压为：$p=N/A_2=3.44\text{MPa}$。

进油路上每个蓄能器的碟簧将在原基础上继续被压缩$\Delta f_{\Sigma}=1.38\text{mm}$。

2. 蓄能器回路动态特性分析

首先，取一个翼肋的右滑块进行受力分析（如图4）。以滑块、油缸活塞及其连杆为一个质量块对象m分析其受力情况。在不考虑各种摩擦力的情况下，m受油缸中的液体压力$(p-\Delta p)A_1$、翼肋块对滑块的压力N_1、油缸对滑块的支撑力N_2以及惯性力ma。定义质量块m相对于初始稳定位置的位移为x，运动加速度为a。根据牛顿力学定律，有：

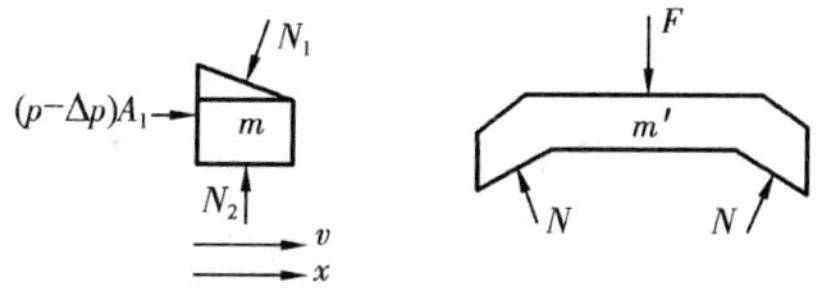

图4　质量块m与翼肋块m'的受力分析

$$(p-\Delta p)A_1=N_1\sin20^\circ+ma=N_1\sin20^\circ+m\frac{\mathrm{d}^2x}{\mathrm{d}t^2} \tag{7}$$

式中　p——蓄能器中液压油的压力；

Δp——管路损失，$\Delta p=C_f\left(\dfrac{A_1\mathrm{d}x}{\mathrm{d}t}\right)^2$；

C_f——管路损失的阻力系数。

对翼肋块m'进行受力分析。在不考虑井眼环空钻井液压力和各种摩擦力的情况下，m'受井眼的推力F，滑块的支持力N_1以及惯性力$m'a'$。定义质量块m'相对于初始稳定位置的位移为y，运动加速度为a'。则有：

$$2N_1\cos20^\circ-F=m'a'=m'\frac{\mathrm{d}^2y}{\mathrm{d}t^2} \tag{8}$$

又$y=x\tan20^\circ$，另外，在不考虑油的压缩性和内外泄露的情况下，油缸前腔蓄能器中碟簧压缩量f与质量块m位移的关系是：

$$5\times8\times(f_0-f)A_2=2A_1x \tag{9}$$

其中f_0表示单片碟簧的初始变形量，f为工作过程中单片碟簧的变形量。根据式（3）有如下关系：

$$f/h_0=(pA_2)/N_{f=h_0} \tag{10}$$

初始变形量f_0由式(10)可求,条件是蓄能器的初始压力p_0已知。整理、联立上述方程得方程组:

$$\begin{cases} p = \dfrac{\tan 20^\circ}{2A_1}F + \left(\dfrac{m'\tan 20^\circ}{2A_1} + \dfrac{m}{A_1\tan 20^\circ}\right)\dfrac{\mathrm{d}^2 y}{\mathrm{d}t^2} + C_\mathrm{f}\left(\dfrac{A_1}{\tan 20^\circ}\right)^2\left(\dfrac{\mathrm{d}y}{\mathrm{d}t}\right)^2 \\ y = \dfrac{20A_2^2 h_0 \tan 20^\circ}{A_1 N_{f=h_0}}(p_0 - p) \end{cases} \tag{11}$$

对式(11)中的参数取值如下:滑块的质量$m = 1.133\text{kg}$,翼肋块的质量$m' = 3.723\text{kg}$,$C_\mathrm{f} = 0$,蓄能器初始压力$p_0 = 5.88\text{MPa}$,井眼力初始值为19.89kN,建立仿真模型。

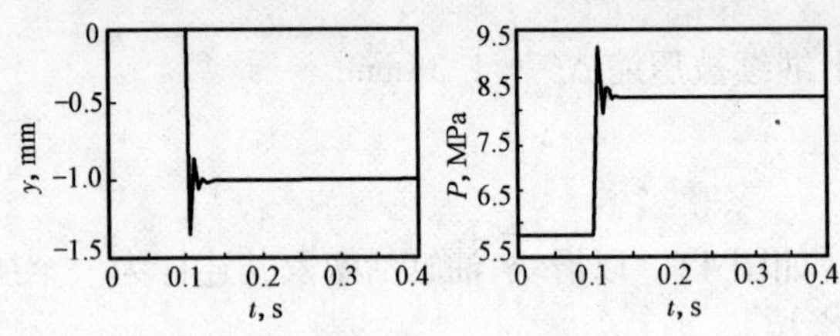

图5 井眼缩径时翼肋位移与液压系统的响应曲线

当井眼力F作正阶跃变化时(模拟井眼缩径),则得到翼肋位移的动态响应曲线和液压系统压力响应曲线图5。从图中曲线可以看出,对于初始压力为5.88MPa的情况:当井径缩小时,翼肋随之缩回1mm,此时液压系统达到的压力约为8.23MPa。当井眼力F作负阶跃变化时(模拟井眼扩径),则得到翼肋位移的动态响应(图略)。同样对于液压系统初始压力为5.88MPa的情况:当井径扩大时,翼肋随之伸出1mm的响应时间约为0.025s,此时翼肋贴井眼力约为11.63kN。

四、结论

(1)从蓄能器回路的静态特性可以看出;当翼肋初始贴井眼力≥10.65kN时,该液压系统能适应1mm井眼扩径的变化;当翼肋油缸后腔回路备压为3.44MPa以上时,液压系统能适应1mm井眼缩径的变化。

(2)对蓄能器回路的动态特性的分析表明,对于液压系统初始压力为5.88MPa的情况,当井径扩大时,翼肋随之伸出1mm的响应时间约为0.025s,此时翼肋贴井眼力为11.63kN;当井径缩小时,翼肋随之缩回1mm,此时液压系统达到的压力约为8.23MPa,未超出液压系统所能承受的最高压力。

参考文献

[1] Barr J D, Clegg J M. Steerable Rotary Drilling With an ExPerimental System[R]. SPE/IADC 29382, 1995:435 - 450

[2] Bob J Patton. System for Controlled Drilling of Boreholes along Planned Profile[P]. U. S. Pat. No 5439 064. 1995

[3] 官忠范. 液压传动系统[M]. 北京:机械工业出版社,1986

[4] 李玉琳. 液压元件与系统设计[M]. 北京:北京航空航天大学出版社,1989

[5] 徐灏. 机械设计手册(4)[M]. 北京:机械工业出版社,1991

本文原发表于《河南石油》2001年第5期

智能旋转导向工具核心控制器的仿真研究

胡金艳[1]　周　静[2]　尚海燕[2]　付鑫生[2]

(1 西安交通大学电信学院信通系　2 西安石油学院电子工程系)

【摘　要】 提出井眼轨迹智能导向工具——可控偏心器核心控制器的仿真研究方案,设计了可控偏心器翼片缸压合矢量控制的仿真硬件电路及相应软件。实验结果表明,在正常与扰动情况下,可控偏心器的井下控制系统能够自动将翼片缸压合矢量调整到给定值。

【关键词】 智能导向　闭环控制　井眼轨迹　可控偏心器　仿真　向量分析

迄今为止,定向钻井基本上处于地面开环控制状态。为使钻头按预定的轨迹前进,需要频繁起钻更换钻具组合,这使钻井效率降低,成本增加。井眼轨迹闭环控制系统采用旋转导向技术,实现了井眼轨迹的自动控制。

智能导向工具——可控偏心器结合了微电子、信息、液压、控制等技术,是井眼轨迹闭环控制系统的核心工具[1~4]。其导向机构的三个翼片相对于大地不旋转,一个旋转的驱动轴穿过导向机构与钻头相连,每个翼片在固定的方位向井壁施加作用力。在工作过程中,根据轨迹偏差控制三翼片对井壁的合作用力,使实际井眼轨迹趋于设计轨迹。翼片缸压合矢量是三个翼片油缸压力(以下简称缸压)的矢量和,它直接决定了翼片对井壁作用合力的大小和方向,因此翼片缸压控制器是带可控偏心器的井眼轨迹闭环控制系统的核心控制器。

一、翼片缸压合矢量控制原理

对翼片缸压合矢量的控制主要包括三个翼片缸压矢量的检测,控制信号的产生和控制命令的执行见图1。每个翼片对应一个压力传感器,分别编号为1#、2#、3#。由于任何相邻两翼片的夹角为120°,只需检测一个翼片方位就可得到三个翼片的方位。翼片缸压的检测由压力传感器来完成,控制信号的产生由控制器通过将实测缸压合矢量与给定缸压合矢量进行比较决策获得,控制命令的执行则由液压系统来完成。

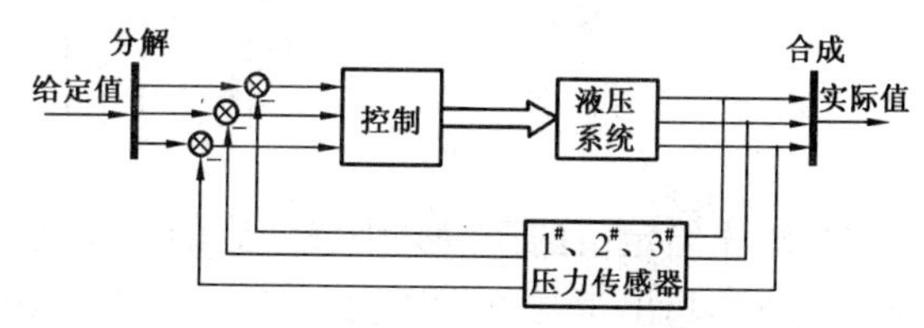

图1　翼片缸压合矢量控制原理框图

1. 翼片缸压矢量的合成

采用大地坐标系EON,设$\boldsymbol{p}_1(P_1,\alpha_1)$、$\boldsymbol{p}_2(P_2,\alpha_2)$、$\boldsymbol{p}_3(P_3,\alpha_3)$、$\boldsymbol{p}(P,\theta)$分别为1#、2#、3#翼片缸压矢量及其合矢量。$P_1$、$P_2$、$P_3$、$P$为矢量的模,$\alpha_1$、$\alpha_2$、$\alpha_3$、$\theta$为矢量的方位(矢量与方位北

胡金艳(1973—),女,黑龙江省大庆市人,1999年毕业于西安石油学院,电话:(029)2664114。

逆时针方向的夹角)。其中 α_1 可检测,$\alpha_2=\alpha_1+120°$,$\alpha_3=\alpha_1+240°$。将 $\boldsymbol{p}_1$、$\boldsymbol{p}_2$、$\boldsymbol{p}_3$ 分别向 OE 和 ON 轴上投影:

$$\begin{cases}P_{\mathrm{y}} = P\cos\theta = P_1\cos\alpha_1 + P_2\cos\alpha_2 + P_3\cos\alpha_3 \\ P_{\mathrm{x}} = P\sin\theta = P_1\sin\alpha_1 + P_2\sin\alpha_2 + P_3\sin\alpha_3\end{cases} \tag{1}$$

式中,P_{x}、P_{y} 分别为 P 在 OE 轴和 ON 轴上的投影,于是可以计算 $\boldsymbol{p}$ 的模值 $P=(P_{\mathrm{x}}^2+P_{\mathrm{y}}^2)^{1/2}$ 和 $\boldsymbol{p}$ 的方位角 $\theta=\arctan(P_{\mathrm{y}}/P_{\mathrm{x}})$。

翼片油缸的工作压力有一定的范围,通常在 0~8MPa,最高不能超过 10MPa。此外,在控制过程中,为了保持翼片贴井壁,每个翼片缸压不能低于一个大于 0 的值,定义这个最小值为 P_{nmin}。根据翼片贴井壁力与翼片油缸压力的关系及翼片最小贴井壁力的指标,确定 P_{n} 的选取范围为 0.3~8.0MPa。

2. 翼片缸压合矢量的分解

式(1)同样适用于给定缸压合矢量的分解。设 $\boldsymbol{p}^*(P^*,\theta)$ 为缸压合矢量给定值,$\boldsymbol{p}_1^*(P_1^*,\alpha_1)$、$\boldsymbol{p}_2^*(P_2^*,\alpha_2)$$\boldsymbol{p}_3^*(P_3^*,\alpha_3)$ 分别为合矢量分解后的 1#、2#、3#翼片缸压矢量给定值,代入式(1)得:

$$\begin{bmatrix}\cos\alpha_1 & \cos\alpha_2 & \cos\alpha_3 \\ \sin\alpha_1 & \sin\alpha_2 & \sin\alpha_3\end{bmatrix}\begin{bmatrix}P_1^* \\ P_2^* \\ P_3^*\end{bmatrix} = \begin{bmatrix}\cos\theta \\ \sin\theta\end{bmatrix}P^* \tag{2}$$

在已知条件 P^*、θ 及 α_1、α_2、α_3 下,式(2)中的 P_1^*、P_2^*、P_3^* 有无穷多解。给定约束条件则可以确定方程组的唯一解。如采用下面的简单约束条件:使离给定缸压矢量 $\boldsymbol{p}^*$"最远"(P^* 与 P_n^* 的夹角大于 120°)的缸压矢量模值稍大于 P_{nmin},取 $P_n^*=0.3$MPa。假设 3#翼片缸压矢量离给定缸压合矢量最远,即 $P_3^*=0.3$MPa,则:

$$\begin{bmatrix}\cos\alpha_1 & \cos\alpha_2 \\ \sin\alpha_1 & \cos\alpha_2\end{bmatrix}\begin{bmatrix}P_1^* \\ P_2^*\end{bmatrix} = \begin{bmatrix}\cos\theta \\ \sin\theta\end{bmatrix}P^* - 0.3\begin{bmatrix}\cos\alpha_3 \\ \sin\alpha_3\end{bmatrix} \tag{3}$$

翼片缸压给定值的模也必须在一定的范围之内,从而保证控制过程中分解到的三个翼片缸压给定值不超出正常工作压力(0.3~8MPa),经计算不能超过 6.668MPa。在仿真实验中,笔者取的范围 0~6MPa。

二、仿真实验设计

1. 硬件电路设计

可控偏心器的压力传感器外围电路采用恒流源供电的方式。图 2 为恒流源供电的惠斯顿

电桥，电桥四个臂的电阻阻值分别为：$R_{AB}=R+\Delta R$，$R_{BC}=R_{AD}=R_{DC}=R$。电桥的输出电压为：

$$U_{OUT} = IR\Delta R/(4R+\Delta R) \tag{4}$$

取 R、I 为常数，U_{OUT}是 ΔR 的单调增函数。控制 ΔR 的增减就控制了 U_{OUT}，通过该特性来模拟压力传感器及对翼片缸压的控制。同理，在桥臂 AD 上增加一个可变阻值的 Δr（$\Delta r \ll R$），用它来模拟翼片缸压的扰动。U_{OUT}随 Δr 的增加而减小，由于 Δr 远小于 R，它引起的电桥输出电压波动不是很大。

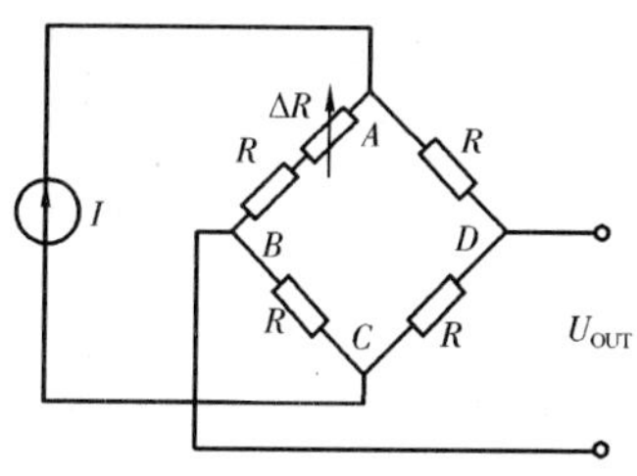

图 2　恒流源供电的惠斯顿电桥

根据上述原理，设计了翼片缸压控制的仿真电路。采用满量程 10K 阻值 100 抽头的 E^2POT 电位器 X9312W 作为桥臂 AB 上的可变电阻 ΔR，满量程 1K 阻值 32 抽头的按钮式可变电位器 X9511Z 作为桥臂 AD 上外加的可变电阻 Δr。在产生控制信号的过程中要对缸压矢量进行分解和合成，需要知道翼片的方位信息。采用满量程 10K 阻值 32 抽头的按钮式可变电位器 X9511W，利用电位器的分压输出与其阻值大小成正比的关系，模拟 1#翼片的不同方位角。在控制过程中，按动按钮，电位器分压输出随之改变，从而模拟了翼片方位漂移的情况。

可控偏心器井下控制系统的硬件总体结构包括翼片控制器及其外围电路，翼片状态传感器及其外围电路，以及执行机构电机、电磁阀的驱动电路等。翼片控制器由井下主控制器、翼片缸压控制器、下行通道控制器等构成集散控制方式。井下主控制器作为上位控制器，其它控制器作为下位控制器。井下主控制器和各下位控制器之间通过 CPU 的串行口（TXD、RXD）进行多机通讯[5]。图 3 表明了仿真电路、翼片控制器以及 PC 机之间的部分连接关系。

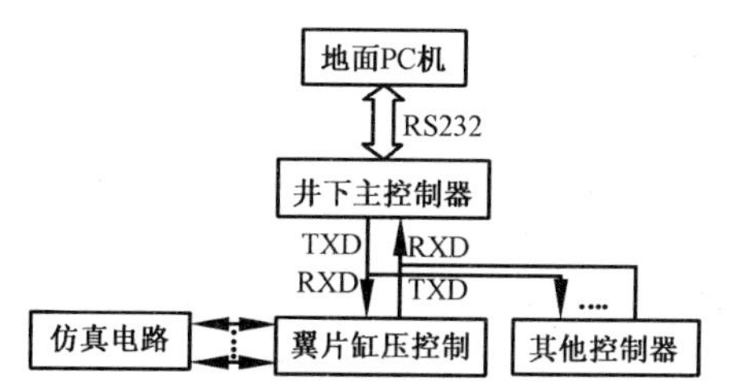

图 3　地面 PC 机、仿真电路与翼片控制器的连接

2. 软件设计

翼片缸压合矢量控制的仿真软件包括地面 PC 机软件（人机接口）、井下主控制器软件和翼片缸压控制器软件。图 4 给出了地面 PC 机、井下主控制器及翼片缸压控制器有关翼片缸压合矢量控制的部分子程序流程。

VB 语言设计的地面 PC 机界面提供了良好的人机接口，它主要完成以下任务：(1) 向井下主控制器发送仪器自检命令，显示自检结果；(2) 给定缸压合矢量的输入与分解；(3) 缸压控制命令的形成与发送；(4) 翼片缸压控制动态效果的实时显示及数据存盘等。PC 机与井下主控制器之间按一定的通讯协议，以 4800 波特率进行数据传输。

井下主控制器采用 89C51 单片机，它和地面 PC 机之间采用软件扩展的串行口，以定时器 T0（工作方式 2）作为波特率发生器；和翼片缸压控制器之间采用串行口异步通讯方式 3 进行数据传输，T1 作为波特率发生器，串行通讯的波特率为 4800。井下主控制器的主程序上电初始化后，等待来自 PC 机的外部中断 INT0。在外部中断中判断自检或控制，调用相应子程序。自检子程序的功能是启动翼片缸压控制器进行数据采集，连续发送测量值至 PC 机供监测。

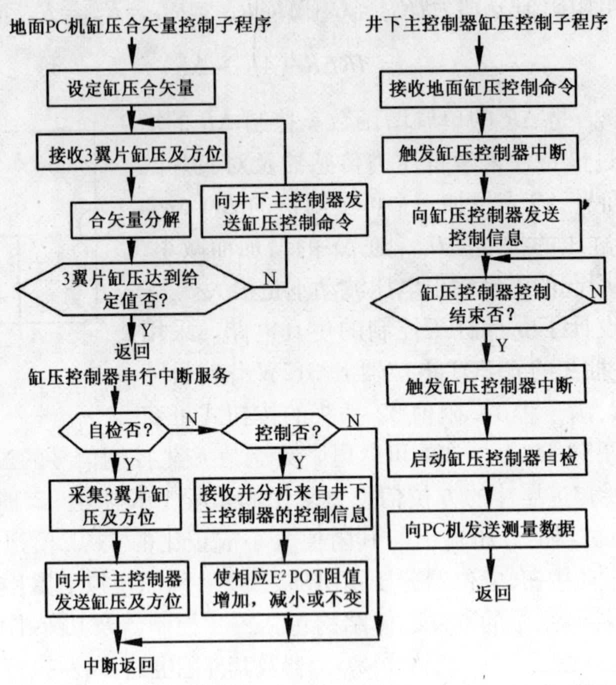

图4　翼片缸压合矢量控制部分仿真软件流程

翼片缸压控制子程序的功能除了启动翼片缸压控制器采集数据外,还接收来自 PC 机的控制命令,并向翼片缸压控制器发送控制信息。

翼片缸压控制器(89C51 单片机)主程序上电自检、初始化后,等待来自井下主控制器的串行中断。在串行中断中判断自检或控制。接收自检命令则启动数据采样保持、A/D 转换、向主控发送翼片缸压及方位的测量值。接收控制命令,则控制增加、减小或保持 E^2POT 的阻值,从而达到对翼片缸压进行控制的目的。

三、仿真结果

首先,在地面 PC 机上设置翼片缸压合矢量的给定值。在发出控制命令后,翼片缸压合矢量的控制过程便在人机界面上实时显示。

理想情况指翼片缸压不受外界影响,只由翼片缸压控制器通过液压系统的动作来控制。设给定缸压合矢量为 $\boldsymbol{p}^*$(6MPa,45°),1# 翼片方位保持 0°不变,三翼片缸压初始值分别为 1.98MPa、5.91MPa 和 2.16MPa。从控制过程可以看出,经过一段时间的调整,三翼片缸压到达各自给定值。

在可控偏心器对翼片缸压调整的过程中,由于井径的扩大、缩小,钻井液流量变化等外界因素的影响,对翼片缸压产生扰动。设给定缸压合矢量为 $\boldsymbol{p}^*$(5MPa,30°),1# 翼片方位保持 0°不变,三翼片缸压初始值分别为 1.67MPa、5MPa 和 3.59MPa。当调整到第 88s 时,有扰动使 1# 翼片缸压减小 0.18MPa,2# 翼片缸压增加 0.43MPa,3# 翼片缸压增加 0.65MPa;经过翼片缸压控制器的调整,三翼片缸压最终均达到给定值,合矢量也与给定缸压合矢量重合。上述分析均假设翼片缸压调整过程中,1#翼片的方位不变。在实际控制过程中,1#翼片有可能发生方位漂移。因此要求可控偏心器能够对给定缸压合矢量进行实时分解,从而保证实际缸压合矢量趋于给定矢量。设给定缸压合矢量为 $\boldsymbol{p}^*$(5.6MPa,150°),1#翼片初始方位0°,三翼片缸压初始值分别为5.12、4.39和0.3MPa。在调整过程中1#翼片发生方位漂移,方位由为0°变为1.96°,通过对给定缸压矢量的实时分解仍使缸压合矢量达到给定值。

四、结论

(1)带可控偏心器的井眼轨迹闭环控制系统被认为是钻井界的前沿技术,目前自动化程度最高,已经商业化的是贝克休斯公司的RCLS旋转闭环钻井系统。它的成功应用和所带来的经济效益已引起全世界的关注。

(2)在可控偏心器总体结构方案的基础上,设计了翼片缸压合矢量控制的仿真硬件电路与仿真软件。实验证明,在理想情况及翼片缸压扰动、方位漂移扰动下,可控偏心器的井下控制系统能够对翼片缸压合矢量进行实时调整,使其趋于给定合矢量,从而达到利用可控偏心器进行井眼轨迹控制的目的。

参考文献

[1] Barr J D,Clegg J M. Steerable Rotary Drilling With an Experimental System[R]. SPE/IADC 29382,1995:435~450
[2] Warrwn T M. Trends toward rotary steerable directional systems[J]. World Oil,1997,5:43~47
[3] Bob J P. System for Controlled Drilling of Boreholes along Planned Profile[P]. U. S. Patent:5 439 064,1995
[4] Bob J P. Automatic Directional Drillig Shows Promise[J]. Petroleum Engineer International,1992,64(4):39~45
[5] 周静,付鑫生,姜东霞,等. 调制式可控偏心器伺服平台的滚动稳定控制系统仿真[J]. 控制理论与应用,2001,18(1):135~138

本文原发表于《石油钻探技术》2002年第6期

利用敏感井底钻具振动传递地面信息的方法

周　静　付鑫生

（西安石油大学井下测控研究所）

【摘　要】 提出了一种新的传输方法，即利用一个动态加速度传感器代替 2 个压力传感器来感应地面钻井泵的各种操作，进而通过解码得到地面下传的指令。根据测量方法，设计了下井仪器，进行了多个井次的室内和下井试验。试验得到的数据表明，井下传感器可以感应到地面钻井泵的开关操作信息，从而使地面钻井液排量的编码信号传递到井下钻头附近。

【关键词】 旋转导向钻井系统　压力　加速度　信息传输　传感器

近年来，石油井下装备逐渐体现出智能化、自动化的趋势，而且这种趋势还在迅速地向前发展，如智能钻井导向系统、井下智能注水控制系统等。这些系统的共同特点是测控均在井下由微电脑控制的智能执行机构完成，并且在地面也可以遥控操作。作为遥控的实现手段，地面到井下的数据传送方法也是人们研究的热点问题之一。

前人通过控制钻柱的转速与流过钻柱的钻井液流速来控制井下操作[1]，如果钻柱的转速或钻井液流速发生变化，井下检测设备就能够检测到，进而激活井下相应设备执行命令。但是这种方法中检测系统的物理结构比较复杂，当钻柱转速较低时，会产生较大的误差。另有学者[2,3]是在钻井过程中通过改变钻柱的旋转角度或钻柱的旋转速率，利用井斜仪和三轴磁力计检测的，并经微机处理，使井斜仪与三轴磁力计的输出信号变为命令信号。但是这种方法由于磁力计的响应会受到周围磁场的影响，因此仅适用于裸眼井。也有学者提出[4]用泵以恒定的流速从钻井液池中抽取钻井液送入井下，以保证钻井所需的钻井液循环。电控制器控制旁通阀的开并，并且控制开关脉冲的周期和幅度，在井底产生流量脉冲。用安装在钻头附近的压力传感器检测流量脉冲，达到解码地面指令的目的。尽管这种方法在目前应用最成熟，但是它的解码方法还须解决当钻井液脉冲从井口传到井底时信号衰减和耗散的问题。这是由各种钻井装置产生的问题，包括钻井液中的黏性和在钻井中的摩擦阻力的影响，而且这个问题随着钻井深度的增加变得更加突出。更重要的是必须有循环钻井液，因此并不适应欠平衡钻井条件。

一、新方法的提出

新方法是利用安装在井下钻头附近的加速度传感器来感应井口钻井液排量的变化，并将这种变化编码后给井下工具传递控制信号。

基金项目：国家高技术研究发展计划（863）项目“可控（闭环）三维轨迹钻井技术”（No. 2001AA602012 – 01）和国家自然科学基金项目“井下闭环旋转导向智能钻井系统控制理论研究”（No. 60074028 – F0302）资助。

周　静，女，1964 年 7 月生，1988 年毕业于西安电子科技大学，获硕士学位，现为西安石油大学教授，主要从事旋转导向智能钻井系统的研究。E – mail：jzhou@ xsyu. edu. cn

1. 设计原理

图1给出钻井系统结构,将接受地面命令以实施对钻头控制的井下导向工具安装在钻头之上,地面解码器安装在井下导向工具之中。在地面,由钻井泵从钻井液池中泵出钻井液,加压后通过水龙头送到钻杆的内部,钻井液经过钻杆、钻铤、导向工具、钻头,又从钻杆、钻铤与井眼之间的环形空间返回钻井液池。

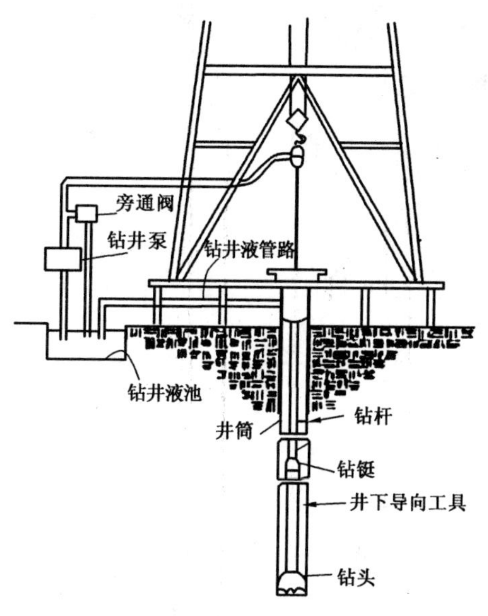

图1 钻井系统示意图

通过改变地面钻井泵入钻柱的钻井液流动状态可以控制井下工具的各种操作,包括运转模式的改变。当流体流动到井底时,测量环空压差的压力传感器感应到流体流动,这时用流体流动或停止流动的方法传递命令"1"和"0"。由于钻头喷嘴相对于钻铤内径产生缩径,当钻井液循环时,在钻头内外产生一个压力差。该压力差值除了与喷嘴直径、钻井液性质有关之外,还正比于循环钻井液的流量。例如在长庆油田钻井时,钻井液排量一般为2800L/min,现场试验和理论分析得到钻头的内外压差为3MPa,对解码器来说,这时定义输入为逻辑"1",当井下钻井液循环停止时,钻头内外压差为0。对解码器来说,这时定义输入为逻辑"0"对"1"和"0"进行编码,就可以传递不同的信息。采用这种方法时,最好测量出井底钻头内外的压差。但是在仪器结构设计时,压力传感器的安装位置是必须重点解决的问题,它必然受到空间尺寸、密封绝缘、安装位置以及与测量电路连接等问题的限制。如果只测量钻杆内部的压力变化,在解码时压力信号上就叠加了随井深变化的钻井液静液柱压力的信号,该信号对解码是不利的。

这里采取用加速度传感器代替压力传感器的数据传输方法[5,6]。当钻井液循环时,在与钻柱相连的井下工具上都会产生相应的振动,加速度传感器就可以感应到振动信息,解码器定义输入为逻辑"1",而当钻井液循环停止时,加速度传感器就不能感应到振动信息,解码器定义输入为逻辑"0"。对"1"和"0"进行编码就可以传递不同的信息。这种方法大大简化了井下仪器的复杂程度。对于正在研制的旋转导向智能钻井工具,不旋转套通过上、下两端轴承安装在传递扭矩的主轴外部。当导向工具处于导向模式时,不旋转套紧贴井壁,且相对于主轴是不旋转的,测控传感器和电路的安装位置限制在不旋转套上。这时要设计能够感应到钻头内钻井液压力的压力传感器的通道,在机械上非常困难。而用一个动态加速度传感器代替2个静态压力传感器作为井下解码器的输入时,对机械结构的安装就降低了要求,可以直接将加速度传感器和测量电路安装在一起,从而解决了电气连接和密封绝缘等问题。

2. 实现方法

如图2所示的敏感振动井下解码器的框图中,用正交安装在井下钻具上的2个动态加速度传感器接收钻具的振动信号,其敏感轴分别指向钻柱的轴向和径向。加速度传感器输出的是脉冲信号,通过调整电路,将双向脉冲信号变换为反应振动水平的电平信号。为了对比,在下井仪器中再增加一个测量钻头内压的压力传感器。由 DSP 芯片对两路振动信号和一路压力信号进行采集和存储,由神经网络中的学习矢量量化网络完成解码任务。命令识别的作用是将接收到的命令解释成在下一步须进行操作的具体动作,然后通知井下执行机构去执行。这样,图 2 的框图最终具体化为一根下入井内的实验仪器,它安装在钻头之上的钻铤内部,可以承受 60MPa 的压力和 125℃的环境温度。

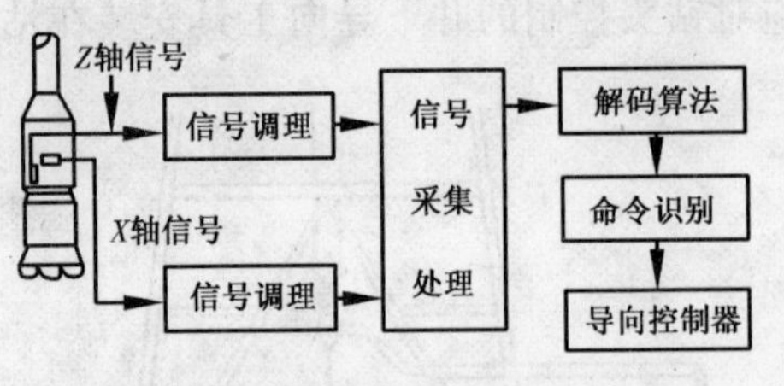

图 2　井下测量仪器电气构成

二、新方法的现场试验

本方法在长庆油田进行了现场试验验证。图 3 给出在多次下井试验中的一组测试数据曲线。

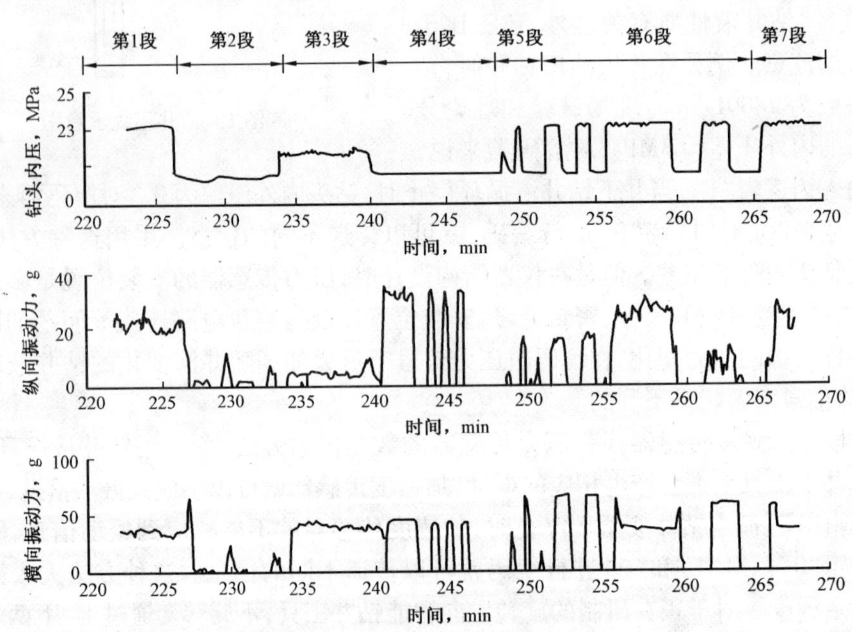

图 3　井下加速度和压力现场试验曲线

该次试验条件如下:井深为 2176m;泵压为 7MPa;钻压为 150kN;转速为 65r/min;钻井液密度为 1.08g/cm^3;井斜为 21°;方位角为 290°。试验共分 7 个阶段。

第 1 阶段的地面操作:以 2800L/min 排量开泵,正常循环钻井液。这时从钻头内压测量曲线可知,在井底由静液柱造成的静压为 20MPa。由钻井液循环造成的内外压差约为 3MPa,该数值与理论计算基本吻合。从钻头横向振动和纵向振动曲线可以看出,在钻井液循环时钻头径向和轴向的振动力分别为 40g 和 20g。

第 2 阶段的地面操作:停泵。将钻柱一个立根长度上提 2min,再下放 1min;再重复操作 1 次。这时从钻头内压测量曲线可知,停泵后钻杆内压就是 2176m 处的静液柱压力,约 20MPa;从钻头径向振动和轴向振动曲线可以看出,无论横向还是纵向都可以感应到钻柱的上提和下放操作信息。

第 3 阶段的地面操作:开泵。将地面旁通阀打开,以约 14000L/min 排量循环钻井液;将钻柱一个立根长度上提 2min,再下放 1min;再重复操作 1 次。这时从钻头内压测量曲线可知,这时钻井液循环造成的内外压差约为 1.5MPa。从钻头横向振动和纵向振动曲线可以看出,横向和纵向都感应到钻井液的循环操作信息。但是从横向振动曲线上很难看出在开泵时难以感应到钻柱的上下操作信息。

第 4 阶段的地面操作:停泵。以 65r/min 的转速旋转钻柱 2min,停钻 1min;旋转钻柱 20s,停钻 40s;旋转钻柱 20s,停钻 40s;旋转钻柱 20s,停钻 40s。这时从钻头内压测量曲线可知,停泵后钻杆内压就是井深 2176m 处的静液柱压力,约为 20MPa。从钻头横向振动和纵向振动曲线可以看出,横向以及纵向的传感器输出都与钻柱的旋转状态相对应。当钻柱旋转时,2 个加速度传感器输出较高的振动值($40g \sim 50g$);而在钻柱静止时,传感器输出为零。

第 5 阶段的地面操作:停钻。以 2800L/min 排量开泵 20s,停泵 40s;再开泵 20,停泵 40;停泵 1min(该期间活动钻具)。从钻头内压测量曲线可知,停泵时钻杆内压就是井深 2176m 处的静液柱压力,约 20MPa;泥浆循环造成 20s 的内外压差在稳定时约为 3MPa。从钻头横向振动和纵向振动曲线可以看出,横向和纵向的传感器输出都与钻井液循环的状态相对应,只是在活动钻具时出现了一个扰动脉冲。在钻井液循环时,2 个振动传感器输出与压力传感器输出的幅度相对应。

第 6 阶段的地面操作:以 2800L/min 排量开泵 1min,停泵 1min;再开泵 1min,停泵 1min;开泵 5min,停泵 2min;开泵 2min,停泵 2min。从这一阶段的试验曲线可知,当钻井液循环时间超过 1min 时,振动传感器和压力传感器的输出都非常稳定,并与钻井液循环的状态及时间相对应。

第 7 阶段:试验结束。

三、结论

(1)井下的加速度传感器在可以感应到地面钻井液泵的开泵和停泵操作,说明钻井液循环引起了井下钻具的振动。

(2)在停泵时,加速度传感器可以感应到钻杆的上提和下放操作信息;在开泵时,加速度传感器很难感应到钻杆的上提和下放操作信息,这是因为由钻井液循环引起的钻具振动值远大于上提和下放钻具的振动值。

(3)在测试条件下停泵时,在地面旋转或停止钻具时,井下的加速度传感器至少可以感应到地面钻具的转动 20s 和停止 40s 的运动。

(4)在测试条件下停钻时,只是在地面开泵或停泵,井下的加速度传感器可以感应到周期为 1min 以上的钻井液泵开和关的变化。

(5)可以用一个动态加速度传感器代替2个压力传感器完成目前由压力传感器接受井下压力信号进而在井下解码并接收地面发送命令的任务。

参考文献

[1] Jeter John Doise. Method and apparatus for actuating a downhole device carried by a pipe string[P]. U S, 3967680,1976-07-06

[2] Engelder Paul D. Method and apparatus for telemetry while drilling by changing drill string rotation angel or speed[P]. U S,4763258,1988-08-09

[3] 刘清友,马德坤,钟青. 钻柱扭转振动模型的建立及求解[J]. 石油学报,2000,21(2):78~82

[4] Zhou Jing. Fu Xinsheng. Shang Haiyan. Method to realize the sur-face-to-downhole communication while drilling[R]. SPE 59268. 2002:1~4

[5] Dyk st ra W. Chen D C K. Drill string component mass unbalan-ce——Amajor source of downhole vibrations [R]. SPE 29350,1995:234~241

[6] Dubinsky V S H. Surface monitoring of downbole vibrations: Russian, Eurpean and American Approaches[R]. SPE 24969,1992:1~5

本文原发表于《石油学报》2005年第2期

液压定位控制器的系统辨识

周　静　姚文彬

（西安石油大学电子工程学院）

【摘　要】 本文对液压定位控制器的系统工作特性进行了“黑箱”系统辨识研究，分析了液压定位控制器在弹性载荷条件下的动态响应特性，并对辨识模型进行了仿真验证，取得了比较理想的结果。

【关键词】 液压定位控制器　系统辨识　动态特性

过去的十年间，智能控制技术已越来越多地被引入石油勘探开发仪器和装备中，在石油井下工作的系统，受到空间和振动冲击以及温度的影响，所有的部件均要求集成度高、稳定可靠。我们在井下液压控制器中利用开关阀取代常规的伺服阀来进行活塞位置控制，达到了满意的控制效果。本文以“井下闭环可变径稳定器”的液压系统为原型，在试验的基础上，利用系统辨识技术，给出了系统的黑箱控制模型，并进行了试验验证，为更好地提高液压定位控制器定位控制的精确度、可靠性，优化改进设计提供了基础。

一、液压定位控制器工作原理和主要构成[1]

液压定位控制器工作原理：由液压源为系统提供工作压力，通过微控制器控制电磁阀的开、闭来实现对液压油（工作介质）从辅助油缸到活塞缸的流动控制，从而实现系统能量或力的传递控制。同时，通过微控制单元对位移传感器输出信号的实时采集处理，控制调节活塞的运动位移，达到最终的控制目标。图1为液压定位控制器原理框图。

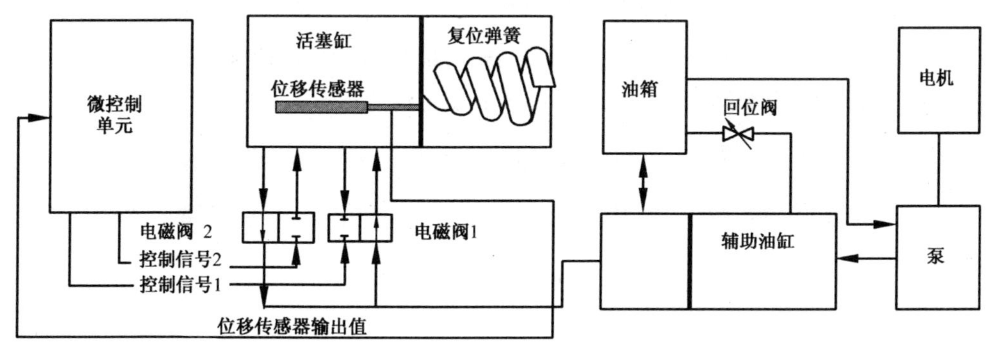

图1　液压定位控制器原理框图

本课题由国家“863”计划重大专项“可控三维轨迹钻井技术”和国家自然科学基金项目——“井下闭环旋转导向智能钻井系统控制理念经研究”及教育部优秀青年教师资助计划“智能控制器关键技术研究”资金资助。

周静，女，西安石油大学电子工程学院教授，一直从事“863”计划重大专项“可控三维轨迹钻井技术”方面的研究工作。

液压定位控制器的主要组件:微控制单元、活塞缸、位移传感器、复位弹簧、电磁阀(2个)、辅助油缸、液压源(电机、泵)和油箱。

二、系统辨识的方法和主要依据

系统辨识或参数辨识最基本的方法是基于差分方程的最小二乘法,其他方法还有梯度校正法、极大似然法等,它们都是常用的参数模型辨识方法。系统辨识的最终目标是使通过辨识所得的辨识模型能更准确地逼近或反映实际系统。

最小二乘法本质上是一种"确定性"的算法,其观测数据和未知参数之间的关系即数学模型是人为确定的,估计算法的核心是优化选择模型参数,使得关于误差的二次型目标函数为最小。最小二乘法计算简单且具有良好的无偏性和一致性,对噪声特性的先验知识要求也不高。考虑到实际观测数据和未知参数的随机性,极大似然法从概率论的观点出发,提出了基于贝叶斯估计理论的概率性估计方法,其出发点都与贝叶斯条件概率分布的概念有关。基于上述理论的还有极小均方估计、极小方差估计等。极大似然法的基本思想是构造一个联系未知参数和观测数据的函数[2]。

以下为几种常用的"黑箱"辨识模型结构[3]:

(1)自回归模型结构(ARX Structure):

$$A(q^{-1})y(k) = B(q^{-1})u(k-n_k) + e(k)$$

式中,多项式 $A(q^{-1})$、$B(q^{-1})$ 为模型结构参数,模型参数估计法为最小二乘法。

(2)自回归滑动平均模型结构(ARMAX Structure):

$$A(q^{-1})y(k) = B(q^{-1})u(k-n_k) + C(q^{-1})e(k)$$

式中,多项式 $A(q^{-1})$、$B(q^{-1})$、$C(q^{-1})$ 为模型结构参数,模型参数估计法为预测误差法。

(3)输出误差结构(Output - Error Structure):

$$y(k) = B(q^{-1})/F(q^{-1})u(k-n_k) + e(k)$$

式中,多项式 $B(q^{-1})$、$F(q^{-1})$ 为模型结构参数,模型参数估计法为预测误差法。

(4)Box - Jenkins 模型结构(Box - JenkinsStructure):

$$y(k) = B(q^{-1})/F(q^{-1})u(k-n_k) + C(q^{-1})/D(q^{-1})e(k)$$

式中,多项式 $B(q^{-1})$、$C(q^{-1})$、$D(q^{-1})$、$F(q^{-1})$ 为模型结构参数,模型参数估计法为预测误差法。

以上各式中:

$$A(q^{-1}) = a_0 + a_1q^{-1} + \cdots + a_{na}q^{-na};\quad B(q^{-1}) = b_0 + b_1q^{-1} + \cdots + b_{nb}q^{-nb}$$

$$C(q^{-1}) = c_0 + c_1q^{-1} + \cdots + c_{nc}q^{-nc};\quad D(q^{-1}) = d_0 + d_1q^{-1} + \cdots + d_{nd}q^{-nd}$$

$$F(q^{-1}) = f_0 + f_1q^{-1} + \cdots + f_{nf}q^{-nf};$$

q^{-1}为单位滞后算子，na、nb、nc、nd、nf 分别为多项式 A、B、C、D、F 的阶次；nk 为系统的延迟；在系统辨识过程中，定义 $a_0=1$，$d_0=1$，$f_0=1$。

预测误差法不要求关于观测数据概率分布的先验知识，是极大似然法的一种推广，是一种可以解决更加一般问题的辨识算法。

三、液压定位控制器的系统辨识[3,4]

为了得到更逼近的模型结构，将系统视为“黑箱”，利用上文中介绍的几种常用辨识模型来对液压定位控制器进行系统辨识。通过对比分析研究来确定模型及其参数，从而得到系统的动态特性描述。

1. 系统辨识数据的选取

在液压定位控制器的单元实验中，我们测试采集了大量数据，为系统模型及参数的辨识提供了丰富的数据来源。这里，选取有代表性的原始实验数据文件 HY - EXP1. DAT、HY - EXP2. DAT。其中实验中的各参数设置如下：采样间隔 2ms；开阀时间 480ms；开阀间隔 1s；实验过程中控制活塞步进量为 1mm。绘制原始实验数据的时间曲线如图 2。

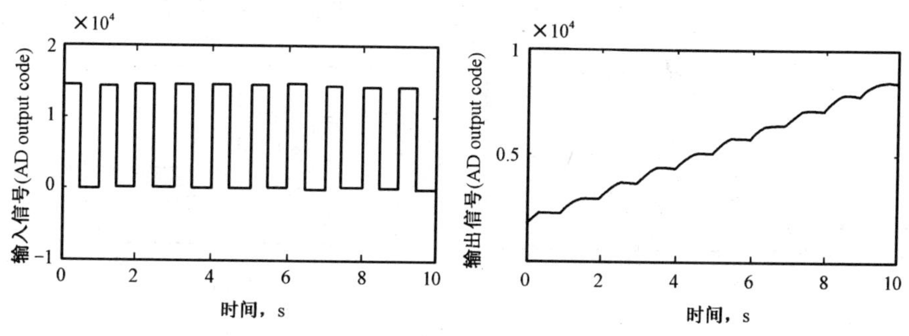

图 2　原始实验数据 HY - EXP1. DAT 时间曲线

2. 数据预处理

由于系统建模时，输入输出数据必须是平稳的、正态的、零均值的，即数据的统计特性与统计时间起点无关，且均值为零。而在实际问题中，所测量得到的数据是随机时间序列，包含有线性的或缓慢变化的趋势。因此，在系统辨识前要对数据进行预处理。

3. 模型结构辨识(包含参数辨识)

将液压定位控制器视为“黑箱”，选取不同的系统模型结构对液压定位控制器进行辨识验证对比，以求得最佳辨识模型。系统辨识模型的结果如图 3。

4. 模型验证

检验辨识模型的优劣或对实际系统的逼近程度。验证处理后的数据，分析对比如图 4 和图 5。

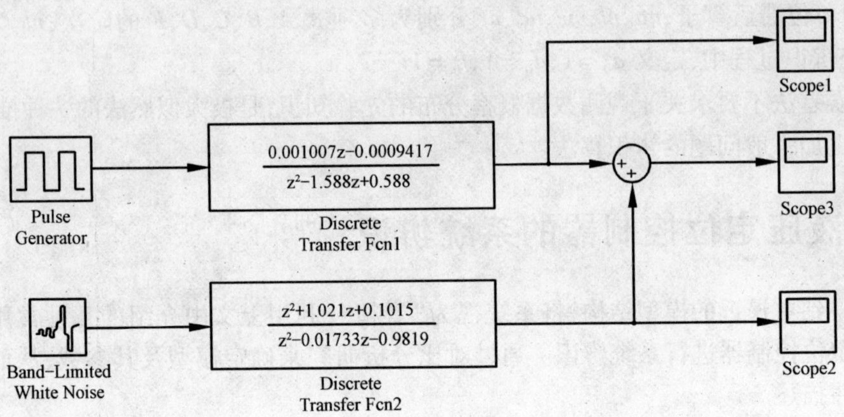

图 3　辨识模型的仿真框图

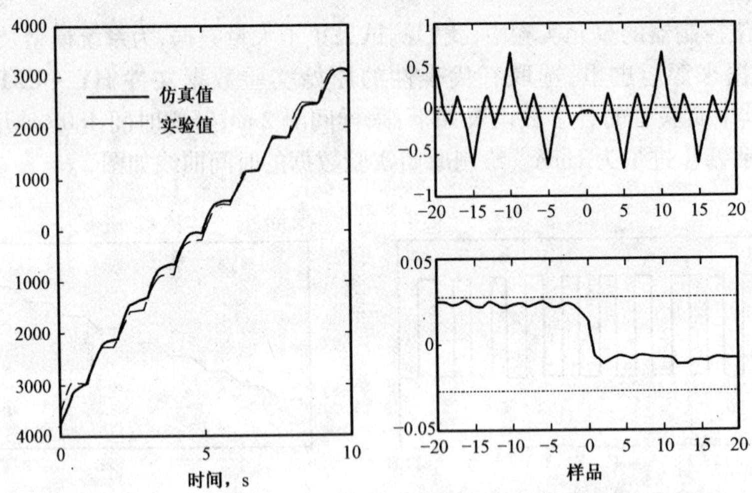

图 4　辨识模型输出曲线与实际测试曲线对比分析——连续开、关阀（右图为模型残差曲线）

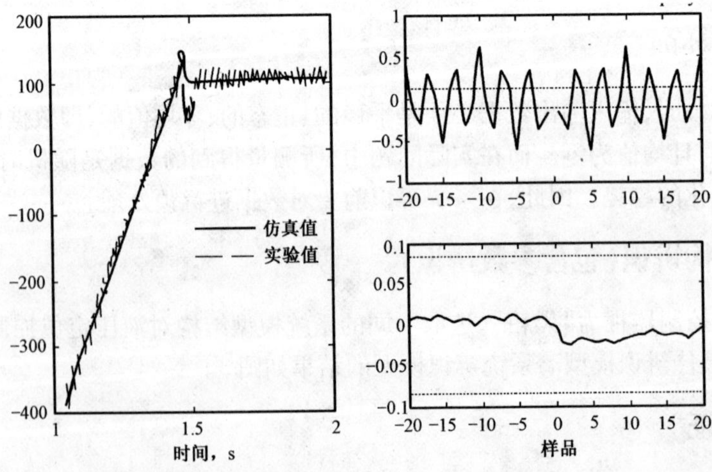

图 5　辨识模型输出曲线与实际测试曲线对比分析——开、关阀一次（右图为模型残差曲线）

5. 辨识结果与实测值分析结论

(1)通过多组实验数据的"黑箱"辨识研究,得出了系统的最佳辨识模型为 Box - Jenkins 估计模型,数据验证结果表明模型估计输出与实际测试数据有较好的一致性。

(2)连续开、关阀时,辨识模型输出曲线对实验测试曲线的逼近程度为 94.565 3%,单次开、关阀时,辨识模型输出曲线对实验测试曲线的逼近程度为 90.500 5%,系统在当前控制精度下具有较好的稳定性和可靠性。

(3)仿真结果与试验基本吻合,辨识模型输出的位置变化曲线与实验测试曲线存在差别的原因可能是多方面的。比如,进行仿真时没有考虑时间延迟,同时,计算过程中精度也将影响到结果。因此考虑诸多因素的影响,认为辨识得到的动态模型是合理的。

四、结束语

通过液压定位控制器的"黑箱"辨识研究,准确的识别出了液压定位控制器的动术数学模型,为进一步研究液压定位控制器的动太性能提供依据。同时可以看出系统辨识技术为深入研究液压定位控制器的控制特性开辟了一条有效途径。

参 考 文 献

[1] 李洪人主编,液压控制系统,北京:国防工业出版社,1981
[2] 肖建编著,现代控制系统综合与设计,北京:中国铁道出版社,2000
[3] 黄文梅,杨勇,熊桂林,成晓明编著,系统仿真分析与设计,长沙:国防科技大学出版社,2001
[4] 钟小鹏. MATLAB 在动态数据建模中的应用. 电脑开发与应用,第 14 卷,第 10 期

用可控偏心器实现井眼轨迹的闭环控制

胡金艳[1]　周　静[2]　付鑫生[2]

（1 西安交通大学电信学院信通系　2 西安石油学院电子工程系）

【摘　要】 目前的钻井基本上处于地面开环控制状态，它的频繁起下钻使钻井效率降低、成本提高，甚至难以实现设计的井眼轨迹。随着钻井的位移和井深不断增加，能够解决上述问题的井眼轨迹闭环控制已成为钻井行业的前沿课题。可控偏心器是结合了微电子、信息、液压、控制等技术开发的一种智能导向工具。通过它构成的井眼轨迹闭环控制系统能够实现井眼轨迹的自动控制，从而提高井眼轨迹控制精度，降低钻井成本。为此，文章根据可控偏心器的导向机理，提出了带可控偏心器的井眼轨迹闭环控制系统及控制策略；探讨了可控偏心器翼片缸压合矢量的闭环控制方法，通过仿真实验验证了其可行性，对可控偏心器的现场应用具有重要的指导意义。

【关键词】 井眼轨迹　旋转导向　闭环控制　可控偏心器

随着油气资源勘探开发难度的加深以及对油气采收率要求的提高，井眼轨迹闭环控制技术成为人们日趋关心的问题。1992 年 J. Barr 提出了旋转导向系统（SRD）理论，并指出旋转导向系统的核心就是一个井下可调的带偏心翼片的偏心稳定器，或称为可控偏心器。它可以同时实现井眼轨迹预测和井眼轨迹控制，达到井眼轨迹自动控制的目的。目前，国外对于这项技术的研究主要有德国的 VDS－5 自动垂直钻井系统，英国剑桥的 AGS 自动导向系统，美国能源部推出的 ADD 自动定向钻井系统，贝克休斯公司的 RCLS 旋转闭环钻井系统，及 AMOCO 公司的小井眼旋转导向钻井系统等。其中，贝克休斯公司的 RCLS 旋转闭环钻井系统自动化程度最高，并已经商业化。

根据造斜导向机构——偏心翼片（以下简称翼片）的导向方式，将可控偏心器分为两种：固定式和内置式。固定式可控偏心器的导向翼片相对于大地不旋转，三个翼片在固定的方位向井壁施加作用力，一个旋转的驱动轴穿过导向机构与钻头相连。内置式可控偏心器的导向翼片是随着钻头一起旋转的，造斜过程中随着钻头的每一圈转动，三个偏心翼片在某一固定方位依次伸出和收缩一次。本文研究的是基于固定式可控偏心器（以下简称为可控偏心器）的井眼轨迹闭环控制。

一、可控偏心器的结构与轨迹控制原理

可控偏心器是结合了微电子、信息、液压、控制等技术开发的一种智能导向工具，它主要由机械、液压和电气三部分构成（图 1）。机械部分包括转轴、翼片体、翼片、壳体等；液压部分主

本文系石油天然气集团公司“九五”重点科技攻关项目：“井眼轨迹遥控技术——可控偏心器的研制”的部分内容。

胡金艳，女，1973 年 11 月生；1999 年毕业于西安石油学院，获电子工程及仪器专业硕士学位。地址：（710049）陕西省西安交通大学 1766 号信箱。电话：（029）2673289。

要包括电机、泵、电磁换向阀、油缸等执行元件;电气部分主要包括翼片控制器、传感器等控制元件和检测元件。

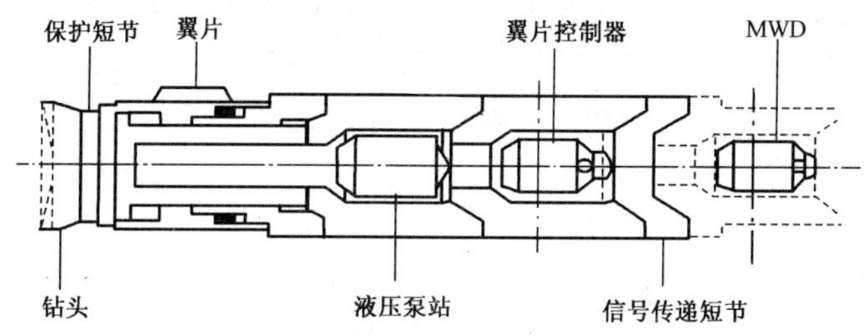

图1　可控偏心器材结构简图

在使用智能导向工具可控偏心器时,设计采用双稳定器微增斜BHA结构。图2为带可控偏心器的钻具组合轨迹控制机理,其中箭头表示钻具组合与井壁之间的接触力。可控偏心器对井眼作用一个固定不变的侧向力,井壁的反作用力则从反方向作用于稳定器和钻头。由于钻头的侧向切削能力强于稳定器,井眼便向钻头上力的方向前进,井眼曲率取决于侧向切削。钻头轴线与井眼轴线之间有一个夹角,该角度由井眼曲率半径及工具几何决定。

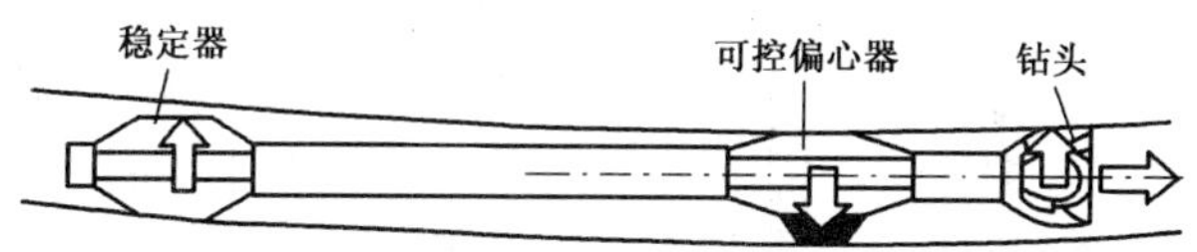

图2　带可控偏心器的BHA轨迹控制机理

定义$\boldsymbol{F}_1$、$\boldsymbol{F}_2$、$\boldsymbol{F}_3$分别为可控偏心器三翼片对井壁的作用力,它们的合力就是可控偏心器作用于井壁的侧向力。$\boldsymbol{F}_1 \sim \boldsymbol{F}_3$的方位可以由传感器检测(它们之间互成120°),其大小的控制是通过分别调整三个翼片的油缸压力(以下简称缸压)$\boldsymbol{P}_1 \sim \boldsymbol{P}_3$来实现的。因此在某一固定方位上经过准确地计算,改变$\boldsymbol{P}_1 \sim \boldsymbol{P}_3$的大小,就可以获得希望的合力$\boldsymbol{F}$,从而使钻头按照理想的轨迹前进。这些过程都是由地面遥控或预置在翼片控制器中的程序自动执行的。

二、带可控偏心器的井眼轨迹闭环控制系统

带可控偏心器的井眼轨迹闭环控制系统(图3,虚框内为可控偏心器)由以下几个部分组成:(1)翼片控制器。它是可控偏心器的大脑,负责设计轨迹的存储、设计轨迹与实测轨迹的

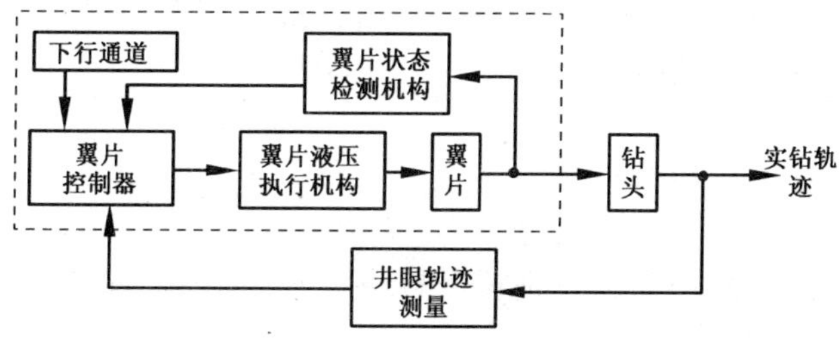

图3　可控偏心器井眼轨迹闭环控制系统框图

偏差计算、对翼片液压执行机构的控制、与地面遥控的协调等；(2)翼片状态检测机构，它包括检测翼片缸压的压力传感器、检测翼片位移的位移传感器和检测翼片方位的角位移传感器；(3)翼片液压执行机构，它通过启停电机和开关相应的电磁阀改变三翼片油缸的压力；(4)井眼轨迹的测量，它负责测量当前的井身姿态和深度信息，可以采用目前先进的近钻头(MWD)，从而实现对井眼轨迹的精确测量和地面监控；(5)下行通道。通过它可以将地面的人为控制和决策指令传递给井下的翼片控制器。

在仪器下井之前，首先将设计的井眼轨迹以适当的形式存储在翼片控制器中，同时将编写好的控制程序写入翼片控制器。钻进过程中，翼片控制器不断接收实际井眼轨迹测量参数，经计算得到预置轨迹与实测轨迹的偏差 $\boldsymbol{\varepsilon}$，该矢量的大小和方向决定了翼片对井壁作用力的大小和方向，称其为给定合力 $\boldsymbol{F}^*$。经过简单的换算便可得到给定缸压合矢量 $\boldsymbol{P}^*$。根据翼片方位传感器检测到当前的翼片方位，将 $\boldsymbol{P}^*$ 分解为三翼片缸压的给定值 $\boldsymbol{P}_1^*$、$\boldsymbol{P}_2^*$、$\boldsymbol{P}_3^*$。翼片状态检测机构不断检测到当前翼片的缸压，如果该压力与给定值有偏差，则对执行机构进行适当的控制，直到缸压达到给定值。另外，在翼片控制器程序中将来自下行通道的指令优先级设为最高，当有人为决策通过下行通道传递给翼片控制器时，翼片控制优先执行人为决策。

轨迹偏差 $\boldsymbol{\varepsilon}$ 是衡量实际轨迹上一点与设计轨迹空间相对位置的一种表示方式，它的确定可采用法面距等方法。$\boldsymbol{\varepsilon}$ 的方向决定了 $\boldsymbol{F}^*$ 的方向，其大小(称为偏差距离 ε)决定了 $\boldsymbol{F}^*$ 的大小。在实际定向钻井的轨迹控制中，偏差距离 ε 与许多因素有关，故很难确定 F^* 与偏差距离 ε 之间的函数关系，即使有可能确定也是相当复杂的。因此，我们可以采用图4的模糊逻辑方法得到给定合力值 F^*。其中偏差距离的模糊隶属函数还可以应用神经网络方法产生和调整。

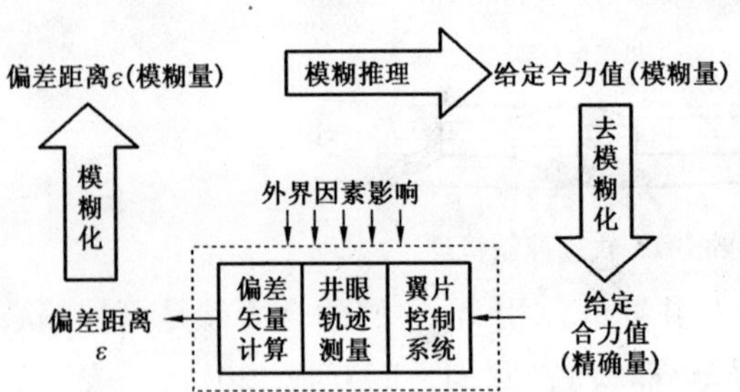

图4　模糊逻辑方法用于合矢量给定值的确定

三、对翼片缸压合矢量的闭环控制

对翼片缸压合矢量的控制是通过可控偏心器实现井眼轨迹闭环控制的最基本环节。如图5所示，它主要包括三个翼片缸压的检测，控制信号的产生和控制命令的执行。每个翼片对应一个压力传感器，分别编为1号、2号、3号。我们只需要检测1号翼片的方位就得到了三个翼片的方位。翼片缸压的检测由压力传感器来完成，控制信号的产生由控制器通过将实测缸压合矢量与给定缸压合矢量进行比较决策获得，控制命令的执行则由液压系统来完成。

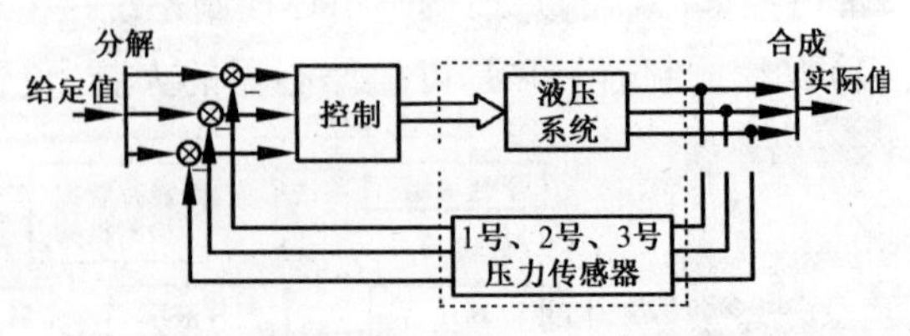

图5　翼片油缸压力合矢量控制原理

1. 翼片缸压矢量的合成与分解

采用大地坐标系 EON,设 $\boldsymbol{P}_1(P_1,\alpha_1)$、$\boldsymbol{P}_2(P_2,\alpha_2)$、$\boldsymbol{P}_3(P_3,\alpha_3)$、$\boldsymbol{P}(P、\theta)$分别为 1 号、2 号、3 号翼片缸压矢量及其合矢量。P_1、P_2、P_3、P 为矢量的模,α_1、α_2、α_3、θ 为矢量的方位(矢量与方位北逆时针方向的夹角)。其中,α_1 可检测,又 1 号、2 号、3 号翼片互成 120°,于是有 $\alpha_2=\alpha_1+120°$,$\alpha_3=\alpha_1+240°$。将三个缸压 $\boldsymbol{P}_1$、$\boldsymbol{P}_2$、$\boldsymbol{P}_3$ 分别向 OE 和 ON 轴上投影,得

$$\begin{cases} P_y = P\cos\theta = P_1\cos\alpha_1 + P_2\cos\alpha_2 + P_3\cos\alpha_3 \\ P_x = P\sin\theta = P_1\sin\alpha_1 + P_2\sin\alpha_2 + P_3\sin\alpha_3 \end{cases} \tag{1}$$

式中,P_x、P_y、分别为 $\boldsymbol{P}$ 在 OE 轴和 ON 轴上的投影,于是可以计算 $\boldsymbol{P}$ 的模值 $P=(P_x^2+P_y^2)^{1/2}$ 和 $\boldsymbol{P}$ 的方位角 $\theta=\mathrm{arctg}(P_y/P_x)$。

翼片油缸的工作压力有一定的范围,通常在 0~8MPa,最高不能超过 10MPa。此外,在控制过程中,为了保持翼片贴井壁,每个翼片缸压不能低于一个大于 0 的值,定义这个最小值为 $(P_n)_{\min}$。根据翼片贴井壁力与翼片油缸压力的关系及翼片最小贴井壁力的指标,确定的选取范围为 0.3~8MPa。

式(1)同样适用于给定缸压合矢量的分解。设 $\boldsymbol{P}(P^*,\theta)$ 为缸压合矢量给定值,$\boldsymbol{P}_1^*(P^*,\alpha_1)$、$\boldsymbol{P}_2^*(P_2^*,\alpha_2)$、$\boldsymbol{P}_3^*(P_3^*,\alpha_3)$分别为合矢量分解后的 1 号、2 号、3 号翼片缸压矢量给定值,代入式(1)得:

$$\begin{bmatrix} \cos\alpha_1 & \cos\alpha_2 & \cos\alpha_3 \\ \sin\alpha_1 & \sin\alpha_1 & \sin\alpha_1 \end{bmatrix} \begin{bmatrix} P_1^* \\ P_2^* \\ P_3^* \end{bmatrix} = \begin{bmatrix} \cos\theta \\ \sin\theta \end{bmatrix} P^* \tag{2}$$

在已知条件 P^*、θ 及 α_1、α_2、α_3 下,式(2)中的 P_1^*、P_2^*、P_3^* 有无穷多解。给定约束条件则可以确定方程组的唯一解。如采用下面的简单约束条件:使离给定缸压矢量 $\boldsymbol{P}^*$"最远"(P^* 与 $P_n{}^*$ 的夹角大于 120°)的缸压矢量模值稍大于$(P_n)_{\min}$,取 $P_n{}^*=0.3$MPa。假设 3 号翼片缸压矢量离给定缸压合矢量最远,即 $P_3^*=0.3$MPa,得

$$\begin{bmatrix} \cos\alpha_1 & \cos\alpha_2 \\ \sin\alpha_1 & \sin\alpha_2 \end{bmatrix} \begin{bmatrix} P_1^* \\ P_2^* \end{bmatrix} = \begin{bmatrix} \cos\theta \\ \sin\theta \end{bmatrix} P^* - 0.3 \begin{bmatrix} \cos\alpha_3 \\ \sin\alpha_3 \end{bmatrix} \tag{3}$$

翼片缸压给定值的模也必须在一定的范围之内,从而保证控制过程中分解到的三个翼片缸压给定值不超出正常工作压力 0.3~8MPa。经计算不能超过 6.668MPa。在仿真实验中,我们取的范围 0~6MPa,满足每个翼片缸压的给定值不超出正常工作压力范围。

2. 仿真实验及结果

对翼片缸压合矢量的闭环控制进行仿真实验。根据压阻式压力传感器原理,设计了翼片油缸压力传感器与压力控制的仿真硬件电路。仿真电路通过翼片控制器控制,翼片控制器又与 PC 机之间进行串行通讯。软件设计包括 PC 机 VB 软件和翼片控制器单片机汇编软件。通

过前者提供的人机接口设置翼片缸压合矢量,观察各翼片缸压矢量的变化情况等。后者则接收设置指令,调整翼片缸压,将翼片缸压检测值实时地传给 PC 机。在仿真实验中,三翼片缸压初始值分别选取为:1.98MPa,5.91MPa,2.16MPa,给定缸压合矢量为 $\boldsymbol{P}$(6MPa,45°),1 号翼片方位保持0°不变。实验结果显示,通过对翼片缸压合矢量的闭环控制,三翼片缸压分别达到给定值6.992MPa,5.198MPa,0.3MPa。仿真实验还进一步证明,翼片缸压合矢量闭环控制系统还具有抗缸压扰动和方位漂移扰动的能力。

四、结论

(1)井眼轨迹闭环控制技术是钻井界未来发展的方向。智能旋转导向工具——可控偏心器为实现井眼轨迹的闭环控制提供了可能。

(2)翼片缸压合矢量闭环控制系统具有将实际翼片缸压合矢量调整到给定合矢量的能力,同时还能够抗缸压扰动和方位漂移扰动。

(3)本文讨论的可控偏心器导向机理、带可控偏心器的井眼轨迹闭环控制系统和控制策略,以及设计的翼片缸压合矢量闭环控制仿真实验对可控偏心器的现场应用具有重要的指导意义。

本文原发表于《天然气工业》2002 年第 6 期

基于3D参数化技术的旋转导向钻具虚拟设计

张光伟

（西安石油大学机械工程学院）

【摘　要】 在简述旋转导向钻井工具结构原理和4个设计难点之后，阐述了利用SolidWorks软件进行3D参数化设计的原理。结合旋转导向钻井工具的结构特征，详细论述了对这种工具进行参数化设计的总体方案设计和设计过程，其中包括零件设计、装配体设计和工程图生成。设计实践表明，利用SolidWorks软件平台缩短了旋转导向钻井工具的开发周期，提高了设计质量，降低了设计成本。该导向工具的实际加工和装配过程，也表明这种虚拟设计的合理性。

【关键词】 SolidWorks　三维模型　参数化设计　旋转导向钻井工具

旋转（闭环）导向钻井工具是一种新型井下控制工具，广泛应用于大位移井钻井以及一些重要的水平井和定向井[1]。众所周知，旋转（闭环）导向钻井工具是一项集机、电、液于一体的机械工程设计，它主要有4个技术难点：钻压扭矩很大；空间尺寸限制严格；效率要求高；可靠度要求大。因此，该设计过程工作量巨大，需要反复地讨论和修改，才能满足钻井作业的需要。传统二维平面设计周期长，人力物力投入大，设计一种新型导向钻井工具需要花费较长的时间，所以已经不能适应石油市场迅速变化的需要。使用三维参数化软件进行设计，可以在设计方法和手段上进行提升，使问题尽量在设计阶段被发现，避免设计上的失误，同时参数化设计使设计效率大幅度提高[2]。

笔者以旋转（闭环）导向钻井工具设计为例，论述采用SolidWorks软件，实施3D参数化设计的研究及应用。

一、结构原理

旋转导向钻井工具的基本结构示意图如图1所示，它主要包括一个不旋转套，一个钻头驱动轴。不旋转套与驱动轴之间通过轴承连接，不旋转套保持相对静止。不旋转套内有以下主要元件：3个可调稳定块、液压控制阀、电子控制元件、井斜传感器、微处理器。其工作原理是：微处理器接收井斜传感器传来的信号，经过判断处理后，向液压控制阀发出指令，通过液压控制可调稳定块的伸缩，使钻头产生一个侧向力，最终保证钻头沿这一方向定向钻进。

基金项目：国家“863”重大专项（2001 AA602012－01）。

张光伟，副教授，生于1961年，1983年毕业于西安交通大学动力机械系，1991年毕业于西安交通大学工程力学系，获硕士学位。现从事井下导向工具的研究工作。地址：（7100065）陕西省西安市。电话：（029）88382636。

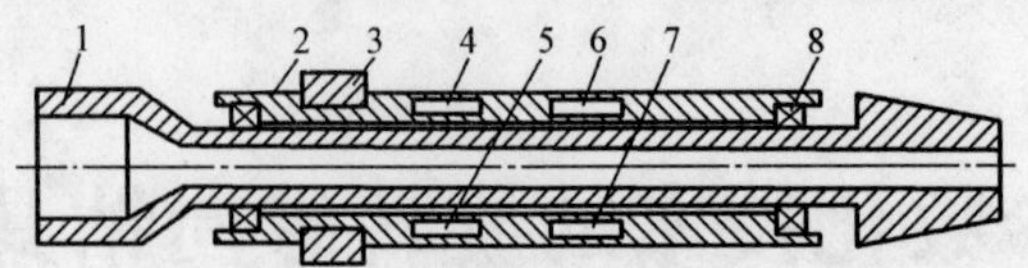

图1　旋转导向钻井工具结构示意图

1—驱动轴;2—不旋转套;3—可调稳定块;4—液压控制阀;
5—井斜传感器;6—微处理器;7—电子控制元件;8—轴承

二、设计原理

参数化设计是指参数化模型的尺寸用对应的关系表示,而不需要确定的数值,变化一个参数值,将自动变化所有与它相关的尺寸,也就是采用几何参数化模型,通过调整参数来修改和控制几何形状,自动实现产品的精确造型。

几何参数化模型主要包含 2 个内容:几何关系和拓扑关系。几何关系是指具有几何意义的点、线、面,有确定的位置和大小;拓扑关系反映了形体的特性和关系,如几何元素之间的邻接关系。在产品的系列化设计中,许多零件只是尺寸不同而结构相同,映射到模型中,形成几何关系不同而拓扑关系相同的情况。

SolidWorks 具有产品零件的 3D 建模与设计功能,其参数化设计原理是零件尺寸由参数驱动,即在设计零件之初只要给出零件外形轮廓,后续工作只需要通过简单的表达式来给变量赋值定义几何尺寸,同时几何尺寸也可以用变量的形式出现在表达式中以驱动其它几何尺寸,以得到新的实体,实现参数化设计。

三、总体方案设计

旋转(闭环)导向钻井工具是一种结构比较复杂的钻井工具。在设计中将一个复杂的结构转化成几个相对简单的结构是通常处理问题的一般方法,根据导向钻井工具的结构特征,将其划分为 4 个部件:本体、变径机构、测控系统、电源系统,如图 2 所示。

图2　旋转导向钻井工具的三维装配图

导向钻具的虚拟设计依据“由总到分”的思想,先分析产品的各组成部分的拓扑关系,确定树状结构,再对每个零件造型建模。

总体装配采用自下而上的设计方案,它的主要思路是先分别生成各个零件,然后将这些零件拿到一起进行装配,整个装配过程犹如在实际生产中进行实物组装一样。

在设计过程中,首先必须严格按照导向钻具的基本结构尺寸,进行总体规划设计,然后确定局部细节的形状和尺寸。

四、设计过程

1. 零件设计

三维零件设计基于 SolidWorks 特征和参数化三维实体建模功能。特征是组成零件实体模型的基本元素，即利用 SolidWorks 所具有拉伸、旋转、倒角、抽壳和倒圆等特征；参数化是指绘制任何图形，都不需要按实际尺寸，绘制图形中，通过参数驱动的功能，用对话框输入尺寸的方法，来确定尺寸的准确值。

导向钻具中零件模型设计是将零件分解为多个特征，通过特征之间的布尔运算逐步得到完整的零件模型。其中，往往将零件中最主要或最大的部分视为基本特征，首先完成它的造型，其他部分作为添加特征，以搭积木的方法，通过添加、去除和交的布尔运算最终得到零件模型。基本建模思路是将导向钻具中的许多零件（如驱动轴、不旋转套、可调稳定块、活塞、钻铤外壳等）通过草图绘制，生成轮廓线，然后运用拉伸、旋转、切除、抽壳、打孔等操作来实现复杂零件的造型设计，例如图 3 中的钻铤外壳零件的生成。通过对特征和草图的动态修改，用拖拽的方式实现实时的设计修改。另外，导向钻具中的许多标准件（弹簧、螺钉、卡圈、密封圈等）可以利用 SolidWorks 软件的二次开发工具进行各类零件库的开发，例如图 3 中的固定螺栓。

图 3　电子腔三维部件图

2. 装配设计

装配体设计采用自下而上的方案，先分别生成各个零件，利用零件的平移、旋转、重合（共面、共线、共点）、同心（同轴）、垂直、平行、相切、距离、夹角等装配约束关系，通过对零件之间添加装配约束，使设计好的所有零件装配在一起。如图 3 所示，可将导向钻具中电子腔内的几十种零件通过这种方式装配在一起。

在一个复杂的装配体中，如果使用人的眼睛来检查零件之间是否有干涉的情况是比较困难的，SolidWorks 提供了干涉检查功能[3]，避免了真正实物组装时产生干涉而无法安装的现象。在虚拟装配中，一旦发现装配干涉情况，可以在特征树的编辑功能下进行修改，这样就能够及时发现设计中的错误，及时纠正零件间的干涉现象，避免在实物生产中由于装配设计不合理而造成浪费。例如，导向钻具投图加工生产前，设计人员对装配体的各个零部件之间的相对位置关系进行了静态干涉检查；对可调稳定块的伸缩，活塞的运动，利用 SolidWorks 中的插件 Animator 进行了运动干涉检查，给定其运动方式和运动路径，可以使其产生运动，通过检查未发现干涉现象，说明了设计的合理性，减少了样机试制费用和时间。

SolidWorks 能够自动生成装配体的“爆炸图”，通过“爆炸图”可以更清楚地了解装配关系，便于设计、制造及安装人员之间的技术交流，减少各环节出错的可能性。

在装配体设计完成后，利用 SolidWorks 的着色与渲染功能可以获得包含色彩的、极具真实感的图像。为了清晰表达装配体的内部结构，反映出零件之间的装配关系，可以将透明类材质赋予外部壳体零件,如图 3 所示的钻铤外壳,也可以采用剖切方式表示导向钻具的装配结构。

3. 工程图生成

SolidWorks 能从三维模型自动转换成完整、详细、生产认可的工程图即二维工程图,并可根据需要设置视图,可生成剖视图(全剖、半剖和局部剖等)、剖面图、局部放大图等,各种尺寸标注可自动生成,转换十分简单,只需把零件或部件拖动到工程图中即可。由于三维实体模型、二维工程图和装配体是关联的,并且具有全相关性,对三维实体模型的修改会自动反映到与之相关的二维图和装配体中,反之亦然,这样就确保了三维和二维的数据统一。

SolidWorks 利用 Excel 可以创建工程图中装配图零件序号表、明细表、标题栏等,其中明细表是工厂指导生产的物料清单和工艺流程路线。Solid - Works 的模块功能主要表现在:所有的资料都从所要出的三维装配体中提取,设计人员只要在所设计的零件中加入材料、密度、名称等相关信息,模块就可以自动地汇总零件、计算质量、编排顺序等,最终形成一个数据文件。

五、结论

旋转(闭环)导向钻井工具采用三维参数化软件进行设计,为设计人员在设计方法上提供了一种崭新的技术手段。

(1)利用 SolidWorks 软件平台可以缩短导向工具的开发周期,提高了设计质量,大幅度降低了设计成本,已完成的该导向工具的加工和装配过程表明,它的虚拟设计比较合理。

(2)建立的导向钻具虚拟样机装配结构,使对结构分析和观察的方式变得直观,设计人员在设计阶段就能够发现问题。

(3)参数化设计极大地改善了图形的修改手段,提高了设计人员的柔性,摆脱了繁重的绘图工作,使设计人员将主要精力放在对结构功能等方面的分析和思考上。

(4)笔者从工程实用角度出发,对 3D 软件 SolidWorks 进行了一定的研究,为类似井下工具的设计提供了有意义的解决方案。

参 考 文 献

[1] 张光伟. 井下闭环可变径稳定器的设计计算. 石油机械,2004,32(2):23~25,41

[2] 张峰,李兆前,黄传真. 参数化设计的研究现状与发展趋势. 机械工程师,2002,(4):13~15

[3] 谢红,施炜. 用 SolidWorks 软件进行装配体三维设计. 机械设计与制造,2002,(1):35~36

本文原发表于《石油机械》2004 年第 9 期

新型旋转导向井下闭环钻井工具

张进双[1]　胡金艳[2]　余志清[2]

(1 中国石油大学　2 西安石油大学)

【摘　要】 近年来大位移井和复杂轨迹井眼的需求不断增加,对井下钻井工具的研制提出了新的要求。利用现有的动力导向技术,钻压施加困难,难以发挥高效钻头的作用,“滑动”方式下大摩阻的存在使井底工具面的控制难度加大,井眼水平延伸受到限制。为减小摩阻,使钻柱具有更大的延伸能力,实现对井眼轨迹的精确控制,国内外纷纷致力于井下可控工具和旋转导向闭环钻井系统的研究。本文介绍了2类可实现井下全方位控制的偏置机构及目前国内外已有的几种旋转导向闭环钻井系统。

【关键词】 钻井工具　井眼轨迹控制　闭环控制　可变径稳定器　旋转导向钻井系统

近年来,大位移井技术ERD开始为人们所重视,主要用于井场设置困难的地区,尤其是近海油田的开发。建造钻井平台的费用很高,大位移井通过建钻井平台和人工岛降低总体开发成本。为使开采多层系油藏和打探井更灵活有效,同时也为在钻井过程中消除地层因素等不确定干扰,国内外纷纷开始闭环导向钻井的研究,以适应钻井方式的需求变化,推动钻井工具的发展和更新。

对于大斜度井和大位移井,常规动力钻具已很难满足需要,出现了连续旋转导向的井下工具。首先应用于实际的是可变径稳定器;为减小下套管时的摩阻,顶部驱动钻机也已逐渐被广泛采用。要完成复杂井眼轨迹,尤其是真正实现井下闭环控制,传统钻井工具已不能满足要求,必须研制更加灵活的、全方位可调的旋转导向井下工具,其核心是能在旋转状态下按控制指令动作以改变作用在钻头的合力或改变钻具偏心程度的偏置导向机构。将井下可控工具和随钻测量工具(MWD)或随钻测井仪(LWD)相结合,实现钻头处的前端控制(Front End Control),即几何导向和地质导向。

一、可变径稳定器

常规导向钻具由弯接头与导向动力钻具组成,能连续控制井眼轨迹的导向,导向钻井液马达以“滑动”和“旋转”方式钻进。在“滑动”方式下钻柱不旋转,可改变井斜和方位,使钻头沿特定的方向钻进;在“旋转”方式下钻直井段和稳斜段。其局限性主要表现为:(1)以“滑动”方式开动井下马达时,上部钻柱不动导致摩阻增大;(2)造斜时定向困难;(3)井眼清洁困难;(4)限制PDC钻头的优选。

张进双,1973年生,博士,1996年毕业于西北工业大学航海工程学院。

近年来随大位移井数量的增加,上述问题越来越突出。为适应这种需求的变化,出现了用于旋转导向钻井的遥控可变径稳定器,即操作人员在地面操作,通过改变井下稳定器的直径改变井下动力钻具组合的力学特性。按遥控方式分为:钻井液排量控制法、投球控制法、钻压控制法和电控法。国内外目前主要有以下几种可变径稳定器:

(1)中国石油勘探开发科学研究院研制的YW—178型遥控变径稳定器[1]。

(2)法国石油研究院和法国国际机械学会研制的液压式遥控可变径稳定器[2]。

(3)英国Andergauge公司研制的可变径稳定器,由本体、可伸缩活塞、内轴、锁定机构和密封件组成[3]。

(4)Halliburton公司于1994年研制的HVGS(Highly Variable Gauge Stabilizer)液压遥控式可变径稳定器系统[4]。

二、偏置导向钻井工具

采用旋转导向钻井技术,在轨迹控制过程中钻柱一直处于旋转状态,克服了滑动导向系统所遇到的摩阻和井眼清洁等问题。但可变径稳定器只能用于简单的二维井身剖面,通过地面人工开环控制,对于复杂结构和特殊作用井眼不能满足实时控制要求,因此必须研制井下全方位可调的工具。由于上下行通道信息传输的难度和效率,只能将微处理器移到近钻头处形成井下闭环回路。目前的井眼轨迹全方位闭环可调井下工具主要是可控偏心器(Controllable Bias),该工具的造斜定向方式(偏置方式)有2种:内置可调式和固定静态式。

可调式导向工具由偏置装置和伺服装置构成。偏置装置直接和钻头连接,其上的导向伸缩块随钻头一起旋转,在造斜过程中,每旋转一圈,偏心导向块依次伸出和收缩一次。造斜方向的定位由相对井眼轴向位置在空间保持不动的控制轴确定。伺服控制装置安放在钻铤内部的轴承上,可自由转动,其密封压力壳和偏移装置控制轴以机械方式连接,压力壳的外面是一个涡轮驱动器,它带动一个发动机的永久磁极结构旋转。该发动机相当于转矩装置,通过控制压力壳内电枢绕阻上的可变电流,可以用电子仪器控制从涡轮驱动器传递到压力壳的转矩。该转矩装置在伺服回路中的作用是平衡来自轴承和偏置装置的可变摩擦转矩。可调式导向造斜装置的结构见图1,图2。

偏置装置由3个伸缩滑块及控制3个滑块伸缩的控制阀组成。伸缩块的伸缩由钻井液提供动力,并由控制阀分配。当导向工具处于工作状态时,伸缩机构的伸缩块在高压钻井液作用下向外推出,与井壁接触,并给井壁施加一作用力F。导向工具作用在井壁上的力与钻具内部钻井液压强p_i、环空压强p_o及导向伸缩块截面积A之间的关系为:$F=A(p_i-p_o)$。伸缩翼肋对井壁的作用是在钻头每一转的过程中获得的动态效应。

固定静态式偏置机构是一个相对于井眼轴线不旋转的机构,旋转的驱动轴穿过该装置与钻头相连接。固定式偏置机构带有4个或3个导向伸缩块,靠液压或机电机构驱动。只有当控制命令改变时,偏置机构才改变伸缩块的状态,用于获得控制所需的偏移矢量或补偿偏置机构和井壁之间的相对旋转滑动(平衡或抵消这种旋转滑动作用)。目前国内也开始了这方面的研究,采用固定静态式结构,结构原理见图3,图4。

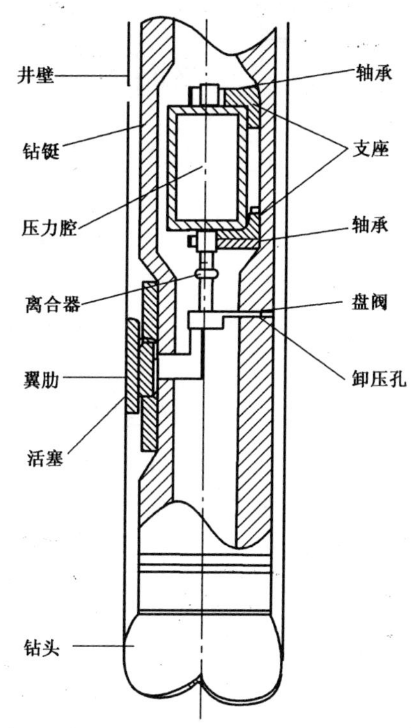

图 1　可调节式旋转导向工具示意图

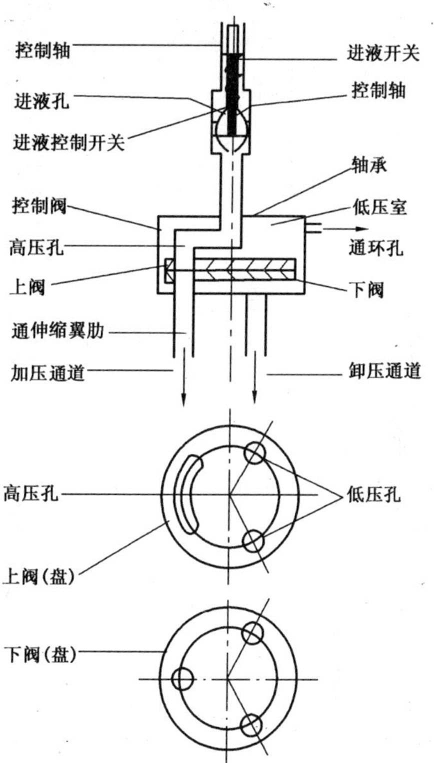

图 2　控制阀结构示意图

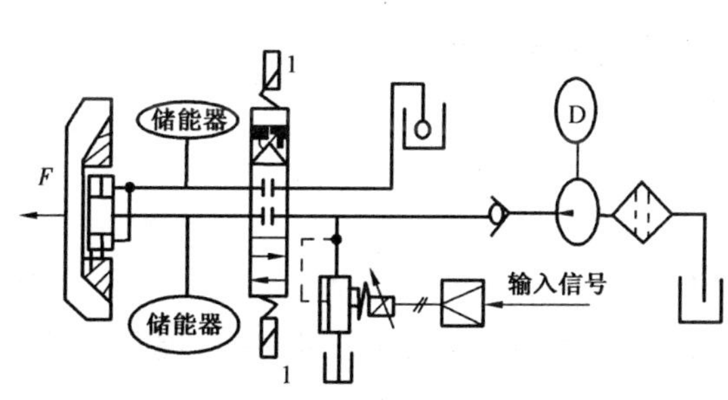

图 3　固定静态式液压系统原理图

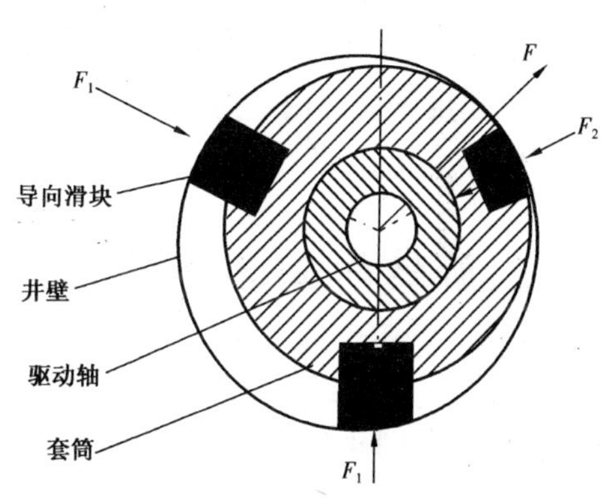

图 4　静态偏置机构井底受力图

控制过程中，电子伺服系统发出指令对液压部分进行控制。当电磁阀 1 作用时，油泵驱动油缸活塞向外推出，连在活塞上的滑块推动偏置机构的导向伸缩块向外运动，和井壁接触产生一个侧向推力，当电磁阀 2 作用时，油缸泄压，导向伸缩块收回。井下电子仪器和液压装置对非旋转套筒的定向是通过调节每个导向滑块上的导向力和侧向伸出量，形成合力矢量。导向力同时防止了滑套的转动，其大小和工具的造斜率成正比，方向与实钻井眼轨迹位移偏差矢量指向相反或指向造斜方向。固定式导向工具的偏置矢量是静态的，伸缩块相对井壁的周向位置保持不变。钻进过程中也可通过地面指令进行干预，控制过程框图见图 5。

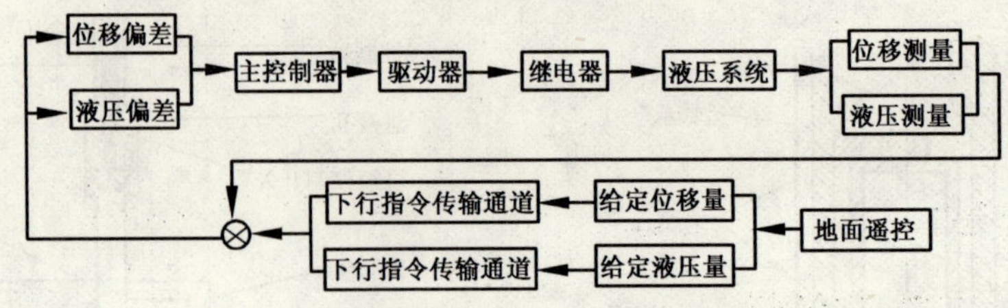

图5　静态可控偏心器调控过程框图

在偏置机构的2种方案中，控制系统都能对导向工具（偏置机构）的导向伸缩块起作用，并且都有一个相对不转动的部分。井下工具的工具面是在井下闭环控制的，可以脱离地面的控制，必要时也可地面干预。

调节式导向偏置机构的偏心部分和钻柱本体之间没有相对的转动，为伸缩块提供了较大的径向活动空间，可用于小直径井眼钻井；导向力是通过控制轴和井眼环空的钻井液压力差作用于伸缩块产生的。但是，调节式结构的间歇冲击力大，并且旋转状态下导向块的反应速度很快，如果通过增加伸缩块的数量来提高连续性会导致结构设计的困难。直接用钻井液作为动力会对导向装置的密封有一定的腐蚀。另外，对调节式偏置机构造斜能力的精确控制或闭环控制比较困难。通过地面的泥浆泵泵压或排量调节，难以精确掌握，现场也不愿意对泥浆泵参数作大的调整。因此，很难用调节式偏置机构实现完全井下闭环。

相对而言，固定式偏置机构可利用空间小，对结构设计、液压系统和电路控制单元的要求很高，难度也很大。但该装置的伸缩块固定地支撑于井壁，产生的静态合力矢量对钻柱没有动态冲击；可通过调节每个导向滑块伸缩量和侧向力的大小实现对井斜和方位的调整，也可用来对套筒滑动作自适应性调整，不用转动非旋转套筒，也不用伺服系统的控制；如果在套筒上内置重力加速度和磁通门传感器测得钻头附近的井斜和方位，和MWD，LWD相配合，就可以构成井下闭环控制。

三、旋转导向闭环钻井系统

（1）德国用于超深井防斜的垂直钻井系统VDS（Vertical Drilling System）[5]，主要是为了保证大陆超深井KTB工程项目的完成，其中VDS5型系统由井下工具、钻柱、压力传感器、地面控制装置和遥控司钻显示器组成，井下工具分为不旋转外壳和转动轴2部分。转动轴下端与钻头相连，上端与马达的万向轴相连；外壳由一个液压自动控制的类似可变径稳定器的装置组成，该装置有4个液力操作的活塞和4个可伸缩翼肋。马达上部的不旋转部分装有控制导向作用的螺旋控制阀、传感器、全数字电子仪器和发电机。当井眼发生偏斜时，朝井眼高边的翼肋受液压控制自动伸出，在钻头上产生一个向低边的侧向力，自动纠正井斜。英国石油公司基于同样原理推出了钻水平井的样机，该系统配备井下发电机、井下微处理器和2个可变径稳定器。系统实行井下闭环控制，即不用地面发指令可将井眼轨迹自动调整到预定的水平状态。它利用液压启动器给井壁施加侧推力，以引导钻头沿预定轨迹前进。

（2）美国能源部提出的自动钻井系统ADD（Automatic Directional Drilling）[6]，是一种能够

精确地沿着预存储在井下微处理器中的设计轨迹平滑钻进，实现井下自动控制的钻井系统。该系统在近钻头和距钻头3.35～6.10m(11～20ft)处设置了2个可控偏心稳定器，近钻头的偏心稳定器是不旋转的。通过2个稳定器来产生偏心度以改变井眼轴线的空中姿态，或由下稳定器在钻头上形成一个侧向推力。每个可控稳定器上各有4个可伸缩的翼肋，带有传感器的翼肋接触井壁还可测出井径，翼肋的伸缩由小功率马达控制。稳定器上带有随动控制器，可以在地面遥控，也可在井下自动控制。

(3)Cambridge Radiation Technology Ltd. 公司的自动导向系统AGS(Automated Guidance System)[7]是一种闭环定向钻井工具，长9m的AGS是放在近钻头稳定器和钻杆稳定器之间的一个自容性设备。该系统内的计算机能精确的控制井抖和方位，钻直井段时，它能自动检测出小的井眼轨迹偏移，并作出小的修正，保证钻一个直井眼；当要改变轨迹时，AGS会产生一个最大曲率为2.2°/30m的平滑轨迹。

(4)英国CAMCO公司推出的旋转导向钻井系统SRD(Steerable Rotary Drilling)[8]，主要由偏置装置(可调式)和伺服装置构成。偏置装置直接与钻头连接，具有3个可伸缩衬块，通过压力泥浆驱动器和井眼接触，每个衬块每转一周动作一次，方向指向设计造斜方向的反向井壁；控制装置可在钻铤的轴承上转动，其密封压力壳和偏移装置控制轴以机械方式连接，压力壳的外面是一个涡轮驱动器，它带动一个发动机的永久磁极结构旋转。该发动机相当于转矩装置，通过控制压力壳内电枢绕组上的可变电流，可以用电子仪器控制从涡轮驱动器传递到压力壳的转矩。该转矩装置在伺服回路中的作用是平衡来自轴承和偏移装置的可变摩擦转矩。

(5)Bake Hughes公司的旋转导向钻井系统RCLS(Rotary Closed Loop System)[9]，采用固定静态式偏置机构，主要包括：非旋转滑套，其上有3个可伸缩滑块；可转动驱动轴，位于滑套内和钻头连接；固定在滑套上部可转动段的上稳定器、无磁短节、地层评价仪(可选)和另一个稳定器。固定在滑套内的液动装置可控制滑动块，进而选择性的改变液动伸缩块与井壁的径向接触力，合力指向造斜方向，力的大小和造斜率成正比。

四、结束语

(1)旋转导向闭环钻井技术是井眼轨迹控制技术今后钻井工具的发展方向。钻柱的连续旋转减少了摩阻，可以有更长的水平位移，具有更大的延伸能力；清洁井眼，减小卡钻的风险，无需起下钻调整工具面，提高了钻井效率，及时调整作业提高了控制的精度；导向时可使用最优钻压值，提高了机械钻速，发挥钻头最佳效能。

(2)井下闭环钻井技术的核心是井下导向工具的研制。传统导向马达自身的缺点限制了其应用，可变径稳定器只能用于井斜调整，要实现闭环控制必须研制全方位可调导向工具。

(3)井下闭环导向工具偏置机构的2种方式中，内置可调式结构简单，空间利用上有很大的优势，但实现井下闭环精确调整很难；固定静态式结构设计上虽复杂，但对井下工具没有动态冲击，对偏置机构的控制也要灵活得多，近钻头的非旋转部分有利于传感器的安装。要实现井下闭环的精确控制，静态式可调偏置机构是发展方向。

参考文献

[1] 孟庆昆，何京，马家骥．遥控变径稳定器的设计与应用．石油矿场机械，1994(3)

[2] 王培义,刘新玲,赵旭亚等. 水平井钻井新技术. 断块油气田,1998,5(4)
[3] 董丽娟,阎崇彬译. 可调稳定器在大位移旋转钻井中的有效应用. 国外钻井技术,1996,(4)
[4] Oell AC, et al. Application of a Highly Variable Gauge Stabiliezr at Wytch Farm to Extend the ERD Envelop. SPE30642. 1995
[5] C. J: Dc Peter, Mark D. Zoback, et al. Complications with Stress Tests – Insights from a fracturc experiment in the ultradeep KTB borehole. SPE 36437. 1996
[6] Patton Bob J. Automatical Directional Drilling Shows Promise. Petroleum Engineer International. 1992. 4
[7] Steve Bell. Innovative Methods Lower Drilling Coats. Petroleum Engineer International. 1993. 2
[8] Barr JD, Clegg JM. Steerable Rotary Drilling With an Experimental System. SPE29382
[9] Sandro Poli, Fronco Donati. Advanced tools for Advanced Wells; Rotary Closed Loop Drilling System—Results of Prototype Field Testing. SPE36884

本文原发表于《断块油气田》2001 年第 2 期

现代井下钻井工具及旋转导向闭环钻井系统

张进双[1]　胡金艳[2]

（1 中国石油大学石油天然气工程学院　2 西安交通大学）

【摘　要】大位移井和复杂井眼轨迹的控制须实现连续旋转井下闭环导向钻井，这一需求推动了井眼轨迹控制手段的提高，为此，探讨了适用于旋转导向闭环钻井的井下工具的发展概况，提出了比较可行的井下钻井工具发展和研究方向。研究结果表明，应重视旋转导向闭环钻井技术的发展，静态式可调偏量机构是井下闭环控制的主要方式，应采用直接侧向力法控制钻头轨迹。

【关键词】钻井工程　井眼轨迹　旋转导向　闭环控制　钻井工具

自 R. L. Monti[1]等重新提出闭环钻井理论以来，实现连续旋转井下闭环导向钻井已成为石油工作者的重要研究课题。利用现有的动力导向技术不利于 PDC 钻头的选择，“滑动”方式下大摩阻的存在使井底工具面的控制难度加大，尤其是难以实现井底钻压，不能实现井眼大位移延伸。为了减小摩阻，使钻柱具有更强的延伸能力，实现对井眼轨迹的精确控制，近年来国内外纷纷致力于研究井下可控工具和旋转导向闭环钻井系统。笔者对井下钻井工具的发展概况及适用于旋转导向闭环钻井的井下工具进行探讨。

一、钻井业的需求变化

钻井理论的发展和实际需求推动着井眼轨迹控制手段的提高。顿钻钻井及 20 世纪 30 年代以前的旋转钻井，主要是垂直钻井[2]，这一时期研究的中心问题是纠斜及保证在一定的井斜范围内施加更大的钻压，以提高机械钻速，降低钻井成本。20 世纪 60 年代后定向井、丛式井、水平井有了较大的发展，在 20 世纪 90 年代已成为钻井技术人员优先考虑的方式。目前，对水平井眼轨迹的控制能力达到了相当高的水平，利用地质导向技术可将整个水平段控制在 0.3m 的范围内[3]。近几年来，大位移井技术 ERD 开始为人们所重视，主要用于井场设置困难的地区尤其是近海油田的开发区。大位移井可以节省建钻井平台和人工岛的费用，使总体开发成本降低。为使开采多层系油藏和打探井更为灵活有效，同时也为了在钻井过程中消除地层因素的不确定性干扰，国内外又纷纷开始闭环导向钻井的研究。

钻井方式需求的变化促使钻井工具也在不断地改进。早期直井钻井，所用的井下工具主要是为了“防斜打直”[4]。传统的防斜纠斜组合工具有塔式钻具组合、钟摆钻具组合、满眼钻具组合、偏心钻铤防斜钻具组合、HCY 防斜装置。比较新型的防斜纠斜钻具组合主要有基于力学理论分析的柔性钻具组合、大钻压下钻柱螺旋屈曲和涡动动力防斜模型、高效防斜技术接头。

随着定向井、水平井钻井技术的生产应用日益增多，各种相应的井下导向工具相继出现。

张进双，(1973—)，男（汉族），河北唐山人，从事油气井信息工程研究。

早期使用的是转盘钻进造斜工具,如槽式变向器(Whip - stock)[5]、套筒性方位控制器及各种特殊结构钻头等,目前应用最为广泛的是井下动力钻具[6]。对于大斜度井和大位移井,常规动力钻具已很难甚至不可能满足需要,因而出现了连续旋转导向的井下工具。要完成复杂井眼轨迹,尤其是真正实现井下闭环控制,传统钻井工具已不能满足要求,必须研制更加灵活的全方位可调的旋转导向井下工具,其核心是能在旋转状态下按控制指令动作改变作用在钻头的合力或改变钻具偏心程度的偏置导向机构。将井下可控工具和随钻测量工具或随钻测井仪相结合,可实现钻头处的前端控制,即井眼轨迹控制的几何导向或地质导向。

二、可变径稳定器旋转导向工具

20 世纪 80 年代的常规导向钻具由弯接头和动力钻具组成,能够连续控制井眼轨迹的导向,导向泥浆马达以“滑动”和“旋转”方式钻进。在滑动方式下钻柱不旋转,可改变井斜和方位,使钻头沿特定的方向钻进;在旋转方式下钻直井段和稳斜段。其局限性主要表现为:(1)以“滑动”方式开动井下马达时,上部钻柱不动导致摩阻增大;(2)造斜时定向困难;(3)井眼清洁困难;(4)限制 PDC 钻头的优选。近年来随着大位移井数量的增加,上述问题越来越突出。为了适应这种需求变化,出现了可用于旋转导向钻井的遥控可变径扶正器,即操作人员在地面操作,通过改变井下稳定器的直径来改变井下动力钻具组合的力学特性。按遥控方式分主要有:钻井液排量控制法、投球控制法、钻压控制法和电控法。国内外目前主要有以下几种可变径扶正器:(1)石油勘探开发科学研究院研制的 YW - 178 型遥控变径稳定器[7];(2)法国石油研究院和法国国际机械学会研制的液压式遥控可变径稳定器[8];(3)英国 Andergauge 公司研制的可变径扶正器[9];(4)1994 年 Halliburton 公司研制的 HVGS(Highly Variable Gauge Stabilizer)系统[10]。

三、现代旋转导向闭环钻井系统

利用旋转导向钻井技术,在钻头轨迹控制过程中使钻柱一直处于旋转状态,克服了滑动导向系统所遇到的摩阻和井眼清洁等问题。但可变径稳定器只能用于二维井身剖面,不能满足复杂结构和特殊井眼的实时控制要求,因此必须研制井下全方位可调的工具。20 世纪 90 年代以后,在研制各种自动控制井眼轨迹钻井技术过程中,提出并开始实践以下几种控制系统:

(1)德国用于超深井防斜的 VDS 垂直钻井系统[11],主要是为了完成大陆超深井 KTB 工程项目,其中 VDS5 型系统由井下工具、钻柱、压力传感器、地面控制装置和遥控司钻显示器组成,井下工具分为不旋转外壳和转动轴两部分。转动轴下端与钻头相连,上端与马达的万向轴相连;外壳由一个液压自动控制装置组成,该装置有 4 个液力操作的活塞和 4 个可伸缩翼肋。马达上部的不旋转部分装有螺旋控制阀、传感器、全数字电子仪器和发电机。当井眼发生偏斜时,井眼高边的翼肋受液压控制自动伸出,在钻头上产生一个向低边的侧向力,自动纠正井斜。英国石油公司基于同样原理推出了钻水平井的样机,该系统配备井下发电机、井下微处理器和两个变径稳定器。系统实现井下闭环控制,即不用地面发指令而将井眼轨迹自动地调整到预定的水平状态。它利用液压启动器给井壁施加侧推力,引导钻头沿预定轨迹前进。

(2)美国能源部提出的 ADD 自动钻井系统,是一种能精确沿着预存储在井下微处理器中的设计轨迹平滑钻进、能实现井下自动控制的钻井系统。该系统在近钻头和距钻头33.5~61cm处设置了2个可控偏心稳定器,近钻头的稳定器不旋转。通过两个扶正器产生的偏心度改变钻具组合轴线的空中状态,或由下稳定器形成一个侧向推力。每个稳定器各有4个可伸缩翼肋,带有传感器的翼肋接触井壁时还可测出井径,翼肋的伸缩由马达控制。稳定器上带有随动控制器,可在地面遥控,也可在井下自动控制。

(3)Steve Bell研制的AGS自动导向系统,是一种闭环定向钻井工具,9m长的AGS放在近钻头稳定器和钻杆稳定器之间的一个自容性设备中。系统内的计算机能精确控制井斜和方位。当钻直井段时,它能检测出井眼轨迹出现的小偏移,并做出相应修正;当要改变钻进方向时,AGS会产生一个最大曲率为2.2°/30m的平滑轨迹。

(4)英国的CAMCO公司推出的SRD旋转导向钻井系统[12]。该系统主要由偏置装置和伺服装置构成:偏置装置直接和钻头连接,具有3个可伸缩衬块,通过钻井液压力驱动器和井眼接触;控制装置可在钻铤的轴承上转动,其密封压力壳和偏移装置控制轴以机械方式连接,压力壳的外面是一个涡轮驱动器,它带动一个发动机的永久磁极旋转。

(5)Bake Hughes公司的RCLS旋转导向钻井系统[13]。主要包括:非旋转滑套,固定在滑套上部可转动段的上稳定器、无磁短节、地层评价仪(可选)和另一个扶正器。固定在滑套内的液动装置可控制滑动块,进而选择性的改变液动伸缩块与井壁的径向接触力,合力指向造斜方向,力的大小和造斜率成正比。该系统可实现连续旋转钻进和全方位控制。

四、旋转导向闭环钻井系统对比

在上述几种闭环导向系统中,前两种只能用于水平或垂直二维井段的井斜调整。后3种能够实现全方位井眼轨迹闭环控制。

1. 导向技术

几十年来,人们试图利用传统的预测技术实现对井眼轨迹的有效控制(即:试图通过BHA力学分析计算BHA的力学特性;通过研究钻头和岩石的相互作用分析地层的影响,预测和控制钻头在地层中的钻进方向)。但有时调整钻井参数不能使钻头达到最优工作状态,而且众多未知因素干扰和实钻时参数的动态变化,尤其是地层性质的不确定性也降低了预测的精确性。因此必须采用新的导向技术来实时调整井眼轨迹。

按井下工具的工作方式,导向技术分为滑动和旋转两种类型。滑动方式有其致命缺点,Barr等人也从控制论角度否定了这种方法。旋转导向技术按测量技术分为几何导向技术和地质导向技术。(1)几何导向技术根据预先设计的井眼轨迹实时控制井下导向工具,能消除实钻轨迹和预设轨迹的偏差,使钻头沿设计的井眼轨迹钻进。(2)地质导向技术不需要预设轨道,而是根据随钻测井仪等仪器探测到的近钻头处的地层特性、井眼轨迹参数,随时调整钻头前进方向,使钻头以最优方式穿过油层或复杂地层,美国Anadrill公司已成功地应用了地质导向技术。从两种技术的控制目标和控制参数上看,地质导向技术包容了几何导向技术,具有更大的灵活性。但几何导向技术比地质导向简单,实施起来难度小得多。

2. 导向工具

由于上、下行通道信息传输的难度和效率问题，只能将微处理器移到近钻头处形成井下闭环回路。目前的井眼轨迹全方位闭环可调井下工具主要是可控偏心器，该工具的造斜定向方式主要有两种：内置可调式和固定静态式。

内置可调式主要由偏置装置和伺服装置构成：(1)偏置装置直接和钻头连接，其上的导向伸缩块随钻头一起旋转，在造斜过程中，每旋转一圈，导向块伸出和收缩一次。造斜方向的定位由控制轴确定；(2)伺服控制装置安放在轴承上，可自由转动，其密封压力壳和偏移装置控制轴以机械方式连接。压力壳的外面是涡轮驱动器，它带动发动机的永久磁极旋转。该发动机相当于一个转矩装置，通过控制电枢绕组的可变电流来控制从涡轮驱动器传递到压力壳的转矩。该转矩装置可平衡来自轴承和偏置装置的可变摩擦转矩。英国 CAMCO 公司推出的 ARD 旋转导向钻井系统就是这种情况，导向造斜装置的结构如图 1、图 2 所示。

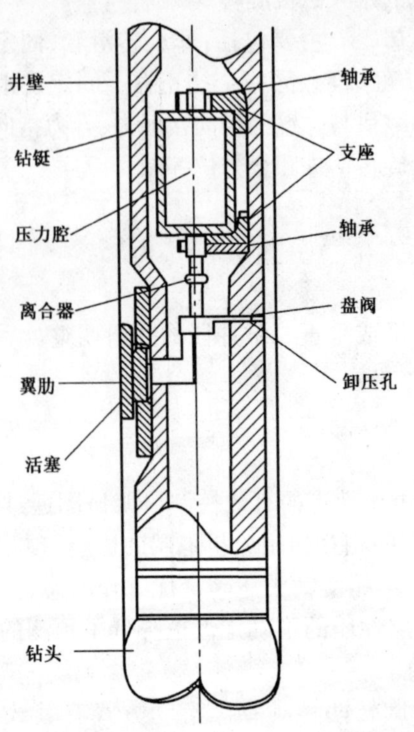

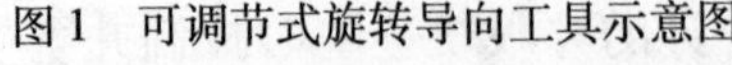

图 1　可调节式旋转导向工具示意图

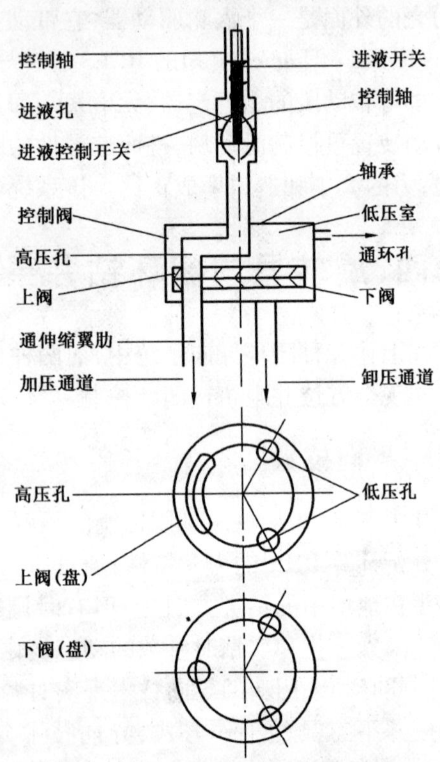

图 2　控制阀结构示意图

该装置由 3 个伸缩滑块和 3 个控制阀组成。钻井液提供伸缩块伸缩的动力，并由控制阀分配。当导向工具处于工作状态时，伸缩块在高压钻井液作用下向外推出，与井壁接触，给井壁施加一作用力 F。力 F 与钻具内部钻井液压力 p_i、环空压力 p_0 及伸缩块截面积 A 之间的关系为 $F = A(p_i - p_0)$。

固定静态式偏置机构是一个相对于井眼轴线不旋转的机构，旋转的驱动轴穿过该装置，与钻头相连接。固定式的偏置机构带有4个或3个导向伸缩块，靠液压或机电机构驱动。当控制命令改变时，偏置机构改变伸缩块状态，获得控制所需的偏移矢量或是补偿偏置机构和井壁之间的相对旋转滑动。Bake Hughes公司的RCLS系统就采用了这种方式，结构原理如图3所示。

井下电子仪器和液压装置对非旋转套筒的定向通过调节每个滑块上的导向力和侧向伸出量形成合力矢量。导向力防止了滑套的转动，其大小和工具的造斜率成正比。固定式导向工具的偏置矢量是静态的，伸缩翼肋相对于井壁的周向位置保持不变，控制过程框图如图4所示。

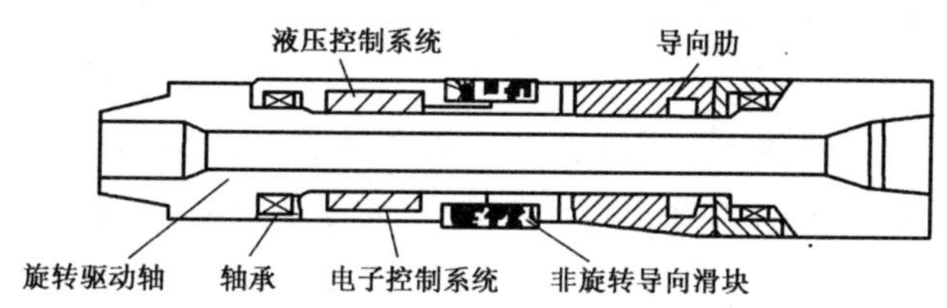

图3　静态式偏置机构示意图

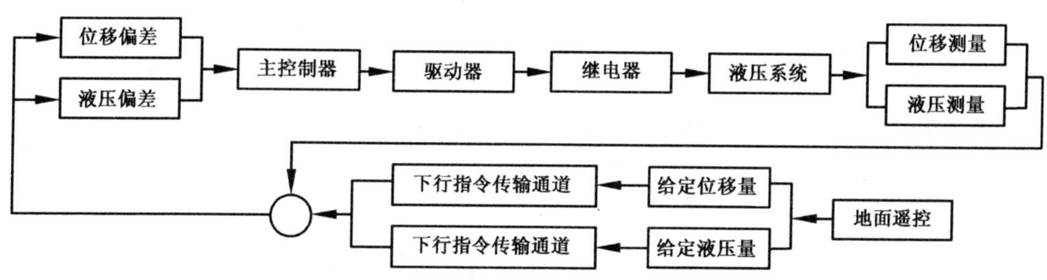

图4　静态可控偏心器调控过程框图

调节式导向偏置机构为伸缩块提供了较大的径向活动空间，可以在小直径井眼钻井时采用；导向力通过控制轴和井眼环空的钻井液压力差作用于伸缩块，结构比较简单。但是，调节式结构的间歇冲击力大，旋转状态下导向块的反应速度很快，如果用增加伸缩块的数量提高连续性不利于结构设计。直接用钻井液作为动力会腐蚀导向装置的密封件。另外，很难对调节式偏置机构造斜能力进行精确或闭环控制，因此，很难对调节式偏置机构实现完全井下闭环控制。

相比较而言，固定式偏置机构可利用空间小，对结构设计、液压系统和电路控制单元的要求很高，难度也大。但该装置的伸缩块固定支撑于井壁，产生的静态合力矢量对钻柱没有动态冲击；调节每个滑块伸缩量和侧向力的大小能调整井斜和方位；如果在套筒上内置重力加速度和磁通门传感器或与MWD、LWD相配合就构成了井下闭环控制。

3. 导向工具用于钻头轨迹控制机理

对井眼轨迹的控制，主要是通过对钻头施加1个侧向力、使钻头倾斜或者是二者结合这3种方式。按照控制机理将其分为两种方法：(1)间接侧向力法，偏置机构安装在近钻头稳定器的上方，向井眼的高边施加一个间接侧向力。(2)直接侧向力法，用自动定向偏置工具在靠近钻头处施加一个侧向力控制井眼轨迹。如RSD系统和RCLS系统就是靠可控偏置机构对井壁施加一侧向力，在导向工具和钻头处产生相反的作用力。

直接侧向力法中导向工具靠近钻头，对钻头侧向力的控制精确度高。更重要的是，该方法提供了一个近钻头的不旋转部分，可以将重力加速计传感器和磁通门传感器装在这个位置，方便地测得近钻头处的井斜和方位参数。这种滚动稳定式传感器可以直接利用为导向马达建立的计算技术，而且相对于捷联式安装的传感器，加速度计的频谱响应要求低，在设计时可将抗冲击和震动的指标降低。

五、井下钻井工具发展方向

(1)旋转导向闭环钻井技术是井眼轨迹控制技术未来的发展方向。钻柱的连续旋转减小了摩阻，可以有更长的水平位移和更强的延伸能力；使井眼清洁，减小卡钻的风险；无须起下钻调整工具面，提高了钻井效率；能及时调整作业，井眼更加光滑，提高了控制的精度；导向时可使用最优钻压值，提高了机械钻速，更能发挥钻头的效用；井下闭环旋转导向钻井也使井眼轨迹控制更为精确。

(2)井下闭环钻井技术的核心是研制井下导向工具。传统导向马达自身有重大缺陷，可变径稳定器只能用于井斜调整，要实现闭环控制必须研制全方位可调导向工具。

(3)井下闭环导向工具偏置机构的两种方式中，为了实现井下闭环的精确控制，应采用静态式可调偏置机构。

(4)应采用直接侧向力法实现钻头的控制。

参 考 文 献

[1] MONTI R L, et al. Optimezed Drilling - Closing the Loop[R]. The 12th World Petroleum Conference, 1987

[2] 苏义脑，等译．定向钻井[M]．北京：石油工业出版社，1995

[3] 孙振纯，许岱文．国内外水平井钻井技术现状初探[J]．石油钻采工艺，1997，19(4)：6～12

[4] 刘希圣．钻井工艺原理(上、中、下册)[M]．北京：石油工业出版社，1994

[5] 白家祉，苏义脑．井斜控制理论与实践[M]．北京：石油工业出版社，1990

[6] 李克向，等．井下液动钻具[M]．北京：石油工业出版社，1991

[7] 孟庆昆，何京，马家骥．遥控变径稳定器的设计与应用[J]．石油矿场机械，1994，23(3)：35～38

[8] 王培义，刘新玲，等．水平井钻井新技术[J]．断块油气田，1998，5(4)：66～70

[9] 董丽娟，阎崇彬译．可调稳定器在大位移旋转钻井中的有效应用[J]．国外钻井技术，1996，11(4)：11～15

[10] OELL A C, et al. Application of a highly variable gauge stabilizer at wytch farm to extend the ERD envelop[J]. SPE 30642, 1995

[11] DC PATER C J, Mark D Zoback, et al. Complications with Stress Tests - Insights from a fracture experiment in the ultra - deep KTB borehole[J]. SPE 36437, 1996

[12] BARR J D, CLEGG J M. Steerable rotary drilling with an experimental system[J]. SPE 29382, 1995

[13] SANDRO Poli, FRONCO Donati. Advanced tools for advanced wells: rotary closed loop drilling system - results of prototype field testing[J]. SPE 36884, 1996

本文原发表于《石油大学学报(自然科学版)》2000 年第 6 期

闭环钻井由地面向井下通讯的一种实现方法

尚海燕　周　静　付　钢

（西安石油大学）

【摘　要】 认为井眼轨迹井下闭环控制的地质导向钻井技术是集钻井、机械、电子、微电子、传感器、控制等技术于一体的高科技工程项目；井下闭环控制必须双向通讯通道，从井下到地面的上行通道已有现成的商品(MWD)，而从地面向井下通讯的下行通道却无成熟的商品。研究探讨下行通道的实现一种方法：在地面按一定的规律对钻柱施加激励，井下检测激励造成的响应，通过一定的编、解码处理，即构成下行信号。室内与油田试验证明，这种方法在正常的井况条件下可以实现信息传递。

【关键词】 钻井系统　井下通讯　压力脉冲　编码方法

闭环钻井离不开双向通讯通道。目前下行通道是世界上正在攻关的难题，国际上有两家已进行现场应用的闭环钻井系统(Autotrak 和 New Power - drive SRD)，它的下行通道的实施方案是以钻井液压力脉冲的调制作为信息的传递方式，详细资料未见相关的报道。从 1995 年起，西安石油学院井眼轨迹控制系统(XTCS)小组开始下行通道的研究工作[1-2]。经过一系列的室内及油田试验后，对下行通道的方案又进行了多次修改与补充。本文在已有的数据和新测试的油田现场数据的基础上，进一步分析了通讯通道的特征及编解码方法，并以修改方案同样进行了一系列室内及油田试验，得到了进一步的结论。

一、钻井时钻柱作为信息通道的特征

下行通道作为一个通讯系统，包括发送端、信道与接收端，若接收端接收的是钻柱的振动信号，那么通讯系统的信道就是钻柱。为了得到最佳的通讯效果，首先必须研究信道的特征，即钻柱在钻井过程中的振动特征。以下分析下钻具至井底、正常钻进、提钻这 3 个阶段中钻柱的振动特征，进而确定编码与解码方法。

1. 起下钻具时钻柱振动的特征

在接立根期间，由于钻杆被大钳卡住，所以在此期间整个钻柱处于静止状态，在钻头附近的加速度为 0。在下放钻具期间，下钻时速度的变化与司钻的操作、制动装置的性能、起升系统的弹性变形以及负载等多种因素有关。由文献提供的无辅助刹车时实测下钻大钩速度的变化曲线图中可以看出，下放一个立根的时间大约在 30s 之内，速度从 0 ~ 2m/s 变化的时间是 10s

尚海燕(1969—)，女，黑龙江齐齐哈尔人，主要从事下行通道的研究工作。

左右，而从 2 ~ 0m/s 的时间大致为 7s[3~5]。为了简化问题，认为钻柱是刚体，与井壁无接触，又不考虑钻井液对钻柱的黏滞摩擦，因而可大致认为这就是井下钻头附近在提钻时的速度曲线。起钻也经历了两个变化过程：卸扣时的静止状态与起钻时的运动状态，这两个状态交替变化，一直到钻头被提至地面。根据文献所述几种钻机的实测结果，起升一个立根的时间在 40 ~ 60s 之间，钻柱上加速度比（文中所测数据均为与本地重力加速度力参照之比值）峰值的变化从 0.06g ~ 0.23g，这些数据是在提升负载为 1100kN 时得到的，并且和其他钻井工艺参数有关[3~5]。图 1 所示的是我们在长庆马岭地区的试验数据曲线，上图是下钻时的压力变化过程，下图是钻头的振动变化过程，从图中可以看出实际结果和理论分析是一致的。

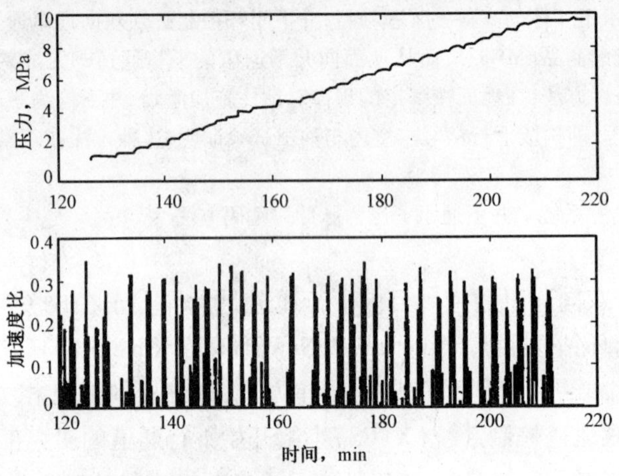

图 1　下钻时钻头附近的压力与振动变化

上提下放时，钻柱所产生的振动一是延续时间比较长，从速度变化曲线上看，速度由 0 变化到最大的时间一般都在 5 ~ 10s 之间，这个参数主要与钻机的性能以及负载有关；如果不考虑钻柱的弹性、井眼的空间姿态以及井眼中的钻井液，简单认为大钩的加速度比就是钻头附近的加速度比，这个加速度比的最大值在 0.23 左右。图 2 是上提钻柱的加速度的时间与频率分布。从中可以看出钻柱上提下放时加速度比的主要特征是时间延续比较长，因而在频谱图上，其频繁分量主要分布在 1Hz 以下；其次是加速度比的峰值较小，在 0.4 以下。

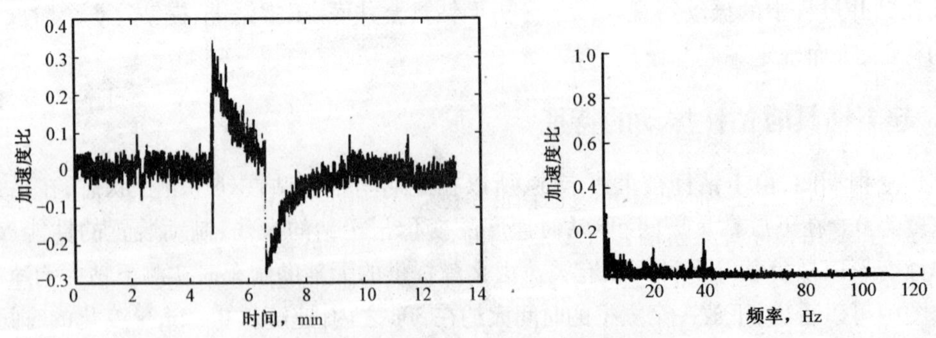

图 2　上提下放时钻柱的加速度比与频率分布

2. 钻进时钻柱振动的特征

实际上，钻进时影响钻柱振动的因素很多，而且它们之间的关系很复杂，钻柱的振动与地层、井眼、井深、钻具组合以及钻头、钻井液等有关，同时它还与钻井工艺参数中的钻压、转速、钻井液排量有关。在正常情况下钻柱的振动是比较平稳的，但是在有些情况下，钻柱也会发生剧烈振动，如谐振和反向涡动，这时候会对钻具造成损坏，钻井操作时要尽量避免这种振动。如果以振动作为信息的载体，并且拥有较好的通讯质量，必须使钻柱工作在稳定正常的状态下。文献给出了一些模型与算法来预测井下钻柱的振动情况，但是，井下工艺的复杂性使得这些模型的精度受到很大的影响[3~5]。由于在下行通道中振动传感器安装在井下距钻头 1 ~2m 的地方，因而钻头附近钻柱的实际振动情况对下行通道解码器的设计指标和技术参数有很大影响。根据文献 Amoco 公司与 Sperry – Sun 公司于 1994 年合作对井下钻柱的振动情况进行了实验室测试与现场测试，这些测试结果可作为利用钻柱传递地面到井下信息的通讯系统的设计依据。图 3 是在长庆测试的钻进时钻头的振动情况。

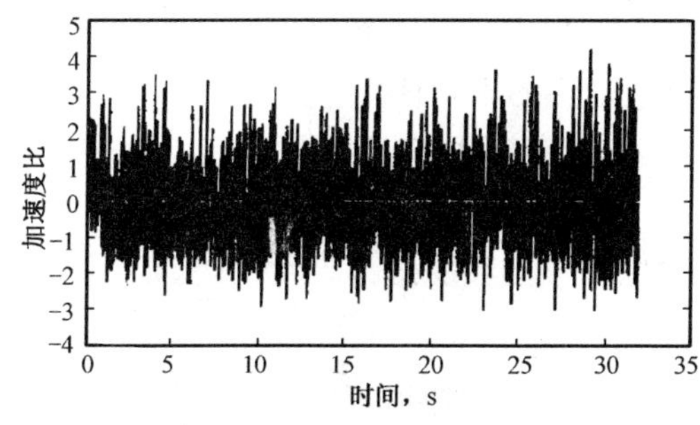

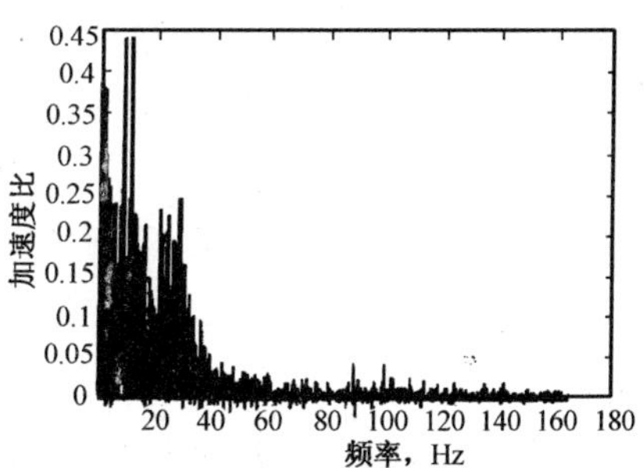

图 3　钻进时钻头的振动情况

钻进时钻柱上加速度比及其频谱的特征图中可以看出，一是钻进时加速度比的频谱中高频分量较多，如果只考虑主要的频率分量的话，转速从 30 ~ 180r/min 时，钻柱上的主要振动频率分量为 1. 5 ~9. 0Hz，典型地如果转速为 120r/min，振动的主频是 6. 0Hz；二是钻进时产生的振动（尤其是横向振动）的幅度值较大，其平均值可达 0. 50 ~3. 0，而振动的峰值则有可能达到 10. 0 以上。

实验说明：在地面活动钻杆（上提、下放或旋转转盘），即施加激励于钻杆，在井底附近钻具有明显的响应。

二、信息编码方法

在分析信道特征的基础上，就可以依据数字通信的原理，确定利用钻柱作为通讯信道的下行通道的方法。从下行通道的任务来看，编码的内容包括两个部分，一是信源编码，也就是逻辑“1”与逻辑“0”的含义；二是信息编码，也就是信源编码的不同组合所代表的不同信息。

1. 信源编码

由于已确定利用钻柱振动信号作为信号传递的载体，那么，钻柱在提钻、下钻与钻进时都会有振动产生,从而使安装在井下钻柱上的振动传感器有信号输出。从钻柱运动的形式来看,包括上提下放与旋转钻进两种。为了使通讯系统有较低的误码率,必须选择合适的“1”,“0”编码。

总之,在上提下放钻具与旋转钻进时,钻柱上振动信号的区别是很明显的,差别之一是钻进时振动信号的频率较高,通常在几到几十赫兹范围内变化。而上提下放时的振动信号频率很低,一般不超过0.5Hz;差别之二是振动的幅度,一般地说上提下放时产生的振动的幅度不超过0.4,而钻进时横向振动的幅度的平均值在0.5~3.0之间。另外从时间轴来看,在30~60s的范围内,上提下放时振动的峰值只出现两次(包括一次负峰值),而钻进时振动信号的峰值在1s之内至少可能出现1.5~9.0次。

根据以上几个方面的特征,可以将信源编码确定为:

若钻柱静止30s,视信源信号为“0”;

若钻柱钻进30s,视信源信号为“1”。

2. 信息编码

1)下行通道要传送的主要信息

在用井下闭环可变径稳定器钻井过程中,下行通道的主要任务包括:

(1)钻具下钻到达井底之后,通知井下闭环可变径稳定器的翼肋位置;

(2)将地面得到的井深传送到井下控制器;

(3)钻井过程结束,在提钻之前,要让可变径稳定器的翼肋全部收回,以便上提等。

2)信息编码方式

下行通道是一个单向的通讯系统,没有反馈通讯错误的通道。再加上传递信号的载体是钻柱上的振动信号,而钻柱的振动又比较复杂,钻井的环境相对又很差,因而为了保证通讯的质量,就必须采用合适的编码方法,以传输信号的误码率足够小为主要设计目标。

信息的编码由两部分组成,即同步码元+信息码元。尽管同步码元的长度越长误码率越小,但钻井操作中根本不允许过长的码元,因为它会造成操作的复杂性甚至会引发事故。因而,综合考虑以上因素,信息码元采用十进制方式,通过组合得到所需信息。同步码元根据需要,设计不同的大于10的数据。

三、下行通道的室内试验

室内试验装置如下:用机械钻床模拟钻机装置,通过变频器调节转速,钻床自身加压装置模拟加压。将下行通道仪器固定在钻床上,开关钻床仿真钻井时司钻开钻和停钻的操作。图4所示是发送深度1233m井深的地面试验举例。室内试验说明:

(1)在振动与静止之间的差异非常显著的条件下,利用振动信号来发送码元是可行的;

(2)正确地按照编码方式进行编码发送码元,尤其是同步头的等待时间足够的条件下,仪器软件可以准确地解码地面信息;

(3)软件的学习功能,增强了软件解码的容错能力,具有一定的自适应功能,并且对门限的初始值不敏感;

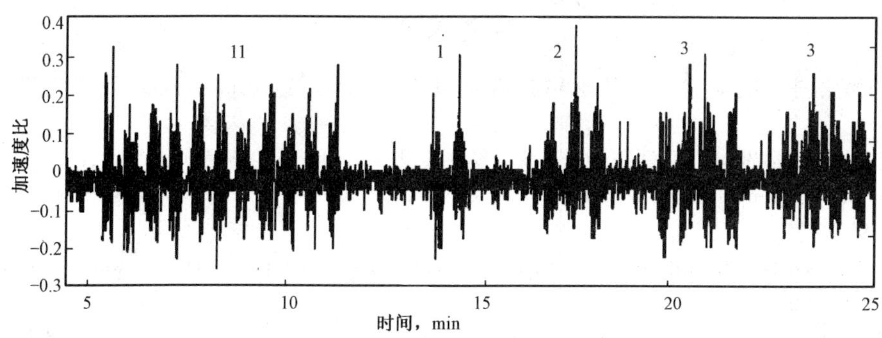

图4　发送深度1 233m的地面试验举例

(4)若振动与静止之间,相差无几的情况下,要寻求某种操作方式,在发送码元时,尽量拉开振动与静止的差距。尤其是现场试验时,注意实测数据的结果,找到最佳发送码元的操作方式。

四、下行通道的现场试验及结果

下行通道仪装在距离钻头2m左右的短钻铤中,钻井过程在预备造斜井段,在地面指挥司钻按照命令编码方式发送下行信息,如下送命令码元11和信息字6,4,图5为现场试验的结果。

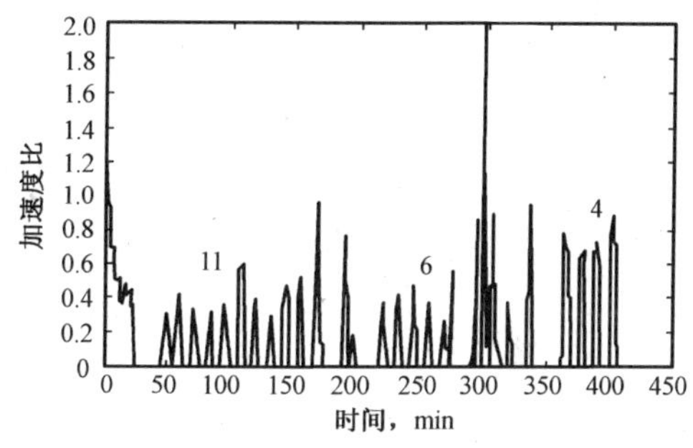

图5　现场试验的结果

五、结论

(1)通过井下实测钻头处的振动信号以及解码地面发送的编码信号并进行解释,可以说明此处采用的方法原理正确,在绝大多数井况下是可行的,试验过程发现,目前的下传信息的方法在操作上还有一定的限制。如时间上的限制和操作方式上的限制。

(2)当使用在大位移井中时,由于水平位移的延伸,摩阻的增大,造成操作人员在地面很难控钻头的理想转动,这时必须增加井下解码软件的容错能力。

(3)编码与解码方式的限制使得振动方式传递信息,传输速率非常低,但与其他信息传递方式(如泥浆压力编码)相比,它的地面设备的代价较小,在经费紧张的情况下,可不需要任何附加的地面设备。

(4)振动方式传递信息有它独特使用的优势,在欠平衡钻井技术中,由于没有液体泥浆,无法用压力方式传递信息,而此时振动恰是最合适的。

致谢:此项工作得到长庆油田钻井二公司的大力支持,使下井试验能顺利进行,在此表示感谢。

参 考 文 献

[1] 周静,尚海燕,李长星等. 钻井时从地面向井下的通讯系统的解码方法[J]. 西安石油学院学报,1999,2(14)

[2] 尚海燕,周静,付鑫生. JYGJ-1 下行通道仪的硬件实现[J]. 西安石油学院学报,1999,1(14)

[3] Dykstra M W, chen D C K, Warren T M. Experiment evaluations of drill bit string dynamics [J]. SPE 28323,1994

[4] Dykstra W, Chen D C K. Drillstring component mass unbalance - A major source of downhole vibrations [J]. SPE 29350,1995

[5] Dubinsky V S H, Henneuse H P. Surface monitoring of downhole vibrations: Pusstan, Eurpean and American Approaches[J]. SPE 24969,1992

[6] 赵国珍,龚伟安. 钻井力学基础[M]. 北京:石油工业出版社,1988

[7] Zannoni S A. Chea Tham C A. Chen C K D. Development and field testing of a new downhole MWD drillstring dynamics sensor[J]. SPE 2634,1993

[8] Pattan B J. Methed an apparatus for surface to downhole communication[P]. U S:3800277

本文原发表于《西安石油学院学报(自然科学版)》2002 年第 2 期

钻井液脉宽调制方法实现下行通道

尚海燕　周　静　付鑫生

（西安石油大学）

【摘　要】 下行通道是闭环钻井不可缺少的一环，在多种实现方法中，并在任务明确的情况下，应以安全可靠、传输效率高、误码率低作为下行通道方案选择的主要指标。文章通过在前期有关下行通道研究的基础上，对照国外现行的方案进行了方案的重新选择。分析了新方案的基本原理，介绍了实现方法及它的继承性和创新性，给出了新方案室内与油田的初步试验结果。

【关键词】 下行通道　钻井液脉宽调制　井下压力　编码　解码

一、引言

目前国内外开发的各种先进钻井技术与工艺中，“井下闭环旋转导向智能钻井系统”最具突破性和战略意义。运用“井下闭环旋转导向智能钻井系统”钻井，犹如向地底发射导弹，钻头将在无人干预情况下，根据预置设计轨迹和钻具组合及钻头所在油藏特征的具体状况，自动沿最佳路线钻达靶心。

水平井、大位移井等定向钻井中，实现井下重要资料和信息从井底向地面的实时传送，将有助于在地面通过改变大钩负荷和转盘转角控制钻头前进的方向。20 世纪 90 年代末，研制出了具有划时代意义的“井下可控导向工具”，如：可变径稳定器、流场变向器、可控偏心器等，它们为实现“井下闭环导向智能钻井系统”提供了必要和充分的客观条件。正如 MWD 技术极大地推动了钻井技术的发展，使钻井从经验走向科学，出现了水平井、大位移井等一样，“井下闭环导向智能钻井系统”为实现大位移、多目标钻井（空间任意曲率轨迹钻井）提供了广阔的发展空间。

文章以井下闭环钻井系统的子系统——下行通道系统为依据，就下行通道实现方法的选择与实现原理，钻井液脉宽调制下行通道的编码方式，其硬件电路与软件实现框图等问题进行了研究与探讨，并给出了由上述方案及设备得到的部分油田试验结果。

二、下行通道方案选择

闭环钻井离不开下行通道，在井眼轨迹控制系统的下行通道实现方案中，从投资的经费与已掌握的技术资料角度考虑首选振动方案，并为此进行了大量室内与油田试验。其经济优势和特定的适用性将促进该方案的进一步完善，但其信息传输率低的特点[1,2]，促使我们寻求新

尚海燕，1969 年生，1994 年毕业于西安电子科技大学电路与系统专业。现在西安石油学院电子工程系工作。邮编：710065

的方案。在检索的文献资料中,钻井液脉宽调制方案是国外目前相对应用较多的方案之一,因此,在实现井眼轨迹控制系统的下行通道方案中又研制了钻井液脉宽调制方法。

三、钻井液脉宽调制方案的基本原理

在钻井正常循环过程中,钻井液的排量是一定的,因此井下环空腔的内外压力差相对也是稳定的。如果在地面或井下合适的位置安装一个旁通阀,旁通掉一部分参与正常循环的钻井液以引起井下的压力发生变化,就可利用井下压力的变化传递下行信息。正常钻井时,井下的压力由于泵压和钻井液柱的作用有个较高的压力值,当进入井口的钻井液排量减少时,井下的压力将变低,这种利用压力变化传递下行信息构成的下行通道又称作钻井液脉宽调制通道。

在钻井液循环系统工作正常、井眼的清洁程度较好的情况下,可通过控制安装在立管上的旁通装置使钻井液的排量有显著的变化。根据理论计算及油田试验测定结果,钻头水眼的压力损失造成的井下环空腔内外压力差为2~3MPa[3]。该压差稳定,可以利用它来向井下传递地面信息。控制钻井液排量变化的时间在地面进行编码,井下检测压力变化信息,并按时间编码的约定进行信息解码。这样,以压力传感器的正常输出范围(旁通关)和低于正常值范围(旁通开)两种情况作为开关量,分别对应信源“1”和信源“0”,再对应下传命令进行编码与解码。由于以开关量进行编码、解码,因此并不要求在地面十分精确地控制钻井液的排量。钻井液排量的地面旁通设备需另行设计安装,并受计算机可控。

四、钻井液脉宽调制下行通道信源的编码方式

若正常压差持续一定周期,则视信源为“1”,若低压差持续一定周期,则视信源信号为“0”。

信息的编码方式借鉴成熟的MWD编码方法,以同步码与脉宽调制方式结合传递信息。传递的信息量在井眼轨迹控制系统中与振动下行通道的信息量基本一致[1]。由于脉宽调制方式传递信息的编码比较灵活,而且相对信息量也可根据需要增加,信息传递效率也显著提高。

信源周期的长度根据实际钻井情况可自行调整以提高信息传递效率。高效和准确的自动调整方法需要MWD上行信息的配合。以井下可识别的最短周期信号来传递信息将是最有效率的。井下的识别软件通过MWD告知地面什么样的周期是现在的井况最短周期,地面计算机控制钻井液地面旁通设备以此周期下传信息。当传递时间要求不是特别严格时,或没有配备MWD时,可延长传递信号的周期,以确保下行信息被检测到。

五、钻井液脉宽调制下行通道硬件构成及软件实现框图

钻井液脉宽调制下行通道是利用井下的压力变化向井下传递地面信息。而井下压力采集子系统已有数年技术积累,硬件配置方面方案成熟可靠。

钻井液脉宽调制通道系统由压力传感器、A/D转换、CPU、非易失RAM、电源电路和机械外壳构成,如图1所示。压力传感器内部接成惠斯顿电桥的形式,当压力变化时,一对电阻阻

值增加，另一对电阻阻值减少，使电桥输出电压改变。电桥通常采用两种供电方式：恒压供电或恒流供电。恒压源供电时，电桥的输出与电源电压的大小、精度及温度有关，这是它的缺点。但使用多个传感器时，供电简便。恒流源供电电桥输出与恒流源的电流大小和精度有关，但与温度无关，这是它的主要优点。因此井下电路中采用恒流源供电。压力传感器的安装要求一个传感器敏感环形空间外腔的压力，另一个敏感环形空间内腔的压力，压差的计算由 CPU 完成。A/D 根据系统精度要求采用 14 位器件。经过井下 CPU 解码接收的下行命令，经井下实时执行的同时，存储在井下的数据存储器中，以便地面的数据回放与处理时进行分析。系统供电用干电池，在井下可连续工作 48h。该压力通道的采集系统在井下的正常工作时间累计已达 600h。

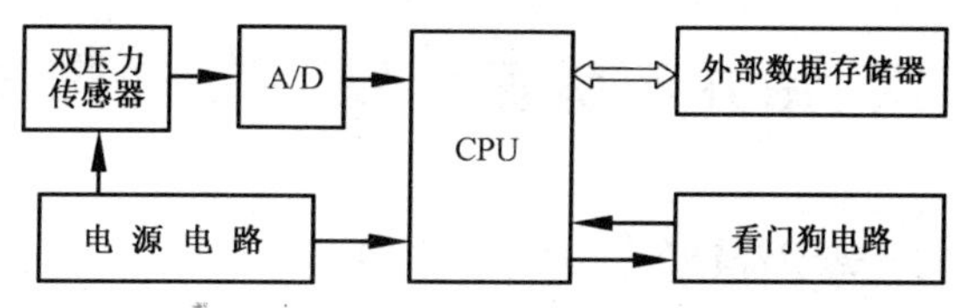

图 1 钻井液脉宽调制通道系统基本构成

与振动方案不同的是，钻井液脉宽调制方案除有井下接收装置外，还必须有地面发送设备，即旁通装置，以改变入口钻井液的排量。

软件的设计，按预置时间间隔定时地采集压力传感器的输出，并判断执行地面命令，同时存贮采集数据。时间间隔及采样点数，即采样密度及采集时间，可根据需要分段设定。在设置并启动后，软件具有自动、有序采集功能，即一旦供电中止，后又重新上电时，软件可保证在断点处接续，直至采集结束。

钻井液脉宽调制通道的主程序和中断子程序框图如图 2 和图 3 所示。

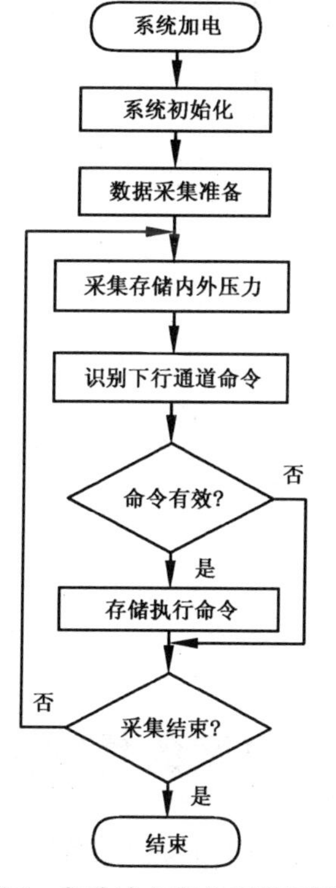

图 2 负脉冲方案主程序框图

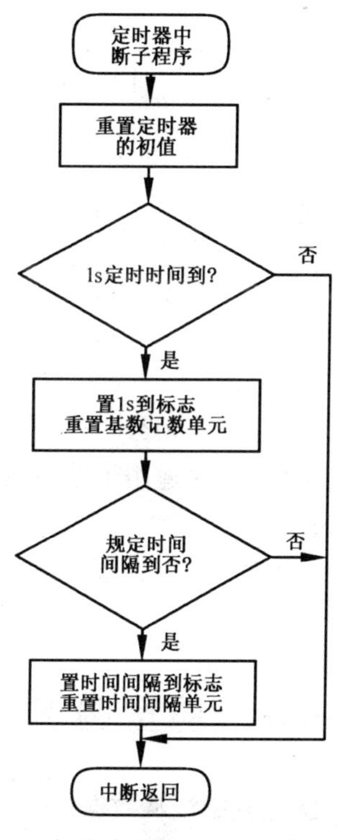

图 3 负脉冲方案中断子程序框图

六、钻井液脉宽调制下行通道试验结果

1. 室内试验

根据以前井下多次测量的压力情况的技术积累，经分析确定软件方案后，进行室内测试。测试方法如下：用计算机的 D/A 板模拟井下的压差信号，送到解码电路。经近 1 个月的测试，解码的误码率可达 10^{-5}。

2. 油田试验

油田试验在长庆钻井二公司井队进行。油田试验结果如下：由于井底压差与泥浆泵排量的平方呈正比例关系，因此，若在井口产生一个排量的差异，便可在井底获得一个大的压差信号。井下的解码软件识别到利用此压差信号进行编码的下行命令，并进行存储和执行。图 4 为钻井液脉宽调制通道油田试验结果，从试验曲线上看，其响应速度是很快的，约 5s 左右。

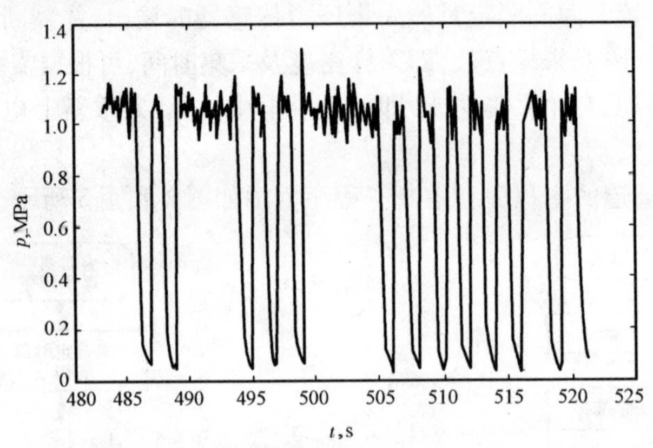

图 4　钻井液脉宽调制通道油田试验结果

3. 小结

（1）通过井下实测钻头附近的环空腔压力信号，钻井液脉宽调制方案是可行的；

（2）智能解码软件适用于钻井液脉宽调制方案，但还需要在更多的井中，特别是大位移井中经受考验；

（3）钻井液脉宽调制方案较少受钻井环境的影响，便于计算机操作，但要增添地面控制设备。

七、钻井液脉宽调制下行通道脉宽调制方案的优缺点

钻井液脉宽调制法从数据传输原理的角度来讲是 PWM，信息传输的质量高，信道的抗干扰能力强。从传递信息的方法上讲，传输的信息量和传递效率也得到了显著提高。这些在国

外的相关资料中得到了证实。它的实现必须有相应的地面设备及必要的资金投入。

由于依赖井下的压力变化传递下行信息，井底环境压力异常时，不利于信息的传递。所以，传递下行通道命令时要求在钻井液循环正常、井下工作环境相对良好的情况下进行。

参 考 文 献

[1] 周静，尚海燕，付鑫生．钻井时从地面向井下通讯系统的解码方法．西安石油学院学报（自然科学版），1999，14（2）

[2] 尚海燕，周静，付钢．闭环钻井由地面向井下通讯的一种实现方法．西安石油学院学报（自然科学版），2002，17（2）

[3] 甲方编写组．钻井手册．北京：石油工业出版社，1990

本文原发表于《石油仪器》2003 年第 1 期

三维井眼轨道设计模型及其精确解

唐雪平　苏义脑　陈祖锡

（中国石油集团钻井工程技术研究院）

【摘　要】 合理的井眼轨道设计是成功控制井眼轨道的关键。准确、快速、合理地设计多约条件下的三维井眼轨道是人们期待解决的问题。文中建立了给定目标点位置和井眼方向的三维轨道设计的一般数学模型，利用矢量分析理论得到了约束变量间的解析表达式和井眼轨道计算式。这种方法避免了求解多维非线性方程组，设计计算简单、精确。应用该模型成功地解决了复杂的多约束条件下的三维井眼轨道设计这一难题，具有普遍适用性，可广泛用于设计各种类型的水平井、定向井和多目标井，为井眼轨道控制提供了更为准确的理论依据。

【关键词】 水平井　定向井　多目标井　三维井眼轨道　设计　数学模型　精确解　计算

一、问题的提出

随着钻井技术的发展，对井眼轨道设计提出了更高的要求。多目标井、侧钻井等的井眼轨道设计及调整轨道设计都是三维的。对目标点无方向限制的定向井三维井眼轨道的设计已得到了较好的解决[1~4]，对目标点有方向限制的水平井三维轨道设计取得了一定的进展[5~8]，但还有待于发展和完善。水平井按井眼轨道设计造斜率 K 的不同，可分为长半径[$K<8°/30m$]、中半径[$K=8°\sim30°/30m$]和短半径($K=1°\sim10°/30m$)3 种基本类型，每类水平井各有其特点及适用范围[9,10]。在 3 种基本类型水平井的基础上，又繁衍形成多种应用类型，如大位移水平井、侧钻水平井、阶梯水平井等。不同类型的水平井对轨道设计的要求不同，如三维大位移水平井的井眼曲率小、位移大，可供调整设计的空间位置大，在轨道控制上可用普通导向钻具来实现；而侧钻中短半径水平井的井眼曲率大、位移小，可供调整设计的空间位置有限，在轨道控制上却要用高造斜率的双弯钻具 DKO(Double Kick - Off)来实现，常常希望设计成单一造斜率的两空间圆弧段的轨道形式，以便工艺上用一套钻具能够完成。

受目标点空间位置及方向的限制以及工艺上的不同要求，须对井眼轨道作三维设计。从几何结构上讲，实现这种要求的三维轨道有无数条。但如何在多约束条件下设计出合理的三维轨道和精确求解轨道设计参数一直是一个难题，目前常采用的方法有：

(1)给出吻合点，即稳斜点的井斜角和方位角。此时须解线性方程组，但解的稳定性差。如果给出的井斜角和方位角不合适，将导致无解。在有解的情况下，也可能因人为给出的参数不合适，造成轨道设计不合理，不便于工艺实施。

基金项目：国家高技术研究发展计划(863)项目(820-09-01-02A)和国家“九五”科技攻关项目(95-108-01-03)资助。

唐雪平，男，1964 年 2 月生，1984 年毕业于西南石油学院，1998 年获中国石油勘探开发研究院硕士学位，现为石油勘探开发研究院钻井所高级工程师。

(2)求解非线性方程组。常见的三维井眼轨道设计模型是一组多维非线性方程组,其求解非常困难。

(3)用优化方法进行轨道设计。建立轨道设计优化模型,通常的做法是以与设计目标偏差最小为优化目标,以决策参数的取值范围为约束条件,在约束区间内优化目标函数,这样就将三维设计问题变化为一个约束优化问题,从而求得约束参数,即轨道设计参数。该方法有实际意义,但对决策参数的初值要求较高,难以给定,因此其应用受到一定限制。

(4)利用迭代法求解。可将水平井三维轨道设计问题转化为定向井三维设计问题,再进行迭代求解。对一般情形而言,这是一个简便且有效的方法。但实践表明,在特殊设计要求条件下,求解某些轨道参数须进行多重迭代,且对求解变量的取值范围给定要求较高,难以求解。

本研究是寻求一种井眼轨道的新设计方法,可求出设计模型的精确解,而且设计轨道模型也具有普遍性、灵活性和实用性,以满足不同的井眼轨道设计要求。

二、数学模型的建立

三维井眼轨道设计模型如图 1 所示。图 1 中空间直角坐标系 $O-XYZ$ 的原点设在井口,X 指向正北,Y 指向正东,Z 向下。S 为设计起始点,s 为始点切线向量,T 为目标点,t 为目标点切线向量。S、T 两点的坐标位置及井斜、方位为已知条件。设计轨道由图 1 中的 L_1、S_1、L_h、S_2、L_2 五段组成,即三维五段制剖面(直线段 + 圆弧段 + 直线段 + 圆弧段 + 直线段)。根据实际需要,设计时令 L_1、L_h、L_2 为零及 $K_1 = K_2$,由此可组成不同设计轨道形式。常见的二维井眼轨道设计剖面是三维五段制剖面的一种特殊形式,因此该模型也可用于通常的二维井眼轨道设计,如二维 S 型和双增剖面。

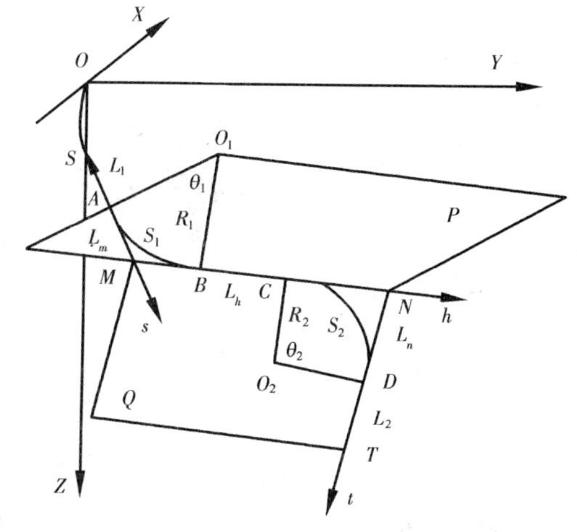

图 1　三维井眼轨道设计模型

在图 1 中,设 $|AD| = L$,$|SA| = L_1$、$|DT| = L_2$,$|AM| = |BM| = L_m$,$|CN| = |DN| = L_n$,$|BC| = L_h$,利用矢量分析理论和空间几何关系可求得以下各式

$$\cos\theta_1 = \frac{T_s - L_m - L_n\cos\theta}{L_m + L_h + L_n} \tag{1}$$

$$\cos\theta_2 = \frac{T_t - L_n - L_m\cos\theta}{L_m + L_h + L_n} \tag{2}$$

$$L_m = \frac{L^2 - L_h^2 - 2L_n(T_t + L_h)}{2(T_s + L_h + L_n - L_n\cos\theta)} \tag{3}$$

$$L_n = \frac{L^2 - L_h^2 - 2L_m(T_s + L_h)}{2(T_t + L_h + L_m - L_m\cos\theta)} \tag{4}$$

$$L_m = R_1\tan(\theta_1/2) \tag{5}$$

$$L_n = R_2\tan(\theta_2/2) \tag{6}$$

式中　T_s 和 T_t 分别为 $|AD|$ 在矢量 $\boldsymbol{s}$、$\boldsymbol{t}$ 上的投影长度，θ 为矢量 $\boldsymbol{s}$ 与 $\boldsymbol{t}$ 间的夹角。

由式(1)~式(6)可求得

$$L_m = f_1(R_2, L_1, L_h, L_2) = (-b + \sqrt{b^2 - 4ac})(2a)^{-1} \tag{7}$$

$$L_n = f_1(R_1, L_1, L_h, L_2) \tag{8}$$

其中

$$a = 4[R_2^2\sin^2\theta - (T_s + L_h)^2]$$

$$b = 8R_2^2(T_t\cos\theta - T_s) + 4(L^2 - L_h^2)(T_s + L_h)$$

$$c = 8R_2^2L_h(T_t + T_h) + 4R_2^2[L^2 - L_h^2 - (T_t + L_h)^2] - (L^2 - L_h^2)^2$$

还可以求得

$$L_m = f_2(R_1, L_1, L_h, L_2) = (-b - \sqrt{b^2 - 4ac})(2a)^{-1} \tag{9}$$

$$L_n = f_2(R_2, L_1, L_h, L_2) \tag{10}$$

其中

$$a = (4R_1^2 - L^2 + L_h^2)(1 - \cos\theta) - 2(T_s + L_h)(T_t + L_h)$$

$$b = 4R_1^2[T_t - T_s + L_h(1 - \cos\theta)]$$

$$c = R_1^2[(L^2 - L_h^2)(1 + \cos\theta) - 2(T_s - L_h)(T_t + L_h)]$$

由式(7)和式(9)或式(8)和式(10)可求得三维轨道设计的约束方程式为

$$f_1(R_2, L_1, L_h, L_2) = f_2(R_1, L_1, L_h, L_2) \tag{11}$$

或

$$f_1(R_1, L_1, L_h, L_2) = f_2(R_2, L_1, L_h, L_2) \tag{12}$$

求出 L_m 和 L_n 后，可求得

$$\begin{cases} K_1 = f(K_2, L_1, L_2, L_h) \\ K_2 = f(K_1, L_1, L_2, L_h) \end{cases} \tag{13}$$

由 K_1 和 K_2 值可唯一地确定三维空间设计轨道。其有解的判别式为

$$\Delta = b^2 - 4ac \geqslant 0$$

三、井眼轨道计算

在求出轨道设计参数后，可计算出轨道关键点 A、B、C、D 的参数和 M、N 两点坐标，从而可求出 BC 稳斜段的单位矢量为

$$\begin{pmatrix} l_h \\ m_h \\ n_h \end{pmatrix} = \frac{1}{|MN|}\begin{pmatrix} X_N - X_M \\ Y_N - Y_M \\ Z_N - Z_M \end{pmatrix} \tag{14}$$

其中

$$|MN| = \left[(X_N - X_M)^2 + (Y_N - Y_M)^2 + (Z_N - Z_M)^2 \right]^{1/2}$$

由此可求出 BC 稳斜段的井斜角为 $\alpha_h = \arccos n_h$，方位角为 $\phi_h = \arctan(m_h/l_h)$，圆弧段长度为 $S_1 = R_1\theta_1$，$S_2 = R_2\theta_2$。

由圆弧段长度 S_1、S_2 和直线段长度 L_1、L_2、L_h 可分别求出 A、B、C、D、T 点所对应的井深。

斜平面内井眼轨道参数计算模型见图 2。在图 2 中，$\angle AO_1B = \theta$，曲率半径为 R，则由单位矢量 $\boldsymbol{s}$ 和 $\boldsymbol{h}$ 可求得单位矢量 $\boldsymbol{r}$ 的方向余弦为

$$\begin{pmatrix} l_r \\ m_r \\ n_r \end{pmatrix} = \frac{1}{\sin\theta}\begin{pmatrix} l_h \\ m_h \\ n_h \end{pmatrix} - \frac{1}{\tan\theta}\begin{pmatrix} l_s \\ m_s \\ n_s \end{pmatrix} \tag{15}$$

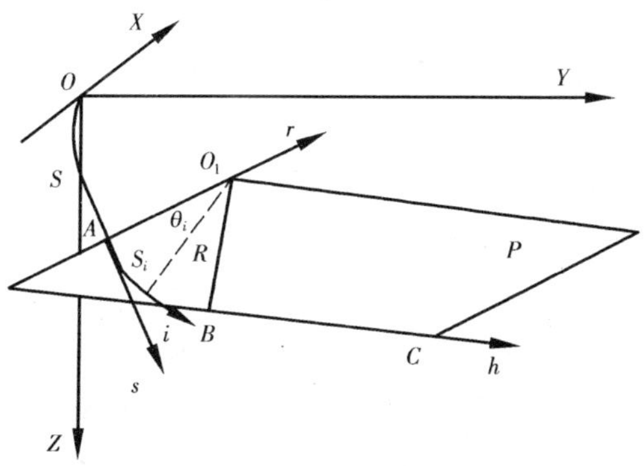

图 2　斜平面内的井眼轨道计算模型

进而，由正交单位矢量 $\boldsymbol{r}$ 和 $\boldsymbol{s}$ 可求得圆弧上任意一点的坐标和切线方向余弦为

$$\begin{pmatrix} X_i \\ Y_i \\ Z_i \end{pmatrix} = \begin{pmatrix} X_A \\ Y_A \\ Z_A \end{pmatrix} + R\left(1 - \cos\frac{S_i}{R}\right)\begin{pmatrix} l_r \\ m_r \\ n_r \end{pmatrix} + R\cos\frac{S_i}{R}\begin{pmatrix} l_s \\ m_s \\ n_s \end{pmatrix} \tag{16}$$

$$\begin{pmatrix} l_i \\ m_i \\ n_i \end{pmatrix} = \sin\frac{S_i}{R}\begin{pmatrix} l_r \\ m_r \\ n_r \end{pmatrix} + \cos\frac{S_i}{R}\begin{pmatrix} l_s \\ m_s \\ n_s \end{pmatrix} \tag{17}$$

由圆弧段上一点的切线方向余弦可求出该点的井斜角 $\alpha_i = \arccos n_i$，方位角 $\phi_i = \arctan(m_i/l_i)$。

在圆弧段轨道上，随着井斜角和方位角的变化，造斜工具装置角将随之变化。根据装置角、工具造斜率和轨道上的两点井斜角间的几何关系式[11]，可推导出斜平面上圆弧段井眼轨道上任一点装置角的直接计算式，为精确控制井眼轨道提供依据。装置角计算公式如下

$$\omega_i = \pm \arccos\left\{\left(n_s\sin\frac{S_i}{R} - n_r\cos\frac{S_i}{R}\right)\left[1 - \left(n_s\cos\frac{S_i}{R} + n_r\sin\frac{S_i}{R}\right)^2\right]^{-1/2}\right\}(\phi_B \neq \phi_A) \tag{18}$$

当 $\phi_B > \phi_A$ 时，ω_i 取正值；当 $\phi_B < \phi_A$ 时，ω_i 取负值；当 $\phi_B = \phi_A$，$\omega_i = 0$。

造斜工具面指向在井底平面投影的单位矢量可由装置角和该点切线的单位矢量 $\boldsymbol{i}$ 求得，由此可计算造斜工具面的方位，即通常所说的“弯方”ϕ_{TF}，其计算式为

$$\begin{pmatrix} l_{TFi} \\ m_{TFi} \\ n_{TFi} \end{pmatrix} = \begin{pmatrix} \cos\alpha_i\cos\phi_i\cos\omega_i - \sin\phi_i\sin\omega_i \\ \cos\alpha_i\sin\phi_i\cos\omega_i + \cos\phi_i\sin\omega_i \\ -\sin\alpha_i\cos\omega_i \end{pmatrix} \tag{19}$$

$$\phi_{TFi} = \arctan(m_{TFi}/l_{TFi}) \tag{20}$$

四、计算模型的应用

应用所建立的三维井眼轨道设计数学模型和轨道计算公式，开发了三维井眼轨道设计通用软件。用户可根据需要给定 L_1、K_1、L_h、K_2、L_2 五个设计参数中的 4 个，可准确快速地求出另一个参数；给定 L_1、L_h、L_2 时，求出 $K_1 = K_2$。设计时可根据需要组合出多种不同的轨道设计形式，以满足当前井眼轨道控制工具和工艺的实际需要或施工用户的具体工艺需要，设计并计算出便于井眼轨道控制和安全快速钻井的三维井眼轨道。该模型广泛应用在以下方面：

(1)水平井设计和控制。由于模型的普遍性，它可用于各种曲率半径水平井的三维井眼轨道设计和实钻控制过程中的井眼轨道调整设计。

(2)多目标井设计和施工。在多目标井的设计和施工中，目标点之间方向性以及合理的入靶点方向是一关键参数，用该模型可设计出合理的轨道。

(3)三维绕障井设计。在三维绕障轨道设计时，须按一定的方向绕过障碍物，可应用该模型进行设计。

(4)地质导向钻井。在地质导向钻井时，须及时根据地层的变化进行三维井眼轨道设计，用该模型可快速、准确地设计出适应地层变化的井眼轨道，确保及时将轨道调整到目的层中。

(5)特殊要求条件下的三维轨道设计。如侧钻中短半径水平井、阶梯水平井和分支水平井等,常希望单一造斜率的圆弧轨道。在模型中可令 L_h 为0,且 $K_1=K_2$,设计出其轨道。

设计实例。以文献[8]中的数据为例,某水平井设计的着陆点井斜为88°、方位角为50°。当钻到井斜角为76°、方位角为54°时,距着陆点的垂直深度为12m,水平位移为78m,平移方位为47.8°。设计该井轨道使其准确着陆。

为验证设计结果,方案1按文献[8]中的轨道设计形式,即圆弧段+稳斜段+圆弧段,设计造斜率 $K_1=8°/30m$,$K_2=10°/30m$,设计结果见表1。方案2按单造斜率双圆弧轨道中间不带稳斜段进行设计,所需造斜率为8.317°/30m,设计结果见表2。

表1 方案1轨道设计结果(圆弧段+稳斜段+圆弧段)

ΔL,m	α,(°)	ϕ,(°)	ΔZ,m	ΔX,m	ΔY,m	ω,(°)
0.00	76.00	54.00	0.00	0.00	0.00	-61.27
10.00	77.29	51.60	2.31	5.88	7.75	-60.72
20.00	78.61	49.23	4.40	12.11	15.29	-60.22
30.00	79.94	46.88	6.26	18.68	22.59	-59.79
44.83	81.95	43.43	8.59	29.01	32.97	-59.41
52.42	81.95	43.43	9.66	34.46	38.14	47.58
62.42	84.20	45.90	10.86	41.52	45.11	47.28
72.42	86.47	48.35	11.67	48.30	52.42	47.08
79.15	88.00	50.00	12.00	52.70	57.51	47.00

表2 方案2轨道设计结果(圆弧段+圆弧段,$K_1=K_2$)

ΔL,m	α,(°)	ϕ,(°)	ΔZ,m	ΔX,m	ΔY,m	ω,(°)
0.00	76.00	54.00	0.00	0.00	0.00	-65.76
10.00	77.15	51.41	2.32	5.89	7.74	-65.18
20.00	78.33	48.84	4.45	12.16	15.23	-64.63
30.00	79.53	46.29	6.37	18.78	22.48	-64.14
43.64	81.19	42.85	8.65	28.36	31.91	46.68
53.64	83.10	44.88	10.02	35.50	38.78	46.41
63.64	85.02	46.89	11.05	42.42	45.92	46.20
73.64	86.94	48.90	11.76	49.11	53.32	46.06
79.17	88.00	50.00	12.00	52.70	57.51	46.01

方案1的设计结果与文献[8]中的设计结果相同,验证了该模型的正确性。对比两种设计方案,所需井段分别为79.15m和79.17m。方案1需两套造斜工具,设计造斜率分别为8°/30m和10°/30m,需3套钻具组合来实现。而方案2设计造斜率为8.317°/30m,仅1套造

斜工具就可实现,控制简单。因此,在无别的设计要求条件下,施工时可优先选择方案2,也可根据实际施工的具体要求和情况另行设计。

五、结论

(1)建立了限定目标位置和方向条件下的三维井眼轨道设计的一般数学模型,得到了各种轨道设计组合形式的统一表达式,具有普遍适用性。

(2)所建立的数学模型求解简单,且给出了有解的判别式,避免了求解多维非线性方程组的麻烦和人为所给参数不合理导致无解,或因设计不合理造成不便于施工的弊病。

(3)应用该模型开发了三维井眼轨道设计通用软件,并验证了该设计方法的正确性、合理性。用户可根据不同的设计需要,准确、快速、合理地设计出三维井眼轨道。

(4)在圆弧段井眼轨道上,理论分析和算例表明,造斜工具装置角随着井斜角和方位角的变化而变化。因此,在井眼轨道控制时,应及时根据设计调整装置角,以实现设计轨道,确保精确着陆。

(5)二维井眼轨道设计是该模型的一种特例,因此三维五段制剖面和模型可用于常规的二维定向井、水平井的井眼轨道设计。

参考文献

[1] McMillian W H. Planning the directional well—a calculation method[J]. J. Pet. Tech. ,1981,33(6):952-962

[2] Goldman W A. Directional well planning with multiple targets in three dimensions [C]. SPE 18791, 1989:463-470

[3] Guo B, Miska S, Lee R L. Constant curvature method for planning a 3D directional well[C]. SPE 24381, 1992:619-629

[4] 白家祉,苏义脑. 定向井钻井过程中的三维井身随钻修正设计与计算[J]. 石油钻采工艺,1991,13(6):1-4

[5] Kikuchi S. 2D and 3D well planning for horizontal wells[C]. SPE 25647,1993:415-429

[6] Suryanarayana P V R, McCann R C, Rudolf R L. Mathematical technique improves directional well-path planning[J]. OGJ,1998,96(34):57-63

[7] 江胜宗,夏尊铨,曹里民. 侧钻水平井轨道三维优化设计模型及应用[J]. 石油学报,2001,22(3):86-90

[8] 刘修善,石在虹. 给定井眼方向的修正轨道设计方法[J]. 石油学报,2002,23(2):72-76

[9] 苏义脑. 水平井井眼轨道控制[M]. 北京:石油工业出版社,2000:2

[10] Karlsson H, Cobbley R, Jaques G E. New development in short, medium and long-radius lateral drilling [C]. SPE/IADC 18706,1989:734

[11] Millheim K K, Gubler F H, Zaremba H B. Evaluating and planning directional wells utilizing post analysis techniques and three directional bottomhole assembly program[C]. SPE 8339,1979:23-26

本文原发表于《石油学报》2003年第4期

井下可变径稳定器本体振动特性分析

张光伟

（西安石油大学机械学院）

【摘　要】 文章根据 Lagrange 方程推导建立了相应的振动数学模型和特征值计算式；并利用计算机辅助设计（CAD）软件 UG，建立了便于计算的本体三维实体模型；采用有限元方法，利用大型 CAE 数值分析软件 MSC/NASTRAN，建立了本体有限元模型，对本体的固有频率和振型进行了分析计算，所得结果为井下可变径稳定器的使用及可靠性分析提供了理论依据。

【关键词】 稳定器　钻井　模型　有限元　振动

井下闭环可变径稳定器是一种智能旋转导向钻井工具，能够适应复杂大位移井钻井的要求，在钻井过程中可使井眼轨迹得到自动控制，能够为海上油田和沙漠油田开发带来很好的经济效益[1]。

本体是井下闭环可变径稳定器的重要部件之一，通过对本体的动态行为了解，能够有效地防止钻具事故及由振动引起钻井异常现象的发生。本体振动直接影响可变径稳定器的使用寿命，严重时还会引发井筒事故，如，本体断裂、本体与钻杆之间螺纹脱落等，强烈振动对可变径稳定器内部液压系统和测控系统也有破坏作用。

一、可变径稳定器工作原理及结构

井下闭环可变径稳定器主要由 3 部分组成，其结构如图 1。测控系统中，CPU 根据井下与地面之间的双向通讯信息，实时控制液压系统中的电磁阀开闭，使可调稳定块沿径向伸缩，达到稳定器直径的改变，从而实现钻井过程中的增斜、稳斜和降斜。

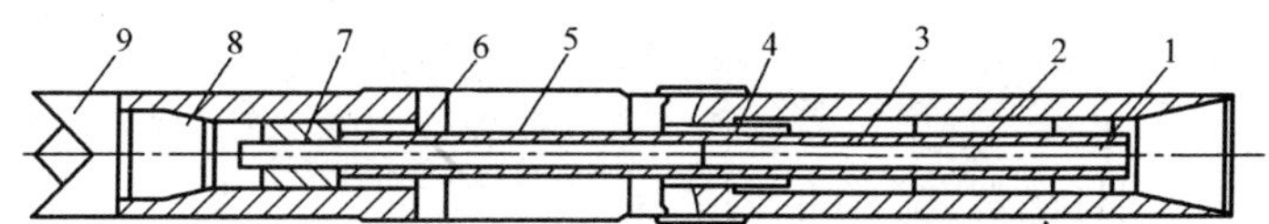

图 1　可变径稳定器结构示意

1—测控系统；2—弹簧；3—液压系统；4—从动杆；
5—可调稳定块；6—推杆；7—活塞；8—本体；9—钻头

基金项目：国家 863 科技攻关项目（820－09－01－2B）。

张光伟（1961－），男，江苏无锡人，副教授，硕士，1983 年毕业于西安交通大学动力机械系，现从事井下导向工具的研究工作。

二、本体振动数学模型

1. 系统的势能和动能

设系统有 n 个自由度，在平衡位置处满足

$$(\frac{\partial V}{\partial q_i})_0 = 0,(i = 1,2,\cdots,n) \tag{1}$$

式中，$q_i(i=1,2,\cdots,n)$为系统的广义坐标，$V(q_1,q_2,\cdots,q_n)$为系统的势能。

设势能 V 在平衡位置处也取零值，将 V 在平衡位置附近展成泰勒级数，只保留广义坐标的二阶微量，考虑式(1)，导出系统势能为

$$V = \frac{1}{2}\sum_{i=1}^{n}\sum_{j=1}^{n}k_{ij}q_iq_j \tag{2}$$

式中，系数 $k_{ij}=(\frac{\partial^2 V}{\partial q_i\partial q_j})_0,(i,j=1,2,\cdots,n)$。

设系统受定常约束，其动能 T 为广义速度的二次齐次函数

$$T = \frac{1}{2}\sum_{i=1}^{n}\sum_{j=1}^{n}m_{ij}\dot{q}_i\dot{q}_j \tag{3}$$

式中，m_{ij}可用平衡位置处的值代替而成为常数。

引入广义坐标列阵$\{\boldsymbol{q}\}$，则式(2)中的 V 和式(3)中的 T 可用矩阵表示为

$$\boldsymbol{V} = \frac{1}{2}\{\boldsymbol{q}\}^{\mathrm{T}}[\boldsymbol{K}]\{\boldsymbol{q}\},\boldsymbol{T} = \frac{1}{2}\{\dot{\boldsymbol{q}}\}^{\mathrm{T}}[\boldsymbol{M}]\{\dot{\boldsymbol{q}}\} \tag{4}$$

式中，$[\boldsymbol{K}]$为刚度矩阵，$[\boldsymbol{M}]$为质量矩阵。

2. 动力学方程

拉格朗日第二类方程的一般形式为

$$\frac{\mathrm{d}}{\mathrm{d}t}(\frac{\partial L}{\partial \dot{q}_i}) - \frac{\partial L}{\partial q_i} = Q_i \quad (i = 1,2,\cdots,n) \tag{5}$$

式中，$L=T-V$ 为拉格朗日函数，Q_i 为非保守力。

将式(2)和式(3)代入式(5)，得多自由度系统的动力学方程为

$$\sum_{j=1}^{n}(m_{ij}\ddot{q}_j + k_{ij}q_j) = Q_i \quad (i = 1,2,\cdots,n) \tag{6}$$

其矩阵形式为

$$[\boldsymbol{M}]\{\ddot{\boldsymbol{q}}\} + [\boldsymbol{K}]\{\boldsymbol{q}\} = \{\boldsymbol{Q}\} \tag{7}$$

式中，$Q=\{\boldsymbol{Q}_i\}$。

3. 系统固有频率和振动模态

为求解系统固有频率和固有振型,根据有限元理论,不考虑系统阻尼(金属材料的阻尼非常小),并将动力学方程(7)中的广义坐标$\{\boldsymbol{q}\}$改用$\{\boldsymbol{x}\}$表示,得到系统无阻尼自由振动方程为

$$[\boldsymbol{M}]\{\ddot{\boldsymbol{x}}\}+[\boldsymbol{K}]\{\boldsymbol{x}\}=\{\boldsymbol{0}\} \tag{8}$$

此方程的特解为

$$\{\boldsymbol{x}\}=\{\boldsymbol{A}\}\sin(\omega t+\theta) \tag{9}$$

式中,$\{\boldsymbol{A}\}$为各坐标振幅组成的n阶列阵,将式(9)代入式(8)

得
$$([\boldsymbol{K}]-\omega^2[\boldsymbol{M}])\{\boldsymbol{A}\}=0 \tag{10}$$

$\{\boldsymbol{A}\}$有非零解的充分与必要条件为

$$|[\boldsymbol{K}]-\omega^2[\boldsymbol{M}]|=0 \tag{11}$$

式(11)是典型的特征值方程。求解式(11)可以确定系统固有频率ω_i,再将ω_i代入式(10),即可求出特征向量(振动模态)。

在一般的有限元分析中,目前应用较为广泛的是子空间迭代法、Ritz 向量直接叠加法和 Lanczos 向量直接叠加法。子空间迭代法及 Lanczos 法是针对大型特征值问题的有效解法,不仅可保证一定的精度,同时也比较经济,适合于求解部分特征解,广泛应用于结构动力学的有限元分析中[2]。

三、本体有限元计算模型

1. 结构简化

本体结构形状及受力情况都很复杂,如图 2,建立计算模型时,既要做出必要的简化,又要保证计算的精确性,使得计算模型极大限度地与实际工程问题相结合。在保证与原结构的振动特性基本吻合的前提下,对本体作如下简化。忽略某些过渡区的小圆角。忽略对整体动力学特性影响不大的小孔。将连接螺纹简化。

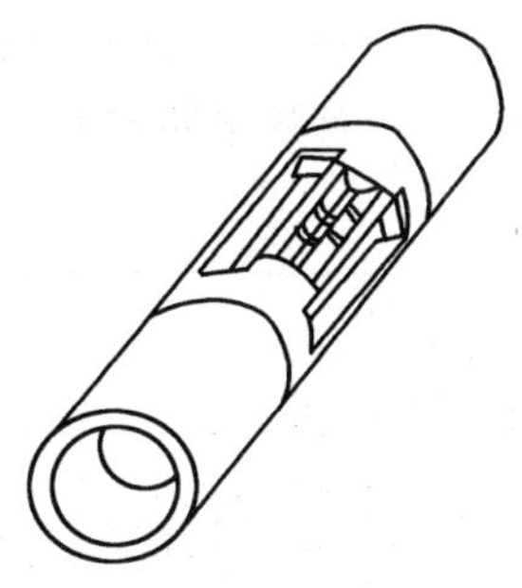

图 2　本体结构简图

2. 网格划分

利用计算机辅助设计(CAD)软件 UG,首先根据设计加工图纸以及结构简化,建立本体三维实体模型,然后利用 UG/SCEHNARIO 进行自动网格划分,采用填充能力较强的四节点单元和三节点单元,得到有限元模型如图 3,共有节点数 37 858 个,单元数 32 224 个。

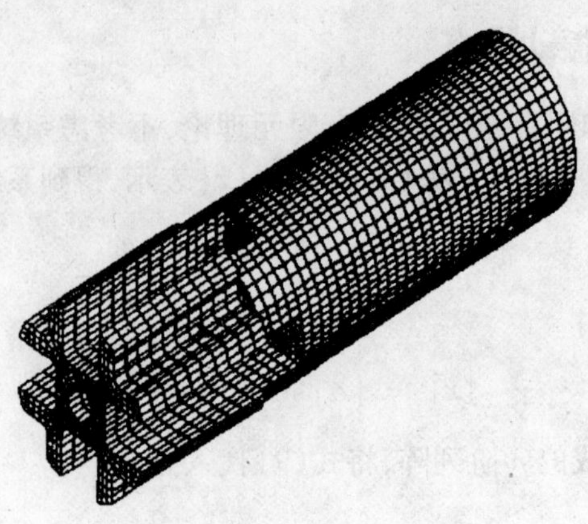

图3　三维部分有限元模型

3. 边界条件

可变径稳定器本体工作时,下端与钻头连接,上端与柔性钻铤连接。在处理有限元模型的边界约束条件时,采用虚拟样机的概念,即有限元模型的边界约束条件与实际支承作用相吻合。由于本文模态分析重点考察可变径稳定器本体的弹性模态,所以,柔性钻铤对可变径稳定器本体的作用,采用弹簧单元模拟,将钻头对可变径稳定器本体的作用视为刚性连接,即连接处所有节点位移为零[3]。

4. 材料特性

本体材料为40CrNiMo,屈服极限 $\sigma_s = 930\text{MPa}$,弹性模量 $E = 2.06 \times 10^{11}\text{Pa}$,泊松比 $\mu = 0.3$,密度 $\rho = 7.85\text{g/cm}^3$。

四、计算结果及分析

采用 MSC/NASTRAN 软件对可变径稳定器本体进行模态分析,求出了其前 5 阶固有频率和振型,固有频率如表1,因篇幅所限,振型图省略。

表1　本体振动特性有限元计算结果

序　号	1	2	3	4	5
固有频率 f,Hz	8.1	26.3	39.4	52.7	71.5

本体的振动特性对井下闭环可变径稳定器的控制影响较大。由于外激励(如,钻压、转盘转速及泥浆性能等)的影响,特别是当外激励的频率与本体某阶固有频率相等或相接近时,本体会产生较大的振动,增加与井壁碰撞的机会,此时,在本体内部安装的液压系统和测控系统就会受到较强烈的冲击干扰,从而影响可变径稳定器的控制精度,有可能造成钻进过程中,钻头偏离预设井眼轨迹。

从本体有限元计算结果可以看出,本体第 1 ~ 5 阶模态,振型主要是在本体上部振动,在实际的工作状况时,主要考察前几阶固有频率较小的振动模态。因此,按照这个原则,将第 1 和 2 阶模态作为考察设计的主要因素,然后依次是高阶模态,在结构设计上适当调整局部形状尺寸,增大本体刚度,避免振动过大,从而提高可变径稳定器的控制精度。

五、结论

(1)本文依据实体简化模型,采用 UG 软件进行几何建模,能够反映本体结构的固有振动特性。

(2)计算结果表明,本体内部的液压系统和测控系统中的精密元器件,避开了较敏感的本体固有频率,不会造成元器件的损坏,设计较为合理。

(3)借助于 MSC/NASTRAN 软件强大的分析功能,可以分析本体的振动模态,得到在钻井过程中具有实用价值的有限元分析结果,对可变径稳定器的优化设计具有指导意义。

参考文献

[1] Barr J D, Clegg J M. Steerable rotary drilling with an experimental system[C]. SPE29382, 1994
[2] 王勖成,邵敏. 有限元法基本原理和数值方法[M]. 北京:清华大学出版社,2000
[3] 赵国珍,龚伟安. 钻井力学基础[M]. 北京:石油工业出版社,1988

井下闭环可变径稳定器本体有限元分析

张光伟

（西安石油大学机械学院）

【摘　要】 采用高级计算机辅助设计（CAD）软件UG，建立了便于计算的本体三维实体模型，通过MSC/NASTRAN有限元计算程序，对新型井下闭环可变径稳定器本体进行了强度计算，通过有限元分析对本体结构的合理性进行了验证，根据有限元计算的结果，在各种载荷组合作用工况下，可变径稳定器本体的最大应力为56.38MPa时，小于许用应力，满足强度要求，并且有一定的强度储备。可变径稳定器本体的薄弱环节主要集中在槽底两端与筒体连接部位，有必要进行局部工艺处理。有限元分析结果为进一步改进可变径稳定器的结构设计提供了理论依据。

【关键词】 可变径稳定器　钻井工具　有限元模型　强度计算

近年来，国内外对井下闭环可变径稳定器的研究开发已从研制阶段逐步走向现场试验和应用[1]。井下闭环可变径稳定器作为一类重要的定向钻井工具，给油田开发特别是海上油田开发带来了很好的经济效益，有效地解决了摩阻、井眼清洗和施加钻压等方面的问题，使井眼轨迹得到有效控制[2]。笔者在此通过对可变径稳定器本体有限元模型进行强度分析，来验证新设计出的可变径稳定器本体能否满足井下恶劣工况的使用要求，找到可变径稳定器的薄弱环节，为可变径稳定器设计和结构优化提供依据。

一、工作原理及结构

井下闭环可变径稳定器内主要由近钻头井斜测控系统、液压系统和变径系统3部分组成，其结构如图1所示。变径系统主要部件由可调稳定块、活塞和复位弹簧等组成。

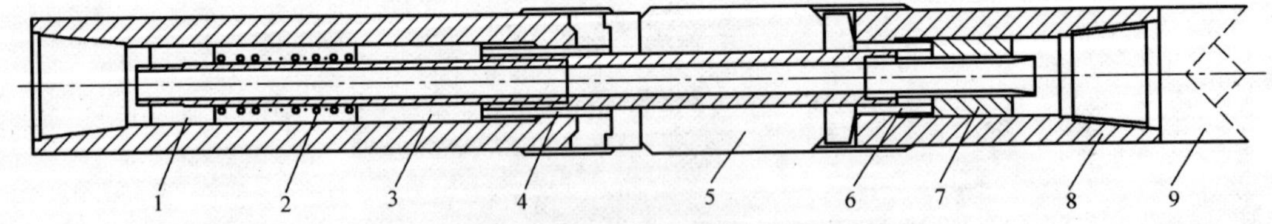

图1　可变径稳定器结构示意图

1—测控系统；2—弹簧；3—液压系统；4—从动杆；5—可调稳定块；6—推杆；7—活塞；8—本体；9—钻头

可变径稳定器在旋转钻井过程中之所以能够增斜、稳斜和降斜，主要是因为它装配有4个

国家863科技攻关项目（820-09-01-2B）。

张光伟，副教授，生于1961年，1991年毕业于西安交通大学工程力学专业，现从事井下导向工具的研究工作。地址：（710065）陕西省西安市。电话：（029）8382636，8382613。

可调稳定块,可调稳定块通过径向伸出和收缩可以改变稳定器的直径,从而使钻头沿着某一个特定的方向钻进。可调稳定块的径向移动由液压系统控制,测控系统内部有一个 CPU,它能够根据井下与地面间的双向通讯信息,实时控制液压系统中电磁阀的开闭。

二、本体结构简化

可变径稳定器中的本体结构在钻井过程中使用工况非常复杂,理论分析和许多实验表明,本体结构性能的好坏直接关系到可变径稳定器的整体性能的优劣。因此,对本体结构进行强度分析是最基本也是最重要的结构分析。

由于本体几何结构和受力状态的复杂性,在建立有限元模型时必须对实际的结构和受力情况进行等效简化处理,以便于在有限元分析时对网格进行划分和分解[3]。本体主要分为两端锥形螺纹、中部槽、中部两侧外螺纹等 3 部分。在结构上将两端锥形螺纹部分简化为与本体内径相同的尺寸来描述;将中部开槽部分的小圆弧过渡段忽略,将中部外螺纹部分简化为与本体外径相同的尺寸来描述。

应用虚拟样机技术,采用高级计算机辅助设计(CAD)软件 UG,根据设计加工图纸及结构的简化,建立了三维实体模型,生成便于计算的本体模型。

三、有限元计算模型

1. 网格划分

利用 UG/SCENARIO 中的“自动网格划分”功能划分网格,并结合手动修改,对单元过渡、应力集中处适当加工,采用填充能力较强的四节点单元和三节点单元,建立有限元模型。在有限元模型的网格划分中,共划分了 37 658 个节点,32 224 个单元,其网格划分如图 2 所示,划分好的有限元模型与实体模型基本吻合,无“赘余”与“凹陷”,可见划分较为精确。

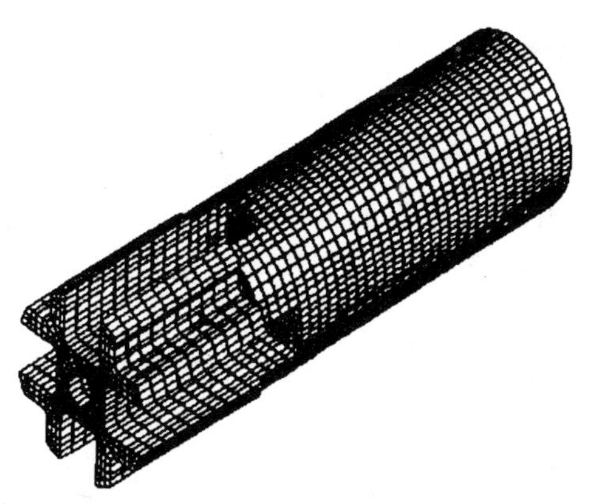

图 2　三维部分有限元模型

2. 边界条件

可变径稳定器本体工作时，下端与钻头连接，上端与柔性钻铤连接。在处理有限元模型的边界约束条件时，采用虚拟样机的概念，即有限元模型的边界约束条件与实际支承作用相吻合。柔性钻铤对可变径稳定器本体的作用，采用弹簧单元模拟，将钻头对可变径稳定器本体的作用视为刚性连接，即连接处所有节点的位移为零。可调稳定块通过圆柱销与本体连接，将井壁对可调稳定块的作用力通过圆柱销作用到本体上。

3. 计算载荷

可变径稳定器在井下工作时所受的力非常复杂，因此计算时须做一些简化处理，略去次要因素（如重力、摩擦力、弯矩、摩擦阻力矩等）[4]。对可变径稳定器本体起主要作用的载荷有作用于两端面的钻压 P，大小为 400kN，作用于两端面的扭矩 M，大小为 7 360N · m，以及作用于销孔的井壁对可调稳定块的径向作用力 F_k，大小为 20kN。

4. 材料的力学性能

本体的材料为 40CrNiMo，其基本参数如下：

弹性模量 $E = 2.06 \times 10^{11}$ Pa；剪切模量 $G = 8.1 \times 10^{5}$Pa；泊松比 $\mu = 0.3$；屈服极限 σ_s = 930MPa。在计算过程中，将材料性质定为线弹性材料。

四、计算结果及分析

用 NASTRAN 对上述有限元模型进行计算，得出了可变径稳定器本体内各单元的应力分布情况。结果显示，槽底两端与筒体连接处的应力值较大，其值为 56.38MPa，此处为本体强度分布中应力最大地方，是可变径稳定器中最为薄弱的环节，通常需要进行相应的加强，但对这个本体即使考虑加工本体槽引起的强度减弱，其强度也已足够，因最大应力值均低于本体材料屈服极限（930MPa），若按本体材料屈服极限 930MPa 计算，则其安全系数为 16.5，故可变径稳定器本体结构具有一定的强度储备。

综上所述，可得如下结论：

（1）根据有限元计算的结果，在各种载荷组合作用工况下，可变径稳定器本体的最大应力为 56.38MPa 时，小于许用应力，满足强度要求，并且有一定的强度储备。

（2）可变径稳定器本体的薄弱环节集中在槽底两端与筒体连接部位，有必要进行局部工艺处理。

（3）由于可变径稳定器工作时产生的应力远小于屈服应力，有必要对本体进行优化，应尽可能充分利用材料和空间，减轻质量。

参 考 文 献

[1] 韩来聚，孙铭新，狄勤丰．调制式旋转导向钻井系统工作原理研究．石油机械，2002，30(3)：7 ~ 9，35

[2] 冯志明,刘顺东. 导向钻井系统在井眼轨道控制中的应用. 石油机械 1999,27(10):30~32
[3] 孙菊芳. 有限元分析及应用. 北京:北京航空航天大学出版社,1990
[4] 邱宣怀. 机械设计. 北京:高等教育出版社,1997

本文原发表于《石油机械》2004 年第 1 期

井下闭环可变径稳定器的设计计算

张光伟

（西安石油大学机械学院）

【摘　要】 阐述了井下闭环可变径稳定器的结构和工作原理，分析了影响可变径稳定器性能的钻井液驱动力、活塞密封阻力、复位弹簧弹力等因素；并对可变径稳定器中关键部件可调稳定块进行了静力学分析，推导出可调稳定块保持稳定平衡所需钻井液驱动力计算公式，为类似井下工具设计提供了理论依据。现场试验结果表明，新设计的井下闭环可变径稳定器结构比较合理，功能比较完善，可自动无级变径，达到了安全、平稳、高效、智能的目标，是钻大位移井的有力工具。

【关键词】 可变径稳定器　钻井　结构设计　受力分析

井下闭环可变径稳定器是井下闭环旋转导向智能钻井系统[1]中的执行机构。它利用先进的测控技术，旋转导向钻井和井下闭环控制技术，在钻井过程中实时随钻随测，自动钻进；克服了常规定向钻井工具无法适应复杂钻井工艺要求的缺点，推动了大位移井钻井技术的发展。新研制的样机使石油界向滩海、沙漠、海洋索取油气资源成为可能，有着巨大的经济效益和社会效益。对井下闭环可变径稳定器的设计，笔者充分考虑了影响其变径的各种主要因素，如钻井液压力、活塞密封阻力、可调稳定块摩擦力和复位弹簧弹力等，研究结果为可变径稳定器结构设计提供了理论依据。

一、结构及工作原理

1. 结构

井下闭环可变径稳定器主要由变径系统、测控系统和液压系统组成，其结构如图1所示。

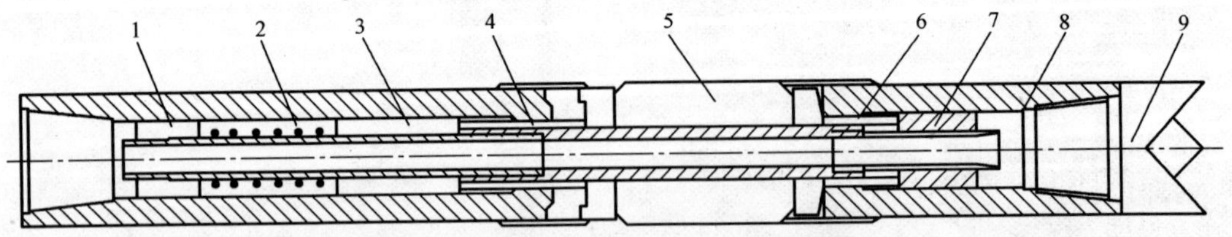

图1　井下闭环可变径稳定器结构示意图

1—测控系统；2—弹簧；3—液压系统；4—从动杆；5—可调稳定块；6—推杆；7—活塞；8—本体；9—钻头

基金项目：国家863科技攻关项目（820－09－01－2B）。

张光伟，副教授，生于1961年，1983年毕业于西安交通大学动力机械系，1991年毕业于西安交通大学工程力学系，获硕士学位，现从事井下导向工具的研究工作。地址：（710065）陕西省西安市。电话：（029）8382636，8382613。

2. 工作原理

变径系统主要由活塞、推杆、可调稳定块等组成，在钻井过程中，井底压差作用于活塞上，活塞驱动推杆移动，可调稳定块在推杆作用下向外径向推出，如图 2 所示。测控系统中的 CPU 可根据井下与地面间的双向通讯信息，实时控制液压系统中的电磁阀开闭，精确控制可调稳定块的径向伸缩量，达到改变稳定器直径的目的，从而实现旋转导向钻井过程中造斜率的改变，满足井眼控制所要求的增斜、稳斜和降斜。

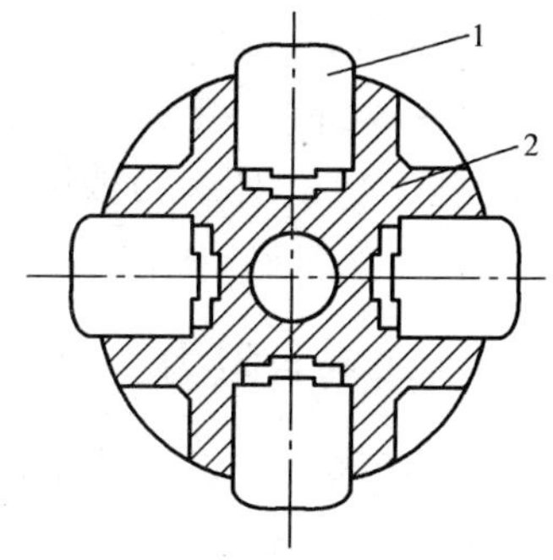

图 2　可变径稳定器工作原理
1—可调稳定块；2—本体

二、设计与计算方法

1. 钻井液驱动力

可变径稳定器依靠钻井液的压力推动其内部活塞运动，活塞通过驱动可调稳定块伸缩，来改变稳定器直径的大小。

依据水力学知识，笔者对钻井液驱动活塞的力进行了分析计算，对活塞部件几何结构形状进行了相应的设计，促使钻井液流过活塞时流速发生变化，产生一定的流体压降，在活塞端部造成适当的局部流体能量损失，将损失的能量转化为驱动活塞的动力，作用在活塞端部的流体压力根据伯努利方程[2]可得

$$\Delta p = \xi \frac{\gamma_m v^2}{2g} \tag{1}$$

式中　Δp——流体压力差，Pa；

γ_m——钻井液重率，N/cm^3；

ξ——局部阻力系数，无量纲；

v——钻井液流速，m/s；

g——重力加速度，m/s^2。

则作用在活塞上的流体驱动力为

$$P = \Delta p A_1 \tag{2}$$

式中　P——流体驱动力，N；

A_1——活塞面积，$A_1 = \frac{\pi}{4}(D_1^2 - d_1^2)$，$m^2$；

D_1——活塞外径，m；

d_1——活塞内径，m。

又因为钻井液流速为

$$v = \frac{Q}{A} \tag{3}$$

式中 Q——钻井液流量，m^3/s；

A——过流面积，m^2。

根据式(1)、(2)、(3)即可计算出驱动活塞运动的钻井液最小流量。此值是理论流量，考虑现场情况，实际确定的流量应比理论值大。

2. 活塞密封阻力

活塞在可变径稳定器中运动时，确定其所受的阻力是十分必要的，它影响到可调稳定块的变径和弹簧力的调整。在活塞所受阻力中，橡胶密封圈的摩擦阻力是影响阻力的主要因素。

活塞受到的摩擦阻力分为：静滑动摩擦力和动滑动摩擦力。在钻井液驱动力作用下，活塞在启动瞬时受到的最大静摩擦力，是调整弹簧预紧力的依据，其大小可按下式计算[3]：

$$F_t = \pi b f_t d p \tag{4}$$

式中 F_t——静滑动摩擦力，N；

d——活塞缸内径，m；

b——密封件与活塞缸接触宽度，m；

f_t——静摩擦系数，无量纲；

p——钻井液压力，Pa。

活塞启动后则处于运动状态，活塞将受到动摩擦力的作用，活塞上每个橡胶密封圈所产生的动摩擦力为

$$F_t' = \pi b f_t' d p \tag{5}$$

式中 F_t'——动滑动摩擦力，N；

f_t'——动摩擦系数，无量纲。

3. 可调稳定块静力学分析

在钻井过程中，井底压差作用于活塞上，使活塞向上移动，活塞通过4个推杆将钻井液驱动力分别作用在4个可调稳定块上，每个可调稳定块由楔块和压块两部分组成，其结构如图3所示。

图中

$$P_0 = \frac{1}{4}P \tag{6}$$

$$T_0 = \frac{1}{4}T \tag{7}$$

式中 P_0——每个楔块所受钻井液驱动力，N；

T_0——每个楔块所受弹簧弹力，N；

T——弹簧弹力，N。

若不计活塞密封等阻力，则可调稳定块受到钻井液驱动力 P_0、弹簧弹力 T_0 和井壁作用力 S 的作用，当 S 值一定时，有两种可能的运动趋势：当 P_0 足够大时，楔块有向右滑动的趋势，则压块有向上滑动的趋势；当 P_0 足够小时，楔块有向左滑动的趋势，则压块有向下滑动的趋势。为了确定 P_0 的容许范围，应分别研究压块向上滑动和向下滑动这两种可能的趋势。

在这里，可以先研究楔块向右滑动的趋势。分别以楔块和压块为研究对象，对可调稳定块进行受力分析，如图 4 所示。

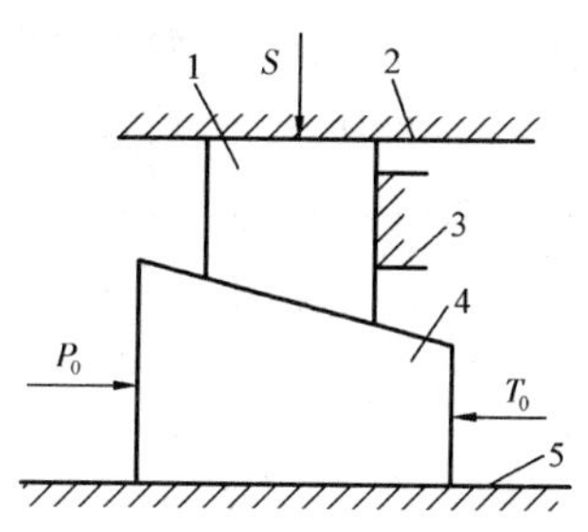

图 3　可调稳定块结构简图
1—压块；2—井壁；3—本体槽壁；4—楔块；5—本体槽底

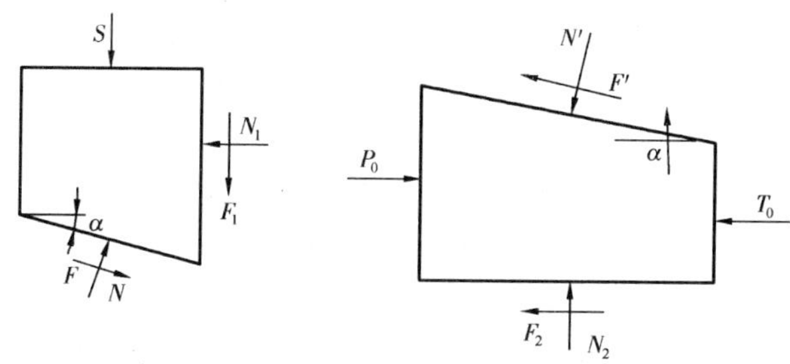

图 4　可调稳定块受力图

压块的平衡方程为

$$\begin{cases}\sum F_x = 0 \\ \sum F_y = 0\end{cases} \tag{8}$$

$$\begin{cases}F\cos\alpha + N\sin\alpha - N_1 = 0 \\ N\cos\alpha - F\sin\alpha - S - F_1 = 0\end{cases} \tag{9}$$

式中　F——压块与楔块间的摩擦力，N；

N——压块与楔块间的正压力，N；

F_1——压块与本体槽壁间的摩擦力，N；

N_1——压块与本体槽壁间的正压力，N；

α——楔块斜面的倾角。

在平衡范围内，这 2 个方程式具有 4 个独立的未知量 N_1、N 和 F_1、F，因而不能用这组方程求出这些未知量。

当 $P_0 = P_{max}$ 时，系统处于临界平衡状态。这时压块所有接触面的摩擦力都达到极限值，于是有关系式

$$F_1 = f_1 N_1 \tag{10}$$

$$F = fN \tag{11}$$

式中 f_1——压块与本体槽壁间的静摩擦系数,无量纲;

f——压块与楔块间的静摩擦系数,无量纲。

将式(10)、(11)代入式(8)、(9)中,可以解得

$$N = \frac{S}{(1 - ff_1)\cos\alpha - (f + f_1)\sin\alpha} \tag{12}$$

这时,楔块也同时到达临界状态,其临界平衡方程为

$$\begin{cases} \sum F_x = 0 \\ \sum F_y = 0 \end{cases} \tag{13}$$

$$\begin{cases} P_{max} - T_0 - F'\cos\alpha - F_2 - N'\sin\alpha = 0 \\ N_2 - N'\cos\alpha + F'\sin\alpha = 0 \end{cases} \tag{14}$$

此时,极限摩擦关系式

$$F' = fN' \tag{15}$$

$$F_2 = f_2 N_2 \tag{16}$$

式中 F'——F 的反作用力,N;

N'——N 的反作用力,N;

F_2——楔块与本体槽底间的摩擦力,N;

N_2——楔块与本体槽底间的正压力,N;

f_2——楔块与本体槽底间的静摩擦系数,无量纲。

将式(15)、(16)代入式(13)、(14)可解得

$$P_{max} = [(1 - ff_2)\sin\alpha + (f + f_2)\cos\alpha]N' + T_0 \tag{17}$$

由于 $N' = N$,将式(12)代入式(17),得

$$P_{max} = \frac{(1 - ff_2)\mathrm{tg}\alpha + (f + f_2)}{(1 - ff_1) - (f + f_1)\mathrm{tg}\alpha} S + T_0 \tag{18}$$

令 $P_0 = P_{min}$,研究楔块向左滑动的临界状态,这时所有摩擦力的方向都和图 4 所示相反。将这一变化代入式(18),得

$$P_{min} = \frac{(1 - ff_2)\mathrm{tg}\alpha - (f + f_2)}{(1 - ff_1) + (f + f_1)\mathrm{tg}\alpha} S + T_0 \tag{19}$$

综合考虑式(18)和(19)结果,可得在一定井壁力 S 的作用下,使可调稳定块保持稳定平衡,所需钻井液驱动力 P 的容许范围为 $P_{min} \leqslant P_0 \leqslant P_{max}$,即

$$4\frac{(1 - ff_2)\mathrm{tg}\alpha - (f + f_2)}{(1 - ff_1) + (f + f_1)\mathrm{tg}\alpha} S + T \leqslant P \leqslant 4 \times \frac{(1 - ff_2)\mathrm{tg}\alpha + (f + f_2)}{(1 - ff_1) - (f + f_1)\mathrm{tg}\alpha} S + T \tag{20}$$

4. 弹簧弹力

复位弹簧的作用在于复位时能够克服各处橡胶圈的密封阻力和各相对运动件间的摩擦阻力等的影响，经过综合考虑后，对弹簧进行了设计，其步骤如下：

(1)根据结构条件，确定弹簧中径 D_2；

(2)根据工作条件，选择弹簧类型及材料，弹簧类型选用常见的单根圆柱螺旋压缩弹簧，材料选用65Mn，需用剪应力[τ]查表按第3类弹簧考虑，得[τ]=570MPa；

(3)根据 GB/T 1239.6，选择旋绕比；

(4)根据强度条件，计算弹簧簧丝直径 d_2；

(5)根据刚度条件计算弹簧圈数 n；

(6)确定弹簧自由高度等其他参数；

(7)综合分析后，确定设计弹簧，使弹簧的预紧力满足设计要求。

设计确定弹簧后，则弹簧弹力为

$$T = K\Delta x \tag{21}$$

式中 K——弹簧刚度，N/m；

Δx——弹簧压缩量，m。

三、应用情况

笔者对所设计的井下闭环可变径稳定器自2000年以来进行了室内模拟试验和井下现场试验。室内试验在CNPC钻井工程重点实验室的井下环境模拟试验平台上进行；经过反复修改后，在长庆油田钻二公司的靖边气田进行井下现场试验。试验结果表明，其性能良好，可自动无级变径，达到了安全、平稳、高效、智能的目标，是钻大位移井的有力工具。

综上所述，可得出结论：

(1)室内及现场试验证明，笔者的设计思路是可行的，计算方法正确，为结构设计提供了必要参数。

(2)通过对可调稳定块的设计计算，解决了变径可靠性问题，为井下钻具类似问题的解决提供借鉴。

(3)通过对钻井液驱动力的计算，得到压力及最小流量计算式，考虑现场井下工况，实际确定的流量应比理论值大。

参 考 文 献

[1] 张武辇．自动导向旋转钻具钻进南海 8 600m 大位移井．石油钻采工艺，2001，23(1)：7～10

[2] 郭荣良，郭清南，祝世兴．流体力学及应用．北京：机械工业出版社，1996，78～88

[3] 机械工程手册，电机工程手册编委会．机械工程手册(第5卷)．北京，机械工程出版社，1982，23～36

本文原发表于《石油机械》2004 年第 2 期

井下闭环可变径稳定器

张光伟　付鑫生　周　静　樊正祥

（西安石油大学机械工程学院）

【摘　要】 井下闭环可变径稳定器以钻井液压力作为驱动力，在测控系统的控制下，通过调整可变径稳定器中稳定块径向伸缩量，可实现不起钻情况下的无级变径，从而改变底部钻具组合，实现增斜、稳斜和降斜的目的。该可变径稳定器具有井下闭环控制的特点，如果实钻轨迹与设计轨迹不一致，井下闭环可变径稳定器可以自动调节钻进方位。井下闭环可变径稳定器物理样机经过室内性能试验和现场应用试验，其性能达到钻井工艺的要求。

【关键词】 可变稳定器　井下闭环　结构设计　技术指标　现场试验

目前，随着易开采石油资源的日益枯竭，世界上广泛采用大位移井、定向井钻井技术向海滩、湖泊、沙漠、海洋及复杂构造地层的油藏索取油气资源。在缩短钻井周期，降低钻井成本方面，井下闭环旋转导向智能钻井系统[1]是目前世界上最具有突破性的钻井技术[2,3]。

井下闭环可变径稳定器是一种井下闭环旋转导向智能钻井系统的执行机构，是一种智能型导向工具。本文对可变径稳定器的工作原理进行了简要说明，并设计制造了1台可用于现场作业的物理样机，对其进行了室内模拟试验、井下现场试验。试验结果表明，各项技术指标达到设计要求，实钻井眼轨迹与设计轨迹吻合较好，能够保证良好的井身质量，并降低钻井成本。

一、井下闭环可变径稳定器钻井系统

井下闭环旋转导向智能钻井系统由执行机构—可变径稳定器、工程参数探测器、地面监控系统、井下—地面双向信息传输通道组成（如图1）。

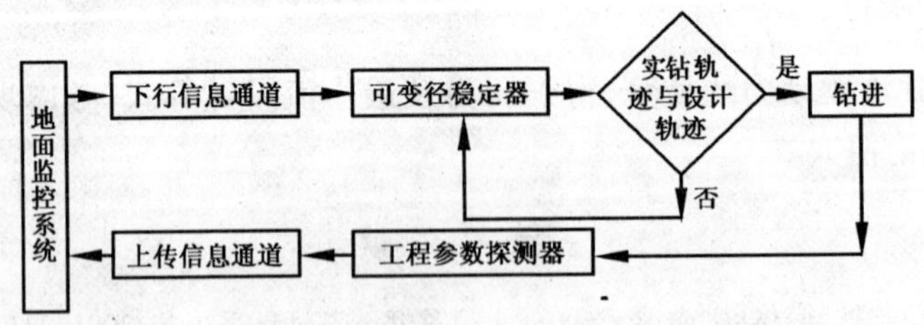

图1　钻井系统构成

基金项目：国家863科技攻关项目（820－09－01－2B）。

张光伟（1961－），男，江苏无锡人，副教授，硕士，现从事井下导向工具的研究工作。

可变径稳定器是一个完整的独立的控制系统。在正常钻井情况下,它无需外界干扰,依靠自带的CPU自动完成从井口到靶心的高质量井眼轨迹控制。工程参数探测器是测量轨迹参数和地质参数的装置。测量得到的轨迹和地质参数经编码后发送到地面监控系统。

地面监控系统是地面闭环控制的判断和决策机构。井下信息由地面监控系统接受,并经过地面CPU分析、处理做出判断与调整决策。

双向信息传输通道是地面监控装置及时了解井下动态装置。可以在钻井过程中帮助司钻对井下意外情况进行及时处理。在钻井过程中,通过井下闭环和地面闭环的有机结合,可实现在旋转钻进过程中井斜的调整。

二、结构及工作原理

井下闭环可变径稳定器是一种可以在井下自动调整的智能型导向工具,其结构如图2,它主要由本体、泥浆活塞、可调稳定块、液压系统和测控系统组成。可变径稳定器在旋转钻井过程中,转盘通过钻杆、可变径稳定器、将动力传递到钻头,地面控制信号通过下行信息通道以编码的形式通过钻柱振动或泥浆脉冲传递到可变径稳定器控制装置。

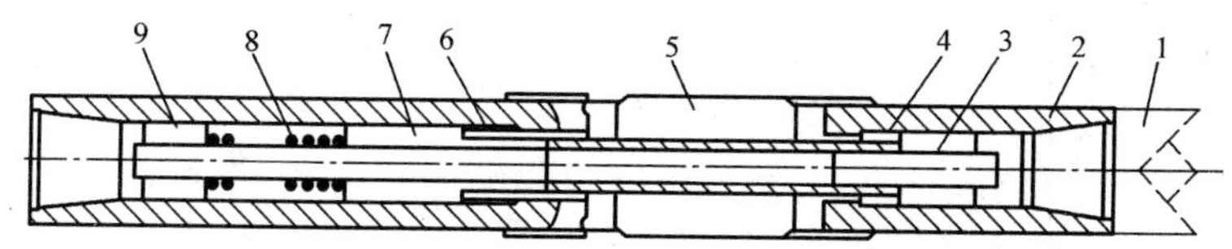

图2　可变径稳定器结构示意

1—钻头;2—本体;3—活塞;4—推杆;5—可调稳定块;6—从动杆;7—液压系统;8—弹簧;9—测控系统

可变径稳定器共有4个可调稳定块,互成90°,如图3。当需要可调稳定块伸出时,液压系统中的电磁阀自动打开,依靠钻井液压力通过活塞将可调稳定块顶出,从而导致稳定器外径的改变,这一变化将会对轨迹的形成产生重要影响。

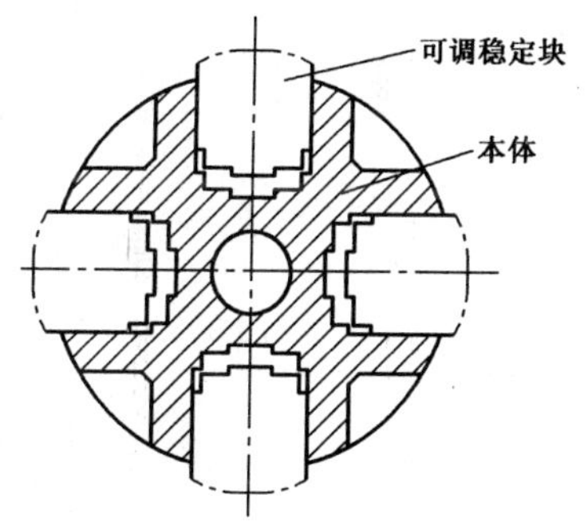

图3　可调稳定块位置示意

可变径稳定器在下钻前,将预先编制的井眼轨迹存入微电脑,在钻头钻进的过程中,微电脑将所得到的轨迹参数同预先存入微电脑的设计井眼轨迹参数进行实时对比,一旦发现二者出现偏差,微电脑便启动控制装置,液压系统根据控制指令调节可调稳定块的伸缩量,来补偿这种偏离趋势,这样,不管钻进什么样的地层,钻头都能准确地沿着设计井眼轨迹钻进。

三、设计特点

井下闭环旋转导向智能钻井系统要求所设计的可变径稳定器造斜性能良好,控制灵活,并具有较长的使用寿命。而可变径稳定器径向尺寸有限,工作环境恶劣,使得安装固定可调稳定块、液压系统和测控系统等十分困难,所以,稳定器结构本身的可靠性和控制系统的灵活性是可变径稳定器研制的难点。在设计中,针对难点问题采取措施。

(1)根据本体 MSC/NASTRAN 有限元强度分析结果,对本体结构进行了优化设计,确保在钻进过程中,不会出现强度失效问题。

(2)根据局部流体能量交换所产生的压差,确定流体对钻井液活塞端部的作用力,通过分析活塞组件的受力,确定钻井液驱动活塞的结构形状尺寸。

(3)为保证可调稳定块在钻井过程中与井壁有效接触,采用大接触面整体稳定块结构。

(4)为保证安装在本体内部元器件的安全,对本体结构进行了模态分析,避开共振区,并对敏感元器件作隔振处理。

(5)钻井液活塞"O"形密封圈选用优质橡胶,在"O"形密封圈两侧各加 2 道硬度和配合公差不相同的聚四氟乙烯挡环。

(6)对复位弹簧进行优化设计,以确保弹簧在使用中具有足够的弹力,将弹簧的工作范围设在弹性压缩的最优范围。

进行试验的可变径稳定器样机,具有以下主要特点:

(1)智能化钻井。由于在可变径稳定器中安装有 CPU,在正常钻井情况下,它无需外界干预,自动完成从井口到靶心的高质量井眼轨迹控制。

(2)无级变径。由于液压系统中的油缸容积可以进行连续微量调整,受控于液压系统的可调稳定块,则可以实现连续无级变径。

(3)操作简单。开泵钻进时,利用钻井液压力驱动泥浆活塞,将可调稳定块顶出;停泵起钻时,钻井液停止循环,利用复位弹簧,使可调稳定块收回。

(4)控制精确。测控系统对液压系统每发出一个调整指令,液压系统中的电磁阀都能够及时响应,使液压活塞产生位移,可调稳定块则伸缩到指定位置,而液压活塞位移量的大小可通过位移传感器及时反馈到测控系统中。

(5)定位可靠。一旦液压系统中的电磁阀关闭,可调稳定块将被锁定在一固定直径,其工作外径不再受外界因素的影响。

四、技术参数

变径范围	282～308mm
变径方式	智能、无级
工具长度	6.4m
下螺纹扣型	$6\frac{5}{8}$REG
上螺纹扣型	NC61
最大流量	3 000L/min
适用井径	ϕ311mm

五、性能指标检验

(1)钻井液驱动模拟试验。钻井液对可变径稳定器钻井液活塞的液力驱动,改用机械力直接驱动钻井液活塞，机械驱动力来自1台改装后的液压试验装置。液压试验装置的机械推动力使钻井液活塞上行，运动到上止点，可调稳定块在钻井液活塞的驱动下逐渐向外伸出，到达最大位置，此时，可变径稳定器工作外径由ϕ282mm逐渐变为ϕ308mm；当取消液压试验装置的机械推力时，在可变径稳定器复位弹簧作用下，钻井液活塞迅速下行，弹性力使其回到下止点。

（2）可调稳定块锁定试验。通过液压试验装置给钻井液活塞施加机械推力，当测控系统发出指令允许钻井液活塞运动时，液压系统中的电磁阀打开，允许钻井液活塞向上运动；当测控系统发出指令不允许钻井液活塞运动时，液压系统中的电磁阀关闭，钻井液活塞停止向上运动，此时，可调稳定块稳定在一个确定的工作外径上。对其稳定性进行了多次试验，通过压力传感器和位移传感器分别测量液压缸的压力变化和轴向位移，即可判定可调稳定块锁定情况，表1是其中的一组试验结果。

（3）液压系统密封试验。对液压系统内的阀座和油缸试压60MPa，稳压10min，试验过程中，阀座和油缸无泄漏，密封性能良好。

（4）测控系统可靠性试验。为了检验测控系统的输入输出特性，分别对测控系统样机进行了程序功能试验、仪器老化试验、高温特性试验、加温振动试验。试验结果表明，样机在模拟转动、模拟加压、振动状态、高温环境下，程序功能正确，信息传输可靠，具有很好的置信度，具有抗干扰、耐高温、低功耗等特点。

表1　可调稳定块锁定试验结果

工作外径，mm	轴向位移s，mm	稳压时间t，min	试验结果
ϕ282.0	53.2	—	—
ϕ284.1	57.1	—	—
ϕ287.3	61.8	23.33	锁定
ϕ290.7	65.3	23.20	锁定
ϕ293.4	69.9	22.23	锁定
ϕ296.5	74.4	21.50	锁定
ϕ299.9	78.6	20.67	锁定
ϕ302.3	82.9	19.83	锁定
ϕ305.4	86.5	18.27	锁定
ϕ308.1	90.7	18.27	锁定

六、现场应用效果

样机井下现场试验在长庆油田靖边地区井场进行。钻具组合为钻头+转换接头+可变径稳定器+转换短节+钻铤+转换接头+钻杆。井口泵压4～5MPa，转速60r/min，钻压160～200kN。每次下井试验前，基本操作数据，如，采样点数、采样间隔、控制执行方式等已提前设置好，并存储在井下存储器中；在试验中，按计划通过转盘和气刹向井下可变径稳定器发送变径动作指令;起钻后,通过回放存储数据,结果显示,可变径稳定器在井下工作正常,测试数据正确;变径指令被成功接收,并被成功执行,与设计要求基本一致。

七、结论

(1)井下闭环可变径稳定器在钻进过程中,具有智能变径的功能,可实现钻井过程中的增斜、降斜和稳斜的操作,提高井眼轨迹控制精度。

(2)可变径稳定器操作简单,变径可靠,信息传递正确。

(3)现场试验表明,可变径稳定器结构合理,机械部分未出现强度和刚度失效,电路部分性能稳定,能够满足钻井过程中复杂工况的要求。

参考文献

[1] J D Barr, J, M, Clegg. Steerable Rotary Drilling With an Experimental System [J]. SPE/IADC 29382, 1995:435 ~450

[2] 李松林,苏义脑,董海平. 美国自动旋转导向钻井工具结构原理及特点[J]. 石油机械,2000,28:22 ~27

[3] 张家希. 连续旋转定向钻井系统 - AutoTrak RCLS[J]. 石油钻采工艺,2001,23:33 ~38

无线传输通讯模块在数据采集系统的应用

李春杰　王天庆

（西安石油大学电子工程学院）

【摘　要】 本文介绍了无线传输模块的基本工作模式和数据采集系统的基本组成、硬件配置、软件设计以及无线传输模块在数据采集系统中的应用。

【关键词】 无线传输　数据采集　软件设计

在现代社会中随着社会的飞速发展,数据采集技术应用越来越广泛。把 MCU 数据采集系统跟 PC 机结合起来,利用 PC 机实时处理测量数据,可以使测量结果变得更直观、准确。利用无线传输通讯模块可以使 MCU 数据采集系统很准确快捷的把测量数据传输给 PC 机,从而组成无线通讯传输系统。

一、PTR2000 无线传输模块的介绍

PTR2000 是超小型、超低功率、高速率 19.2k 无线收发数传 MODEM,接收发射合一、工作频率为国际通用数传频段 433MHz,采用 DDS + PLL 频率合成技术频率稳定性极好;可直接接 CPU 串口使用如 8031,也可以接计算机 RS232 接口,软件编程非常方便。主要应用在遥控、遥测、工业数据采集系统等领域。

1. 模块引脚说明

PTR2000 引脚如图 1 所示。

第一脚:VCC 正电源,接 2.7 ~5.25V;

第二脚:CS 频道选择,CS =0 选择工作频道 1,CS =1 选择工作频道 2;

第三脚:DO 数据输出;

第四脚:DI 数据输入;

第五脚:GND 电源地;

第六脚:PWR 节能控制,PWR =1 正常工作状态,PWR =0 待机微功耗状态;

第七脚:TXEN 发射接收控制,TXEN =1 时模块为发射状态,TXEN =0 时模块为接收状态。

2. 模块硬件连接

PTR2000 无线收发数传 MODEM 的 DI 接单片机串口的发送,DO 接单片机串口的接收;单片机的 I/O 口控制模块的发射控制、频道转换和低功耗模式。其硬件连接如图 2 所示。

李春杰,男(1977—),山东德州人,硕士研究生．研究方向为:测试计量技术及仪器,主要从事信号的采集与处理工作。通信地址:西安石油大学 254#信箱;邮编:710065;联系电话:(029)8382636。

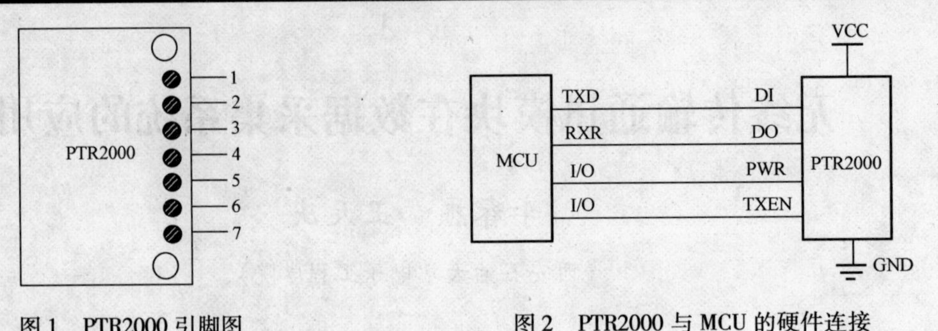

图1　PTR2000 引脚图　　　　图2　PTR2000 与 MCU 的硬件连接

3. 软件编程

(1)发送:在发送数据之前将模块置于发射模式 TXEN =1。5ms 后发射数据。发送结束后将模块置于接收状态 TXEN =0,发射和接收的转换时间为 5ms。

(2)接收:将模块置于接收状态 TXEN =0,接收到的数据直接送到单片机串口或经电平转换后送计算机。

(3)待机模式:PWR =0 时,PTR2000 进入节电待机模式,在此模式下不能接收、发射数据。

二、PTR2000 无线传输模块在数据采集系统中的应用

1. 无线遥控数采系统的硬件组成框图

无线遥控数采系统由 MCU 数据采集和 PC 机控制和数据接收两部分组成,其硬件组成框图,如图 3 所示。

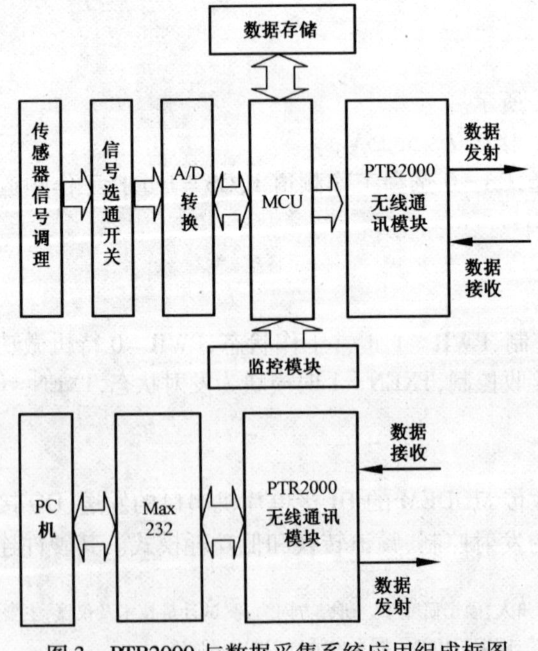

图3　PTR2000 与数据采集系统应用组成框图

MCU 数据采集部分主要功能为:接收 PC 机的测量任务,并按测量指令对传感器输出信号进行数据采集、处理、存储;在测量任务完成后,接收 PC 机的数据发送指令把测量数据通过无线通讯模块发送给 PC 机。

PC 机控制部分的主要功能为:向 MCU 数据采集部分发送测量任务,接收 MCU 数据采集部分测量数据,并对测量数据进行数据处理。

2. 软件编程

在实际应用时,当上电后该系统处于等待状态,当接到上位机的启动命令后,开始按测量任务进行数据采集、处理、存储;在测量任务完成后,接收 PC 机的数据发送指令把测量数据通过无线通讯模块发送给 PC 机。它们之间的数据通讯采用中断方法,其编程关键是保证上下位机间的数据通讯的准确性。为保证数据通讯的准确性我们在数据通信程序时对数据格式进行了打包处理,经测试和试验发现 0xff 后跟 0x00 在噪声中不容易发生,因此我们将有效数据格式定义为其开头以 0xff 后跟 0x00 的数据包。数据采集主程序及中断程序框图如图 4 和图 5 所示。

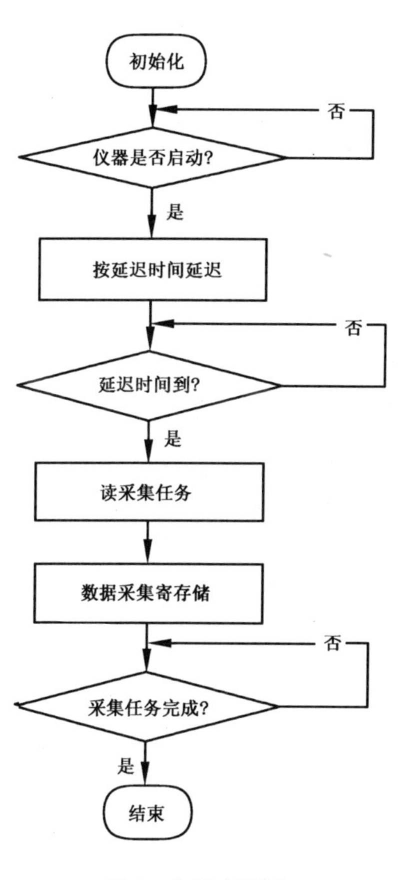

图 4　主程序框图

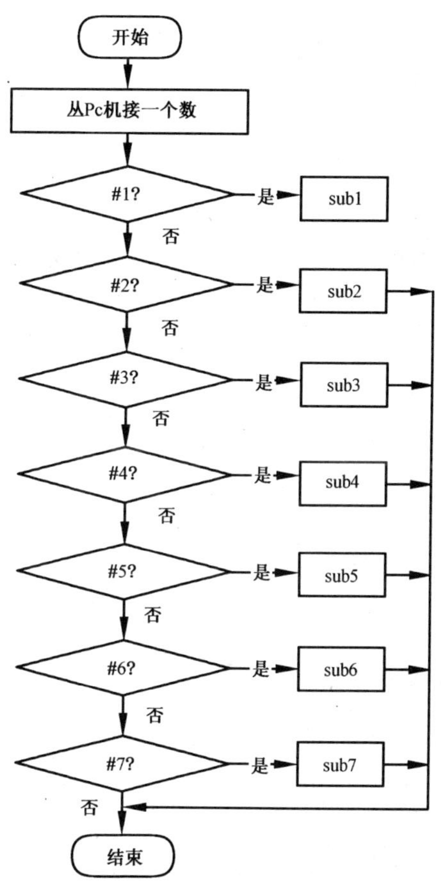

图 5　中断程序框图

各中断子程序具体说明如下:

sub1:清除数据存储区即把原来的测量数据从数据存储区中清除。

sub2:置参数表即接收 PC 机发送的测量任务,并把测量任务存入到存储区中。

sub3:检查参数即从存储区中读出测量任务,并向 PC 机发送测量任务。

sub4:启动采集,即置启动标志。

sub5:直通校验,即 PC 直接将采集、计算后的结果提取上来;此项功能一般在校验仪器时使用。

sub6:接收来自 PC 的延迟时间。

sub7:发送数据,即向 PC 发送存储区中的测量数据。

三、结束语

本数据采集系统采用无线通讯模块作为数据传输端,使 PC 机实现了对数据采集系统的遥控控制,并能很方便地提取测量数据,同时对测量数据进行处理,提高了工作效率。

参 考 文 献

[1] 何立民. MCS-51 系列单片机应用系统设计. 北京:北京航空航天大学出版社,1998

[2] 李龙星,刘庆伟. 一个自动抄表系统的设计与实现[J]. 计算机应用,2001,(8):201~203

[3] 李勇平等. Visual Basic 6.0 案例教程. 北京:希望出版社,2001

基于232通讯模块的闭环钻井系统的通信接口设计

李春杰　李　安　姚文彬

（西安石油大学电子工程学院）

【摘　要】 本文介绍了可控(三维)闭环钻井系统的数据交换框图,MAXIM232通讯模块原理和利用232通讯芯片进行闭环钻井系统各子系统通讯的原理设计。

【关键词】 闭环钻井系统　通讯模块　硬件设计

随着钻井技术的飞速发展,可控(三维)闭环钻井系统已成为钻井业发展的必然趋势并得到越来越广泛的应用。"可控(三维)闭环钻井系统"是由多系统组成的。为保证各子系统之间数据传输之间的稳定性和可靠性,各子系统之间的数据交换是通过RS-232构成的通信接口进行的。

一、RS232通讯模块接线原理图

MAXIM232芯片是美国MAXIM公司生产的一种包含两路接收器和驱动器的IC芯片,内部有一个电源电压变换器,可以把输入的+5V电压变换为RS-232C输出电平所需的232电平;采用此芯片接口的串行通信系统只需单一的+5V电压电源即可。其通讯模块接线原理图如图1所示。

二、通讯原理设计

1. MCU与MCU之间的232通讯

MCU在发射时把TTL电平经232驱动芯片转为232电平输出,在接收时232电平经232驱动芯片转为TTL电平接收,其硬件连接如图2所示。

2. MCU与PC之间的232通讯

MCU数据采集板和PC机可通过RS232进行串口通讯,MAXIM232可完成RS232电平转换功能,其硬件连接如图3所示。

3. MCU与MCU之间的主从通讯

由MCU构成的多机系统常采用主从式结构,主机与从机可实现全双工通讯,而各从机之

李春杰,男(1977-),硕士研究生。研究方向为:测试计量技术及仪器,现主要从事信号的采集与处理工作。

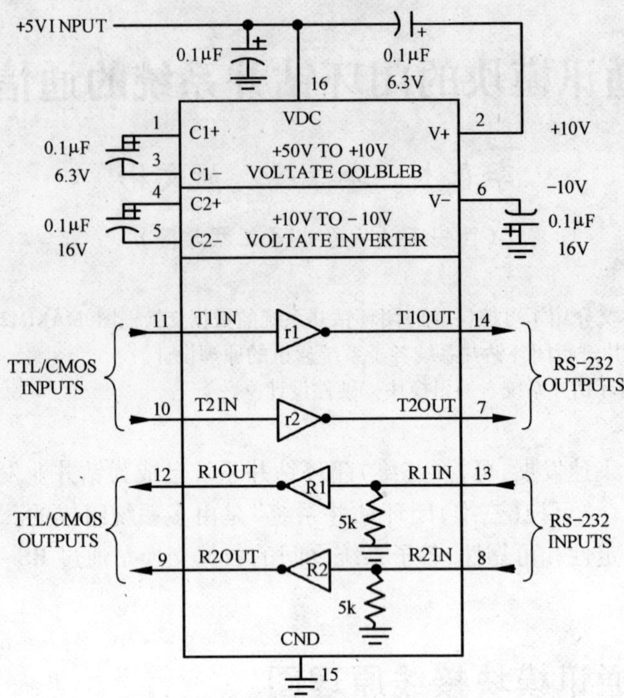

图 1　RS232 通讯模块接线原理图

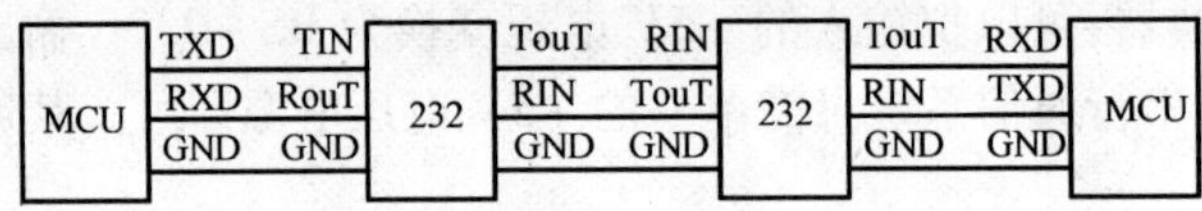

图 2　MCU 通过 232 与 MCU 通讯接线图

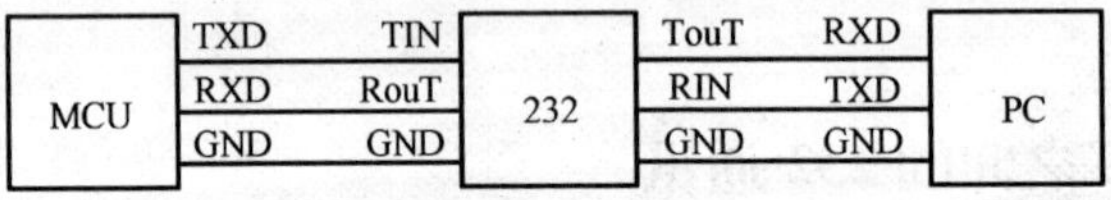

图 3　MCU 通过 232 与 PC 机通讯接线图

间只能通过主机交换信息。在多机通讯中，要保证主机与所选择的从机实现可靠的通讯，必须保证通讯接口具有识别功能。其接线图如图 4 所示。

三、232 通讯模块在闭环钻井系统中的应用

1. 闭环钻井系统的通讯接口的设计

“可控(三维)闭环钻井系统”是由多系统组成的。为保证各子系统之间数据传输之间的稳定性和可靠性，各子系统之间采用主从式结构，相互之间的数据交换是通过 RS − 232 接口进行的。其数据流如图 5 所示。

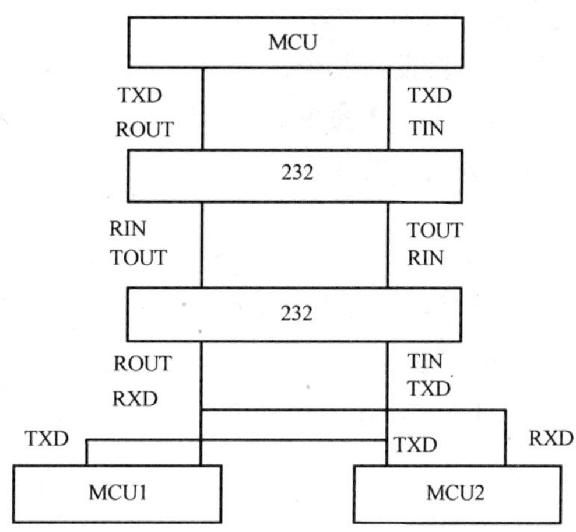

图4　MCU与MCU主从通讯接线图

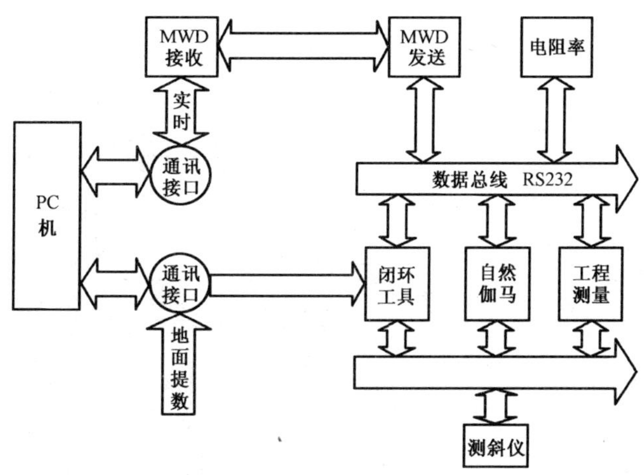

图5　数据流框图

2. 闭环钻井系统的通讯软件设计

在闭环钻井系统中为保证通信的准确可靠,通信均由主机发起,并遵循以下通信协议:

(1)在本系统中,帧的格式分为命令帖和数据帧。命令帧和数据帧分别传送,帧的格式如下:

① 命令帧:命令帧的传送方向为主机至从机;其格式为:从机地址、命令字段、数据长度,其长度固定为三字节。其中数据长度为主机待发送或待接收的数据帧长度。若主机发送的为操作命令,则数据长度为零。

② 数据帧:数据帧的传送方向为主机至从机或从机至主机。格式为:数据、数据、数据……校验和。

(2)从机地址为00H－FEH,系统最大容量为255台。

(3)主机发送的命令字段长度为1,命令代码为00H－FFH,最大可容纳256条命令。在闭

环钻井系统中主机向从机发布的命令有三类:

① 发送数据命令:即主机向从机发送命令,命令从机准备接收主机发送的数据帧;

② 接收数据命令:即主机向从机发送命令,命令从机向主机发送数据帧;

③ 操作命令:即命令从机完成规定的测控动作或其他操作,在这类命令中,主从机之间不传送数据帧。

另外在本系统中,采用命令帧和数据帧分别传送的方式传送数据及命令。采用这种结构使程序结构更加合理,有利于程序结构模块化;另外它简化了通行程序设计的难度。在整个通信程序中,除了主机命令发送程序和从机命令接收程序要分别设计外,主机和从机的数据发送、数据接收程序完全一样。其主机和从机的通信程序框图如图 6 所示。

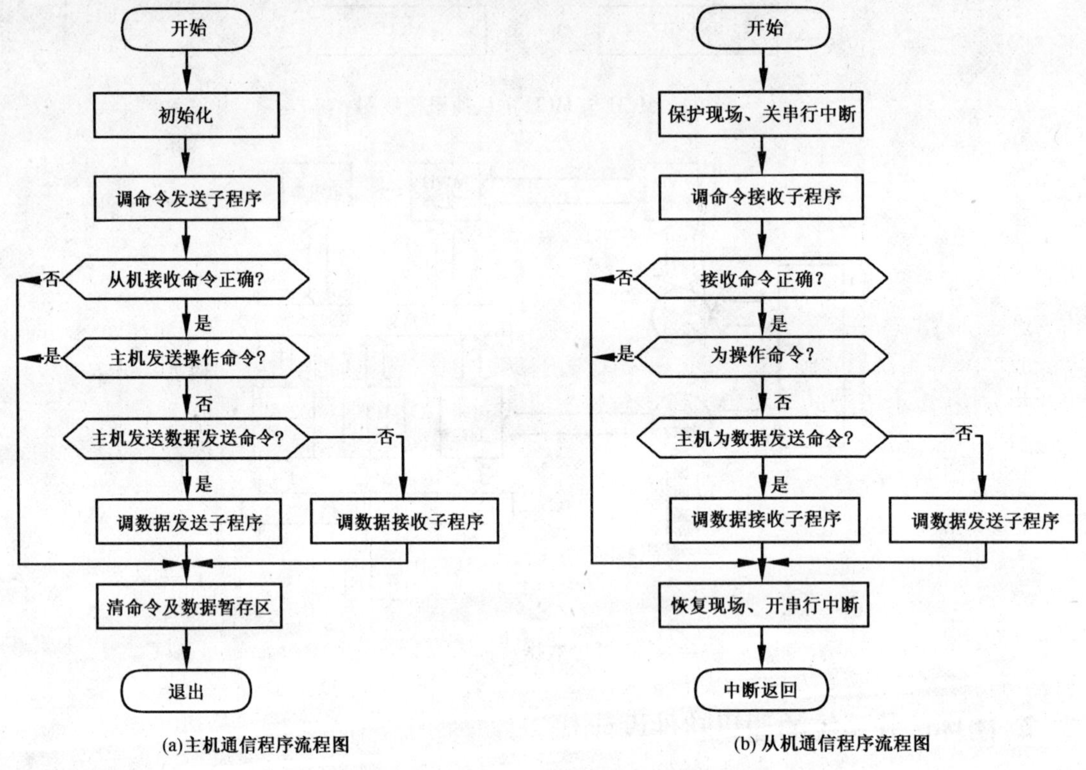

图 6　主机和从机通信程序流程图

四、结束语

利用 232 进行闭环钻井系统的 MCU 与 MCU 和 MCU 与 PC 机之间的通信,比使用 TTL 电平进行数据通信增大了有效距离;增加了闭环钻井系统各子系统间进行数据通讯的可靠性。实验证明:闭环钻井系统采用 232 式主从式结构,通讯效果是令人满意的。

参 考 文 献

[1] 陈启美等. 微机原理与外设接口. 北京:清华大学出版社,2001

[2] 何立民. MCS－51 系列单片机应用系统设计. 北京航空航天大学出版社,1998

调制式可控偏心器伺服平台的滚动稳定控制系统仿真

周　静　付鑫生　姜东霞　荐志清

（西安石油大学）

【摘　要】 所涉及的是可应用于旋转钻井的导向工具——调制式可控偏心器，主要介绍其伺服平台的滚动稳定控制方法与结果。通过仿真可见，在比较大的范围内改变钻井工艺参数和井眼参数时，应用所给出的滚动稳定控制方法可以保持伺服平台的滚动稳定性，从而可以控制施加在钻头上的侧向力的方位，进而可以控制井眼轨迹。

【关键词】 可控偏心器　旋转导向　滚动稳定　仿真

一、引言

进入20世纪90年代中期以来，石油工业越来越意识到大位移井和水平井在提高产量和降低成本上的经济效益。在南海就有一口大位移井控制一个含油构造的先例。采用传统的定向钻井方法时，由于滑动导向段大段不旋转的钻柱与井壁之间摩阻过大，限制了大位移井水平位移的进一步延伸。为了增加水平位移，必须尽量缩短滑动段的距离，最好的办法是完全摆脱滑动模式，采用在旋转模式下进行造斜的定向钻井技术，这就要求采用一种适合于旋转模式下工作的新型造斜导向工具。

Barr在1992年提出了旋转导向系统（steering rotary drilling）理论，并预计在1995年以后旋转导向系统将成为定向钻井的关键技术。所谓旋转导向，就是在旋转方式下进行定向钻井，旋转导向系统的核心是井下可调的带偏心翼片的偏心稳定器，或称可控偏心器。可控偏心器的优点包括有能力调整方位，可钻出非常光滑的、精确地沿预定轨迹前进的井眼，以有利于后序作业、没有轴向冲击、不产生台阶以及可以连续旋转导向钻井，使岩屑一直处于悬浮状态，减小了摩阻，并同时实现井眼轨迹预测以及井眼轨迹控制，从而达到井眼轨迹自动控制的目的。本文所涉及的就是可控偏心器的一种——调制式可控偏心器，它以泥浆为导向控制的动力，结构简单，可以在控制井斜的同时控制方位[1~4]。本文主要介绍其核心部件伺服平台的滚动稳定控制方法与结果。

二、工作原理和结构设计

调制式可控偏心器主要包括三个空间相位相差120°的可伸缩翼片及盘阀机构及伺服控

周静，1964年生，1988年获西安电子科技大学硕士学位，现在西安石油学院电子工程系工作，副教授．目前主要从事国家“863”项目820主题以及石油天然气集团公司“九五”重点攻关项目关于井下闭环旋转导向控制系统的研究工作。

制平台,它安装在图1所示的结构中。伺服平台的功能是控制翼片伸出并推靠井壁的方向,也即控制造斜的方向。在钻井过程中,翼片是随着钻头一起旋转的。这样,当造斜方向一定时,钻头每旋转一周,三个翼片依次要在造斜方向相反的方向上做一次伸缩运动。翼片的伸缩由钻井液提供动力,并由控制阀来分配。控制阀由上下两部分组成:上盘阀与伺服平台输出控制轴相连,与伺服平台保持同步运动;下盘阀与导向机构壳体相连,其下的通道通向伸缩翼片的活塞缸。当需要定向时,伺服控制系统将伺服平台稳定在一个固定的方位上不动,钻井液流过固定上盘阀液压孔。旋转的下阀孔与上盘阀的液压孔眼位于同一轴线上时(两孔相对),与之相连的伸缩机构被高压钻井液推动,活塞外推,给井壁施加一作用力。于是钻头受到一个井壁的反作用力,导致井眼轨迹发生改变。

导向机构通过控制盘阀实现定向功能,而控制盘阀连接在伺服平台的输出控制轴上,它受伺服控制系统的控制,由此可见,在一个旋转的系统中保持伺服平台的滚动稳定控制是实现可控偏心器定向功能的关键。

伺服控制系统安装在伺服平台内部,其中包含一套测斜系统。由于工作环境的影响,伺服平台受到很多干扰力矩的作用,使平台的转动状态无法控制。为了平衡掉这些干扰力矩,在伺服平台上设计了扭矩发生器 D_1 和扭矩发生器 D_2 两个装置。两个扭矩发生器均以钻井液作为动力源。在钻井过程中,钻井液的冲击带动了扭矩发生器中永久磁场旋转,通过电磁感应的作用,在扭矩发生器的线圈中产生感应电流。感应电流又与旋转磁场相互作用产生电磁转矩,传递给伺服平台。通过对两个扭矩发生器机械结构的不同设计,可以使它们传递平台的电磁转矩方向相反。两扭矩发生器的结构原理如图1所示。图中,检测和控制单元的作用是调节两个扭矩发生器传递给平台的扭矩的大小,从而保证平台所受正、反扭矩相等,使平台始终处于稳定状态(即不旋转状态)。

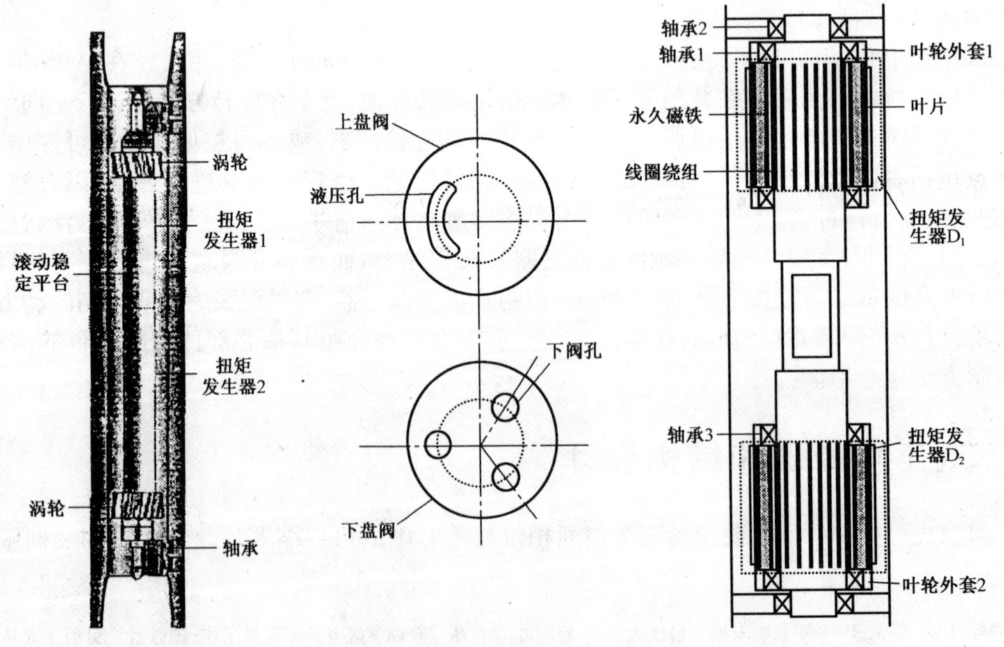

图1 调制式可控偏心器的结构

三、可控偏心器的控制模型

系统的工作原理可用图2所示的框图来表示。用 M_0 表示伺服平台所受到的干扰力矩之和;M_{D_1} 表示扭矩发生器 D_1 产生的电磁转矩;M_{D_2} 表示扭矩发生器 D_2 产生的电磁转矩。

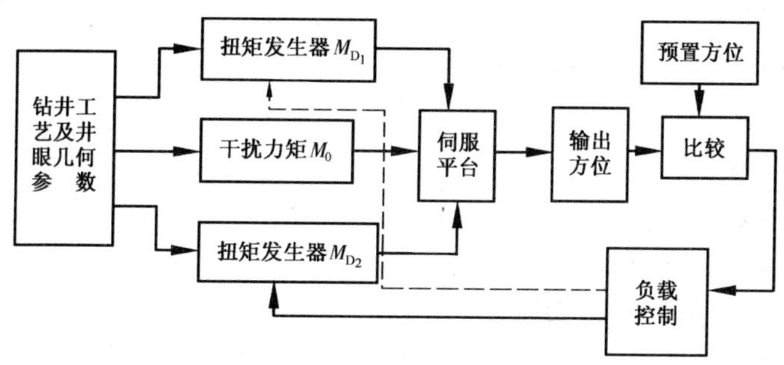

图2　伺服控制系统工作原理

钻井工艺及井眼几何参数包括:钻井液排量 Q、黏性系数 μ、井斜角 DEV、钻杆转速 n_0;控制参数包括扭矩发生器 D_1 的电负载 R_{l1}、扭矩发生器 D_2 的电负载 R_{l2}。通过调节扭矩发生器的电负载可以改变其传递给伺服平台的电磁转矩的大小,使伺服平台所受到的合力矩为零,从而保证伺服平台在预计的方位上保持滚动稳定状态。

通过对可控偏心器进行受力分析,在此基础上对结构进行细化、确定参数(限于篇幅,本文不细致讨论),得到伺服平台所受到的力矩及表达式分别为:

(1)轴承1对平台的摩擦扭矩 $M_{bearing1}$。轴承1用来将平台支撑在空心钻铤内部,由一对滚动轴承构成。式中 sgn 是符号函数

$$M_{bearing1} = 23.39\mathrm{sgn}(n_0 - n)(0.008\sin DEV + 0.02\cos DEV)$$

(2)扭矩发生器 D_1 传递给平台的电磁转矩 M_{D_1};扭矩发生器由叶轮外套1内壁的永久磁铁与平台外表面的线圈绕组构成:

$$M_{D_1} = 0.4 \times \frac{19310Q - n}{R_{l1}}$$

(3)钻铤旋转带动钻井液旋转,旋转的钻井液传递给平台的粘滞摩擦扭矩 M_{mud}:

$$M_{mud} = 0.0178\mu(n_0 - n)\mathrm{sgn}(n_0 - n)$$

(4)扭矩发生器 D_2 传递给平台的电磁转矩 M_{D_2}:

$$M_{D_2} = 0.4 \times \frac{-19310Q - n}{R_{l2}}$$

(5)盘阀系统传递给平台的摩擦扭矩 M_{valve}:

$$M_{valve} = 0.033\mu(n_0 - n)\mathrm{sgn}(n_0 - n)$$

根据作用在伺服平台上的动力学方程：$\sum M = J\frac{d\omega}{dt}$，可以得到平台转速 n 与钻井工艺参数的关系可以用下式表示：

$$0.0146\frac{dn}{dt} = 0.4 \times \frac{19310Q - n}{R_{l1}} + 0.4 \times \frac{-19310Q - n}{R_{l2}} + 0.05\mu(n_0 - n)\operatorname{sgn}(n_0 - n) + 23.39\operatorname{sgn}(n_0 - n)(0.008\sin DEV + 0.02\cos DEV)$$

上式中 DEV——井斜角；

Q——钻井液排量；

n_0——钻杆转速；

μ——钻井液黏性系数；

R_{l1}，R_{l2}——扭矩发生器的负载。

通过分析系统的传递函数，可知系统是二阶的，其特征方程不含常数项，而系统输出函数伺服平台的方位角是其转速的积分，因此为了增加系统的稳定性，改善系统的性能，将方位与预置方位的误差信号通过 PD 控制反馈，其输出用来控制扭矩发生器的负载 R_{l1}，R_{l2}，就可以使伺服平台的输出方位稳定在预置方位上，并能对钻井工艺参数有一定的自适应能力.

四、实例与仿真结果

钻井液排量 Q、钻井液黏性系数 μ、钻杆转速 n_0 都可以在钻井的过程中随时调整；井斜角 DEV 则（根据所设计的井眼轨迹）随着井深的增加而变化。

1. 扭矩发生器开环且负载开路时，伺服平台的工作情况

通过仿真可以看出，扭矩发生器的负载开路时，经过一定时间后，伺服平台的转速与钻杆转速相同。

2. 闭环控制时，对伺服平台方位的跟踪情况

从图 3 中可以看出开钻后经过大约 4 秒钟，伺服平台的输出方位稳定到了 0°。预置方位由 0°变化到 60°时，伺服平台的工作情况平台经过大约 7s 方位调整到位，而且调整时间随着方位差的增大而增大，随着钻杆转速的增加而减少。

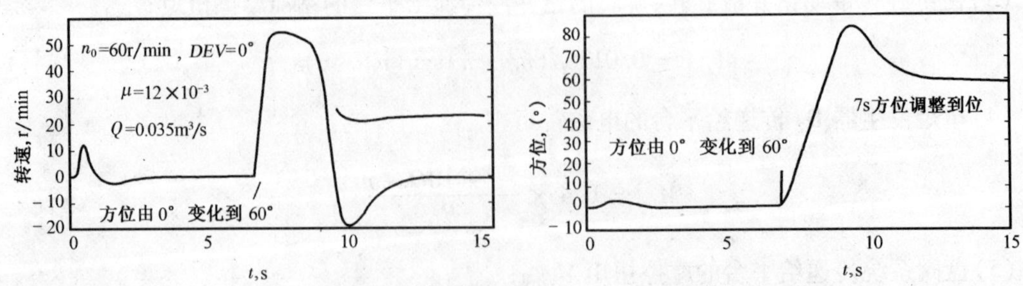

图 3 伺服平台对方位的跟踪能力

3. 在钻井工艺参数扰动时系统的输出特性分析

性能良好的系统,不仅能精确地跟踪输入信号,而且能尽可能地屏蔽掉扰动信号。在本套可控偏心器伺服控制系统中,除了平台的目标旋转方位角是有效的输入信号外,以下参数都包含干扰信号:钻井液排量 Q、钻井液黏性系数 μ、钻杆转速 n_0。因此当输入信号为零时,系统在干扰信号作用下其输出方位角应快速归零。经过仿真可知,钻杆转速在 60r/min ± 6r/min 范围变化时,方位误差 < 0.1%;钻井液排量在 0.0315 ~ 0.0385m³/s 范围变化时,方位误差 <1%;钻井液黏性系数有 10% 的变化时,方位误差 <0.1%。因此在采用上述方法时,系统中钻井工艺参数扰动的影响可以忽略不计。

4. 在意外的冲击干扰下系统的输出特性分析

1)卡钻时系统的输出特性

由于地质参数、井眼以及钻井工艺参数的影响,有时会使钻杆瞬时速度为零,很快又恢复的情况,图 4 所示就是卡钻 0.1s 时,平台能够及时响应钻杆速度的变化,达到滚动稳定状态。

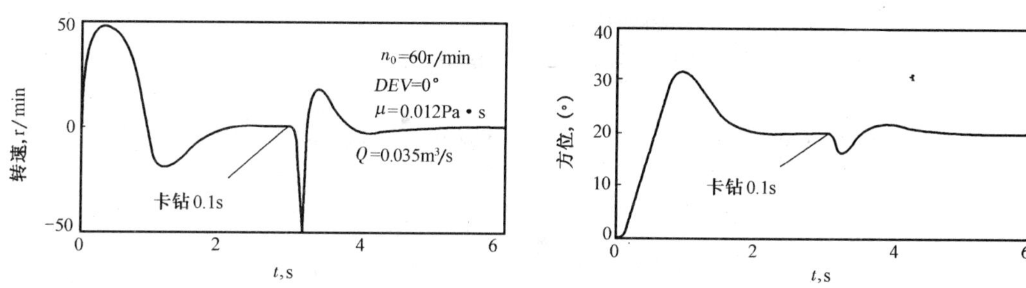

图 4　钻杆瞬时卡钻时平台的输出转速和方位

2)憋泵时系统的输出特性

同理,图 5 是由于钻头水眼被岩屑塞堵时,平台能够及时响应钻井液排量的变化,达到滚动稳定状态。

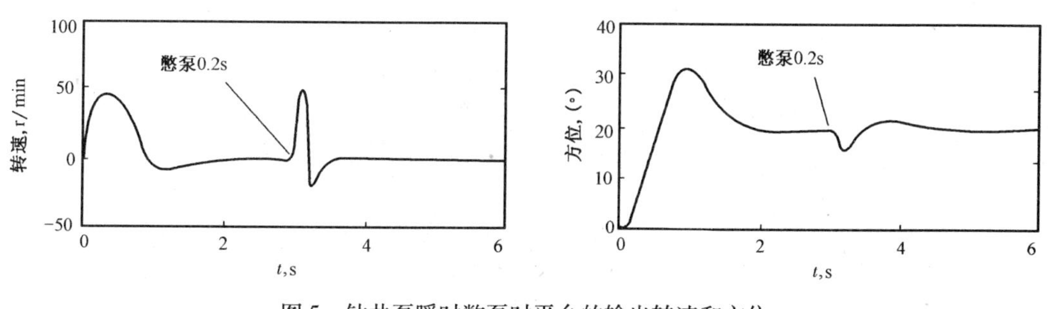

图 5　钻井泵瞬时憋泵时平台的输出转速和方位

五、应用与结论

基于上述原理研制出来的调制式可控偏心器已于 1999 年起由 Schlumberger 公司在国外投入现场试验,它在英国的 Wytch Farm 油田创造了大位移井水平位移的世界记录 35169 英尺。由此带来了巨大经济效益:一方面体现在减少了起下钻时间、改善井眼质量、减小了狗腿利于传递钻压、增加钻速等;同时大的水平位移可以开采以前不合适开采的剩余油藏和边际油田,因此本文所述的技术已越来越引起全世界的关注,被认为是下一世纪的钻井技术。

本文得到的动态响应过程,是理想状态下的用 MAT LAB 中 Simulink 的仿真结果。由于可控偏心器工作环境的干扰因素很多,系统实际情况可能与仿真结果有出入。这些仿真结果旨在说明系统在各种扰动作用下,系统能够进行自我调整,从而保持了控制稳定性. 另外,在仿真的过程中也发现系统的稳定性与钻杆转速和泥浆排量值有很大的关系,此如钻杆转速超过 80r/min 时系统就无法跟踪预置方位的变化。这些结论均反映了 PID 控制的局限性,实际上,对多输入多输出系统,采用现代控制理论的方法其效果也许会更好些,这将在以后的工作中做进一步研究。

参 考 文 献

[1] Barr J D and Russell M K. Steerable Rotary Drilling System[P]. Europe Patent:0520733A1,1992 - 03 - 02

[2] Barr J D and Clegg J M. Steerable rotary drilling with an experimental system[A]. International Assemble Drilling Conference[C],Dallas,TX,SPE 29382,1995,435 - 450

[3] Barr J D,Motion W C and Pussell M K. Steerable Rotary Drilling System[P]. Europe Patent:0 728 908,1996 - 10 - 21

[4] Yang G C. Automatic Control Theory[M]. Xi' an:Xi' an Electric Science Publishing House,1997(in Chinese)

应变测试法测试钻井参数的数据采集系统设计

胡　泽　陈　平　黄万志　王章瑞　孙仁祥

（西南石油大学）

【摘　要】 设计了一种基于应变测试法的钻井工程参数随钻数据采集系统。采用四应变片全桥方式，可以对钻压、扭矩、侧向力、环空压力等钻井工程参数进行随钻测试。数据采集系统采用 ADμC8xx 系列单片机为主控制器，另外设计了相应的外围信号调理模块、数据存储模块、数据通信模块和电源模块等。实验结果说明该数据采集系统用于井下钻井工程参数的测试是可行的。

【关键词】 应变测试法　钻井　钻井工程参数　随钻测试　数据采集

一、引言

旋转导向钻井技术代表了当前钻井技术的最新发展。旋转导向钻井技术是以不断旋转的钻柱带动钻头钻进，钻头沿预定的轨道前进，实现井眼轨迹的实时导向控制。旋转导向钻井技术能够成功实现旋转导向的技术之一就是要实时测量出近钻头处的钻井参数[1]。

国外已有性能良好的随钻测量工具，可以适应的环境压力达 140MPa，温度 150℃，可以测量钻压、扭矩、环空压力、温度、转速、加速度、弯曲应力等多种参数。其数据采集使用了 4 个应变电桥来测量钻压、扭矩和两个正交方向上的弯曲应力，应用压力传感器测量环空压力，应用加速度计测量加速度，应用热电偶测量温度等，并有一个实时计时器以标记数据的时间顺序，使用特殊的导线技术来保证有效的信噪比[2]。采集的数据将进行温度影响的校正及进行偏移补偿，校正系数需要经过大量的测试和数据处理才能获得。[3]

本文设计的新型工程参数测量仪在近钻头的测试中，能够同时测量钻压、扭矩、井下环空压力和钻头侧向力，将采用新型传感元件以适应和满足旋转导向钻井技术及常规钻井技术的要求。这将为石油勘探与石油开发钻井提供一种具备近钻头测试功能的新型工具。该工具为现场技术人员提供实时掌握井下环空压力、钻压、扭矩和钻头侧向力的手段，了解和分析井下钻具和环空状况，并为完成三维井眼轨迹的实时控制提供井下钻具工作状况和环空状况，配合旋转导向技术可以大大提高井眼轨迹控制的精度和水平。该新型钻井工程参数测量仪的结构设计适用钻头尺寸为 8 ½in，设定环境压力为 100MPa，温度为 125℃。

二、应变测试法测试钻井工程参数

图 1 为应变测试法工程参数测量仪的总体结构。应变式测量方法主要由测试主轴、中间

基金项目：国家“863”项目（2003AA602012 – 03）。

胡泽（1966 – ），男（汉族），四川仪陇人，博士，教授，主要从事电子信息和井下测试技术研究。

扶正接头、电子线路芯、保护外壳、七芯接头等部件组成。在测试主轴的五个截面上均粘贴有应变片,一个截面上的应变片测量钻压,另一个截面上应变片测量扭矩,其余三个截面上的应变片用来测量钻头侧向力和工程参数测量仪前面扶正器的侧向力。此外,还有一个压力传感器安装在测试主轴上,以测量井下环空压力。测量钻压、扭矩的应变片各自组成一个电桥,测量钻头侧向力和扶正器侧向力的应变片各自组成六个电桥。各电桥与信号调理电路的连接线路经过线密封套进入电子线路芯,经七芯接头与旋转导向钻井工具主体连接。

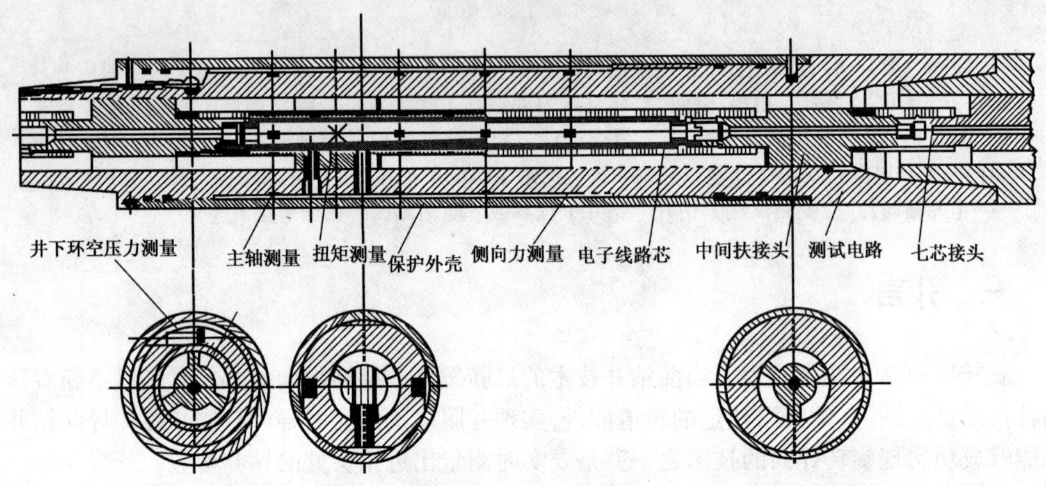

图 1　应变测试法总体结构图

1. 应变测试法测试钻压

钻压测量,实际上就是对作用于钻头上方的集中力进行测量。采用应变测试法对集中力(拉力或压力)进行测量是较常用的可靠方法[4],其传感器弹性元件常为杆柱式(实心或空心)、悬臂梁式、环式等。对于钻压测量的使用条件,因为要测量几十吨的大动载荷,又要容许泥浆通过,传感器弹性元件只适宜为空心杆柱式。在同样的应力应变条件下,空心杆柱式弹性元件的外形尺寸较大,比实心杆柱式弹性元件有更好的抗非测量载荷的性能。钻井时,井下工况复杂,保证钻井的安全进行是最重要的,因此弹性元件只能有 100 微应变左右,电桥输出信号太小给测试带来一定的困难。

全桥应变法测钻压时,两个纵向应变片和两个横向应变片采用全桥接法。

2. 井下环空压力的测量

井下环空压力正在成为所有钻井工艺过程的标准测量参数。井下环空压力的测量能准确地控制钻井过程,减少和消除井下复杂情况及事故,缩短钻井时间,提高钻井速度[5]。

井下环空压力的测量包括两个部分:

(1)由位于传感器上方的井眼环空内的钻井液所产生的静液压力;

(2)与钻柱运动、钻井液环空循环、井眼结构尺寸变化和固液相进出环空有关的动压部分。

测量分析时,还要注意钻井液的流变性、环空的流态、井下温度对压力测量的影响。由于环空压力测量已有各种不同的应用,根据井下使用条件和测量要求,选用 CYB 系列溅射薄膜压力传感器。

3. 应变测试法测量扭矩

采用全桥四应变片测量扭矩[6]。

4. 钻头侧向力测量

钻头和扶正器的侧向力,相对于钻柱来说,是钻柱的径向弯曲力。为了测量钻头和扶正器的侧向力,直接在钻柱上粘贴几组应变片进行测量。考虑到钻头和扶正器侧向力的大小、方向均未知,因此要在弹性元件的四周粘贴应变片,以便在两个互相垂直的方向求出其分力,然后求解钻头和扶正器侧向力的大小和方向来。

三、钻井工程参数测试数据采集系统的设计

根据井下工程参数测量仪总体设计方案,井下工程参数测量仪控制系统由单片机作为控制器件。整个电子硬件部分包含信号调理模块、A/D 转换模块、数据存储模块、数据通信模块、电源模块及单片机控制模块。

井下工程参数测试仪所要测试的井下工程参数包括钻压、环空压力、扭矩、侧向力和温度等,共 9 路(温度传感器在单片机芯片内部)传感器信号。井下工程参数测量仪总体设计框图如图 2 所示。

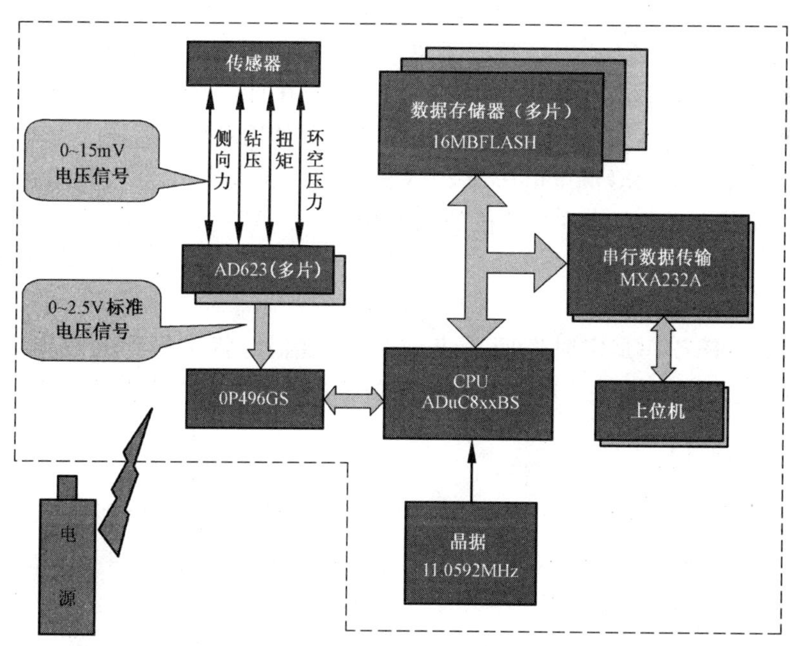

图 2　钻井工程参数数据采集系统硬件框图

(1)单片机 ADμC831:系统核心控制器件;

(2)扩充 16M 字节 FLASH 存储器:存储转换采集的数据;

(3)扩充 SP3220E:RS - 232C 串行口电平转换;

(4)扩充 MIC29201:为电桥和放大电路间隙供电;

(5)扩充多路转换开关 MAX4581:扩展模拟输入通道。

1. 信号调理模块

由于钻井工程参数测量仪所测试参数的各路传感器信号具有不同的特点,因此 9 路信号使用 9 个不同的放大器。根据应变法测试的实际情况,电桥输出信号很小(2 ~ 3mV),必须进行适当放大。

正常工作时,扭矩、钻压应变电桥的输出总为正值,但在特殊情况下,应变电桥的输出将为负值,而后面的数据采集系统只允许接受正信号,故电路设计将保证输出信号必为正值;正常工作时,侧向力传感器的输出必然有正有负,因此在放大电路中引入出偏移电压;当侧向力传感器输出为零时,放大器的输出被偏移至 1.2V;侧向力传感器输出信号为正时,放大器输出电压增大(可达 2.4V 以上);侧向力传感器输出信号为负时,放大器输出电压减小,侧向力传感器负向输出最大时,放大器输出电压减少到 0V(即侧向力传感器输出正信号时,对应放大器输出电压为 1.2 ~ 2.4V,侧向力传感器输出负信号时,对应放大器输出电压为 1.2 ~ 0V,0V 对应侧向力传感器输出负信号最大)。这样的输出电压,数据采集系统很容易处理。为防止输出电压过高而损坏单片机,放大电路采取了限压措施,以保后续电路安全、可靠的工作。

实验结果显示所设计放大器工作可靠,性能稳定,精度完全满足工程测量要求。

2. 数据采集模块

根据项目总体设计方案,能容纳数据采集系统的空间有限。单片机 ADμC831 自带 8 路 A/D 转换通道,转换时间 4μs,分辨率 12 位,利用其中的一路扩充一片 8 通道多路开关 MAX4581,使得系统可用 A/D 通道数达到 15 个,目前仅使用了 9 个通道。

ADμC831 单片机的 ADC 满度电压为 2.5V,自带 2.5 的参考电压,可使用程序作偏移校正和满度校正,校正值会自动保存在单片机的 SFR 中。

3. 数据处理模块

该部分的主要任务一是定时巡回采集十路模拟信号,将采集到的数据写入非易失性 FLASH 存储器中;二是随时(在 10ms 以内)准备好响应井下主机发来的命令。

4. 数据存储模块

系统使用非易失性的 FLASH 存储器 AT45DB642 作为数据存储器,该芯片的容量为 8192 × 1056 个字节,通过 SPI 串行接口与 AD C831 单片机通信[7]。

5. 数据传输模块

数据传输模块主要由 SP3220E 将 ADμC831 单片机的串行口的 TTL 电平转换 RS - 232C

接口电平，以实现 RS－232C 接口。

钻井工程参数测试数据采集系统通过 RS－232C 串行口将所采集得的数据传给上位机。一旦上位机对本机寻址，本机则根据上位机的要求传送数据。

6. 电源模块

为保证应变片安全、可靠，使用低阻值应变片，但随之而来，电源功耗显著增长，桥路供电稳压电源不堪重负，且供电电池的使用时间大大缩短。因此在不影响数据采集的前提下，对放大电路板及传感器电路实行间歇供电，从而大大延长电池的工作时间；采用低功耗电路元件；对桥路供电的稳压电源增加扩流措施，从而确保电池在高温下长期可靠地工作。井下工程参数测量仪控制系统采用高温、高能锂电池。本系统需要 12V、9V 和 3V 三种规格的直流电源，最大电流为 250mA。采用 8 节高温锂电池成两组并联供电，系统对它们实行间隙供电：当需要采集数据时才供电，采完数据后立即停止供电，从而将平均工作电流降到几十毫安，这样电池组可在井下工作 150h 左右。

四、系统软件设计及调试

ADμC8xx 系统微转换器与一般的 51 系列单片机不同、ADμC8xx 具有在线调试和下载功能，它由支持 ADμC831 的开发工具包 QuickStart 开发系统来提供。也就是说，在用户系统保留 ADμC831 的情况下，通过开发系统与 ADμC831 的串行接口通信，直接对用户系统进行调试，并且在调试完成后将已经调试好的程序下载到 ADμC831 中。所以此软件支持的是串行下载模式。作为工厂引导代码的一部分，ADμC831 本身具有串行下载的程序，使经过标准 UART 串行接口实现串行代码下载变得容易。

QuickStart 主要提供 3 项功能：下载、调试和模拟，分别由在线串行下载器、Windows 调试器和 Windows 模拟器来实现。

另外，ACCUTRON 公司专门为 ADI 的 ADμC8xx 系列微转换器开发了一套在线调试、仿真、下载的开发工具——Aspire，是一个基于 WINDOWS 操作系统的调试软件，它提供了一个全集成开发环境，统一的界面，包含一个项目管理器，一个功能强大的编辑器，汇编 Make、Build 和调试工具支持单步、断点、连续调试，可以随时监视内外各个程序和数据存储器所有空间和 SFR 的内容变化情况。只要用这一个软件就可以完成基于 ADμC8xx 系统的开发。

五、结论

设计完成的井下工程参数测量仪控制系统充分利用单片机的内部资源，尽可能地提高可靠性和精度。此数据采集系统，可以顺利地完成钻压、环空压力、扭矩和侧向力等参数的采集、存储和传输。同时，在软件设计中利用汇编语言嵌入高级语言的方式，降低了编程难度，增加了软件的可靠性和稳定性。

下井实验说明，数据采集系统测量准确、工作稳定，能可靠地记录井下 150h 以内的实时测量数据。

参考文献

[1] 樊顺利译．旋转导向系统提高 Statfjord 油田钻井效率和水平位移[J]．国外石油机械,1998,9(5):3~10

[2] 吴刚,杨欣．新式电缆导向井下钻具组合是连续油管钻井具有类似的钻盘钻井的性能[J]．国外石油机械,1999,10(6):5~13

[3] Leseultre A,Lamine E,Jonsson A,et al. An Instrumented Bit:A necessary step to the intelligent BHA[C]. SPE 39431,1998

[4] 王以法,管志川,李志刚等．井下测量接头自动测量系统的研制[J]．石油大学学报(自然科学版),2000,24(5):11~14

[5] Mark Hutchinson. Using downhole annular pressure measurements to anticipate drilling problems [C]. SPE 49114,1998

[6] Bart E Vos. The benefits of monitoring torque & drag in real time[C]. IADC/SPE 62784,2000

[7] Atmel. AT45DB161B datasheet,16M bit,2. 7 - volt only serial interface flash with two 528 - byte SRAM buffers[R]. 2005

[8] Heisig G,Sancho J,Macpherson J D. Downhole diagnosis of drilling dynamics data provides new level drilling process contrer to driller[C]. SPE 49206,1998

[9] Paul Lurie,Jackie E Smith. Smart drilling with electric drillstring[C]. SPE 79886,2003

[10] Daniel R Turner,Micheal A Yuratich. The all electric BHA:Recent developments toward an intelligent coiledtubing drilling system[C]. SPE 54469,1999

本文原发表于《西南石油大学学报》2007 年第 3 期

基于 DSP 技术的钻井参数数据采集系统的设计

胡　泽　赖　欣　顾三春　张　禾

（西南石油大学电子信息工程学院）

【摘　要】 设计了一种基于 DSP 技术的钻井工程参数随钻数据采集系统。钻压、扭矩、侧向力、环空压力等钻井工程参数可以随钻进行测试。该数据采集系统采用 TI 公司的 TMS320LF2407A 芯片为主控制器，另外设计了相应的外围信号调理电路、存储模块、通信模块等。一个测试实例说明该数据采集系统用于井下钻井工程参数的测试是可行的。

【关键词】 钻井工程参数　随钻测试　DSP 技术

任何控制系统要实现正确的控制，控制参数的正确获取是第一位的，错误的控制参数必然导致错误的控制方法[1]。同样，钻井工程参数（包括环空压力、钻压、扭矩、侧向力）的测量在整个钻井控制过程中起着重要的作用。井下闭环旋转导向工具要正确引导钻头进行钻井工作，必须取得钻井工程参数[2]。通过对钻井工程参数的综合分析，才能详细地了解钻头当前的工作状态，并及时对钻井参数做出调整，使整个钻井工作顺利完成[3]。本文在国内外钻井工程参数测试成果的基础上，采用数字信号处理（DSP）技术进行钻井工程参数的采集处理，提高了采集系统的抗干扰能力，数据处理的速度更快。

一、基于 DSP 技术的钻井工程参数数据采集系统的总体设计

系统要完成 9 路电压信号的数据采集，这些信号包括：1 路钻压电压信号，1 路环空压力电压信号，1 路扭矩电压信号和 6 路侧向力电压信号。所有信号经信号调理电路放大后的变化范围为0～25V。

本系统作为多机通信过程中的下位机，使用时安装在井下靠近钻头的短节内，靠近地质测井部分短节，随钻测量，采集后数据先存于系统的内部存储器中。其质量的好坏会直接影响到后继系统的工作状态。该系统配合旋转导向配套技术可以大大提高井眼轨迹控制的精度和水平。

钻井工程参数数据采集系统包括以下几个部分：传感器、信号调理电路、DSP 最小系统及外围接口电路等。系统总体框图如图 1 所示。

数据采集部分负责采集传感器输出的信号，并进行必要的数据处理，再通过数据传输通路把数据传给上位机 MWD（随钻测试系统，本系统的上位机），数据传输采用 RS－232C 通信协

基金项目：国家 863 项目子课题（编号 2003AA602012－03）。

胡泽（1966－），男（汉族），四川仪陇人，博士，主要从事电子信息和井下测试技术研究。

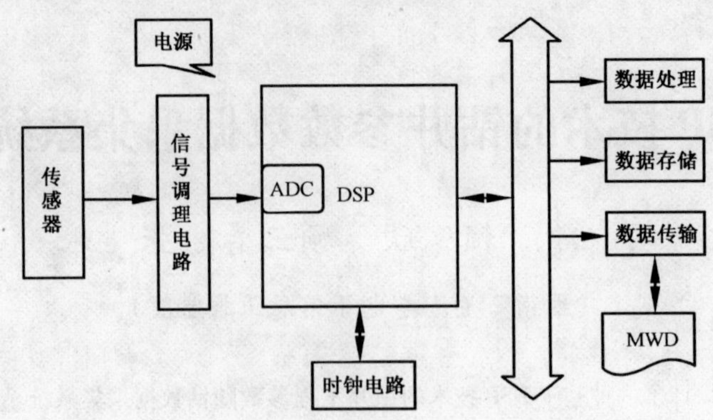

图1　钻井工程参数数据采集系统总体框图

议。采用模块化设计思路，最终设计的系统要完成数据采集、数据存储、数据传输三个主要功能。软件部分功能主要是实现对采集数据的判断、接收和通信。

二、钻井工程参数数据采集系统核心硬件电路设计

1. DSP 系统电路的设计

整个数据采集系统以 DSP 芯片为核心，DSP 芯片采用 TI 公司推出的 16 位定点高性能数字信号处理器 TMS320LF2407A[4]。3.3 V 供电，40M IPS 的执行速度，指令周期为 25ns，具有 544 字片内双存取 RAM（DARAM），2K 单存取 RAM（SARAM）和 32K 的闪烁存储器（FLASH RAM）；两个事件管理器模块 EVA 和 EVB；10 位 A/D 转换器；同时在芯片内部集成了多种的通讯外设接口（SCI，SPI，CAN），方便用户进行通讯扩展。

DSP 最小系统是能使 DSP 正常工作的最基本的电路，包括电源电路、复位电路、时钟电路和仿真接口等。利用 2407A 内部的 A/D 进行数据采集，减少了 A/D 变换带来的不稳定性。2407A 内部具有两个独立的最多可选择 8 个模拟转换通道的排序器（SEQ1 和 SEQ2），可独立工作在双排序器模式，或者级联之后工作在一个最多可选择 16 个模拟转换通道的单排序器模式。本系统中 AD 采用级联工作模式，级联成 16 通道的排序器模式，本系统只用到其中 9 路。

2. 信号调理模块的设计

传感器输出的信号比较微弱，输出电压在毫伏级范围，因此必须将信号放大到 2407A 片内 A/D 转换器的满幅电压（0～3.3V）范围内，以便于 DSP 对其进行采集与处理。

系统选用 AD 公司的仪表放大器 AD623 设计信号调理电路。AD623 的输出负载能力有限，它是为驱动 10kΩ 以上负载阻抗而设计的。如果负载阻抗低于 10kΩ，它的输出端应该加一级精密单电源缓冲器，提高输出驱动能力，所以在 AD623 和 DSP 之间应该加上一级放大缓冲输出级，这一部分功能电路由 OP496 来实现。

3. 存储器模块的设计

采用 ATMEL 公司研制的串行 FLASH 芯片 AT45DB161[5]，2M 字节的存储容量，是理想的

大容量存储器。可满足本测量系统中 24 小时以内数据记录的要求,记录的内容为环空压力、钻压、扭矩、侧向力的测量值。该器件提供 2.7 ~ 3.6V 的工作电压;超可靠性,10 万次擦写次数,永久数据保存;包含 1 个非易失性的主存储体和 2 个 528B 的静态 RAM 缓冲页,2 个缓冲页使得写存储器页的同时读另一页的数据成为可能。所有这些特点使得此存储器非常适合本系统。

4. 通信模块的设计

通信模块主要完成 DSP 与上位机的信息交换。系统中使用了美国 MAXIM 公司生产的芯片 MAX232 来完成两者之间的通信任务,MAX232 芯片功耗低,集成度高, +5V 供电。由于 TMS 320LF2407A 是采用 +3.3V 供电,所以在 MAX232 与 TMS 320LF2407 之间需加电平匹配电路。本系统采用了 TI 公司的电平匹配芯片 SN54LVTH245,它是一个低压带三态缓冲的 8 位双向转换器。它支持混合模式电平操作。图 2 为串行通信接口电路。

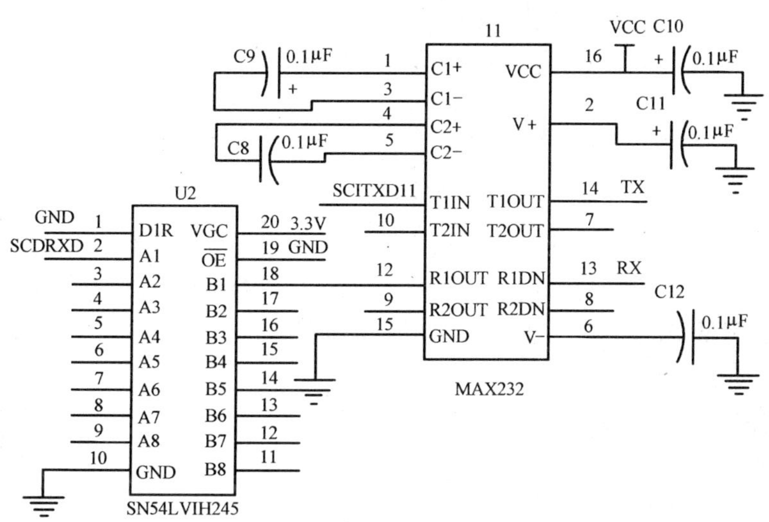

图 2 串行通信接口电路

本系统在多机通信过程中为下位机。其多机通信结构图如图 3 所示。图中,MWD 为多机通信主机,导向工具、电阻率自然 r 测试仪、钻井工程参数测量均为多机通信的下位机。主机发送的信息可以被各从机接收,而从机发送的信息只能由主机接收。从机接收到地址帧后,各自将接收到的地址与其本身地址相比较。如果相同则被唤醒,转入通信状态。本机地址为 0 ×03,当上位机 MWD 对本机寻址时,本机则根据上位机(MWD)的要求传送数据。

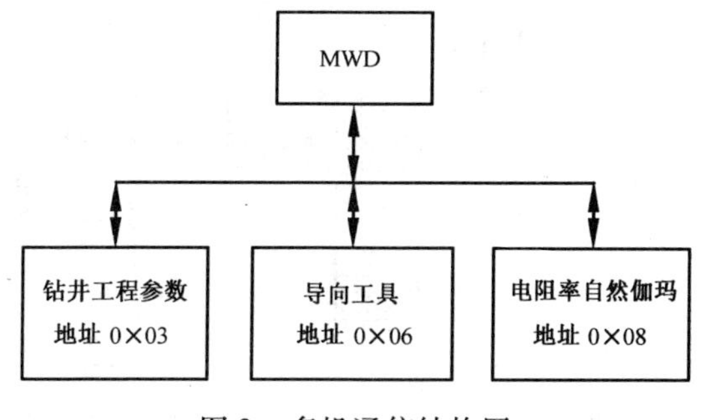

图 3 多机通信结构图

三、钻井工程参数数据采集系统软件设计

软件系统设计主要采用C语言和汇编语言对DSP混合编程，编程环境使用TI公司的集成开发软件CCS，对输入DSP的信号进行采集、存储、传输等。

软件系统功能设计包括两个主要模块：(1)系统初始化模块建立，用于设置系统运行环境，初始化系统各参数。(2)实时中断处理模块，包括系统监视中断和定时中断两种处理。系统监视中断是在系统程序受扰“跑飞”时，完成系统自动恢复，定时中断则完成系统工作状态的数据采集、数据存储、数据处理、数据传输。软件系统完成的功能如图4所示。

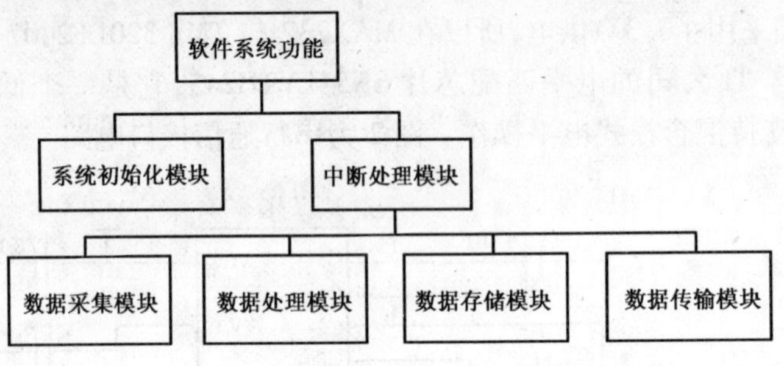

图4　软件系统功能框图

由于系统是在井下高温、高压、高振动、多噪声的狭小空间下工作，限制了对硬件过多开发，因而，许多本来可用硬件完成的功能，在设计中尽可能多地利用软件来完成，如采用了数字滤波。这样不仅降低了成本，也为以后的再开发奠定基础。

四、下井测试实例分析

对上述设计的系统进行了下井试验。试验井深：300～621m。图5为钻压测量结果。图6为环空压力测试结果。经分析，测试结果与现场实际钻井情况完全吻合。

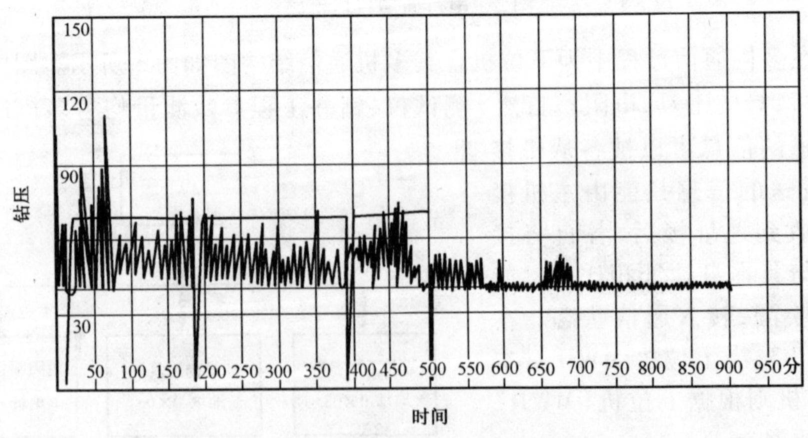

图5　钻压实际测试结果

五、结束语

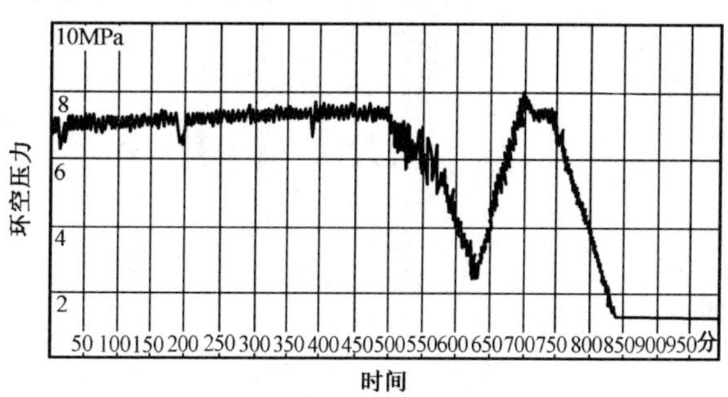

图6　环空压力实际测试结果

该测量系统经过多次现场使用，测量准确、工作稳定，能可靠地记录下 24 小时以内的实时测量数据。与传统的钻井工程参数测试相比，采用 TMS 320LF2407ADSP 芯片作为主控芯片，优势明显。与普通单片机芯片相比，它具有更低的功耗，更快的运算速度；对数据的处理能力更强，数据传递速度更快；另外，由于 DSP 芯片的集成度高，使得数据采集系统更加简化，抗干扰能力更强。

参考文献

[1] Heisig G, Sancho J, Macpherson J D. Downhole diagnosis of drilling dynamics data provides new level drilling process contrer to driller[C]. SPE49206, 1998

[2] 樊顺利译. 旋转导向系统提高 Statfjord 油田钻井效率和水平位移[J]. 国外石油机械, 1998, 9(5): 3 ~ 10

[3] Leseultre, Lamine E, Jonsson A. An instrumented bit: A necessary step to the intelligent BHA[C]. IADC/SPE39341, 1998

[4] Texas Instrument TMS 320LF2407A DSP Controllers data sheet[R]. USA: 2005

[5] Atmel AT45DB161B Data Sheet, 16M bit, 2.7 – Volt Only Serial Interface Flash with two 528 – Byte SRAM Buffers[R]. USA: 2005

[6] Mark HutchinSon. Using downhole annular pressure measurements to anticipate drilling problems [C]. SPE49114, 1998

[7] 吴刚, 杨欣. 新式电缆导向井下钻具组合是连续油管钻井具有类似的钻盘钻井的性能[J]. 国外石油机械, 1999, 10(6): 5 ~ 13

本文原发表于《西南石油学院学报》2006 年第 4 期

基于 DSP 的井下参数测试仪的设计

赖 欣 胡 泽 蒋曼芳 张新平

（西南石油大学）

【摘 要】 介绍了一种用于井下高温、高压环境的井下参数测试仪。该仪器采用 TMS320 LF2407A 为总控制器，能够实时测量，存储钻压、扭矩、环空压力和侧向力等 4 项钻进参数。着重阐述了测量仪的结构、工作原理、关键技术问题，对系统的软硬件进行了详细的说明。采用 DSP 作为系统的核心芯片，提高了系统的抗干扰能力。测试表明，其性能达到了预期目标。

【关键词】 随钻测量 DSP 数据采集

要实现安全、高效、优质地钻井，除了对其生产工艺技术进行优化设计外，还必须随时掌握生产过程中各项参数的变化情况，并及时有效地对生产工艺进行调整。实现这一目的的重要手段是借助先进的钻井设备和完整的测试系统。

随钻短节能随钻实时测量，并根据随钻实时数据智能分析、优化钻井参数，判断井下动态复杂情况，有利于安全钻进。恶劣的井下现场环境和变化规律复杂给钻井带来了困难，井下高温、高压、高振动、多噪声和狭小空间是测试系统的设计难点。以传统的单片机为核心的随钻测量系统，由于受硬件资源与速度的限制，硬件电路复杂，采样精度不高，数据处理能力较弱，实时处理能力较差。近 20a 出现的超大规模集成电路数字信号处理芯片 DSP，具有运算速度快、计算精度高、功耗低等特点，使电路的设计简单化，高度集成化，仪器调试变得容易。

一、总体设计

井下参数测试仪主要负责随钻测量过程中原始数据的采集、存储与传输任务。主要测量参数有井下环空压力、钻压、扭矩和侧向力。其质量的好坏会直接影响到后继系统的工作状态。该系统配合旋转导向配套技术可以大大提高井眼轨迹控制的精度和水平。

1. 系统结构

井下参数测试仪由两大部分组成，系统框图如图 1 所示。第 1 部分为井下部分，由传感器及其信号调理电路、DSP、存储器和电源构成。该部分以 DSP 为核心，传感器测得的模拟信号经过信号调理，A/D 采样后送 DSP 进行计算处理，经 DSP 处理后的数据存入系统板上的存储器中，完成信号的采集、存储和初步处理。第 2 部分为地面部分，主要由微机构成，对测量的数

赖欣(1981—)，硕士研究生，助教，主要研究方向为 DSP 和测试计量技术。

据进行分析、处理及显示数据图表以及打印测量的数据。二者之间联系通过通信接口传输数据。

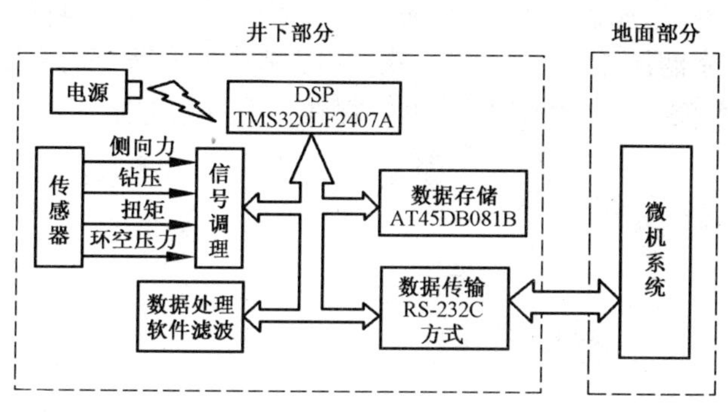

图 1　系统框图

2. 工作原理

将井下参数测量仪接在靠近钻头的一个短节里,一边钻进一边测量,采集后数据按一定的格式存于井下仪器的内部存储器中;当所有测量过程完成后,将随钻部分提出地面,与地面微机系统连接,由计算机读取数据,然后将测量数据在地面进行回放,并进一步处理分析。

测量系统采用电池供电,仪器在井下工作时间长,这就需要最大限度地降低功耗,选择合理的工作方式,以便能够利用有限的电池能量。虽然仪器在井下工作时间长,但并不是随时都在进行数据采集,有部分时间处于等待状态。根据这个特点可让系统处于间歇工作状态,采用定时启动与停止控制。即事先指定时间,时间到则自动开始工作,采集一段时间以后又自动停止,再次进入休眠状态。该方式由软件通过 DSP 的定时器来实现,具体的启停时间可以根据需要设定。这样就大大降低了系统功耗,节省了电力,延长了工作时间。

3. 关键技术问题

1)系统技术指标

从井下部件(包括机械部件、电气器件和传感器)的设计要求及环境考虑,系统的主要技术指标为:最高耐压:60MPa;最高温度:125℃;最大允许振动:$200m/s^2$;钻压测量范围:0 ~ 250kN;扭矩测量范围:0 ~ 8kN · m;井下环空压力测量范围:0 ~ 60MPa;侧向力测量范围:0 ~ 50kN;工作时间:10 ~ 15 h。

根据以上技术指标,要求系统能在高温、高压及强烈振动等恶劣环境下工作,这也是技术难点。在设计时应考虑选用的元器件具有体积小、功耗低、温漂系数小、稳定性好的特点,同时要求所有器件工作在宽温范围内,即 -55(或 -40) ~ 125℃。

2)系统抗干扰设计

对于像井下参数测试仪这样的系统,由于工作环境恶劣,而且是在人所看不见、摸不着的几千米的地层下工作,干扰和不可靠因素很多,应充分考虑系统的抗干扰性,避免在设计完成后再去进行抗干扰的补救措施。系统采用硬件和软件两种抗干扰措施。

硬件抗干扰措施主要是采用多层板、对电源和地去耦以及数模混合电路中的常规抗干扰设计。比如模拟、数字电路严格分开；相关的器件尽量靠近，时钟电路尽量靠近 DSP；未用的模拟输入引脚要接模拟地，未用到的 IO 口也通过电阻下拉到地等。软件抗干扰措施是采用数字滤波和软件陷阱。数字滤波滤去有害干扰，软件陷阱有效防止程序“跑飞”。

此外，还要注意系统的密封和防水防潮，确保在井下可靠工作。

二、硬件电路设计

1. 传感器及其信号处理电路设计

传感器的选择需要考虑符合耐高温、小体积条件的压力传感器。经过综合考虑，选用的是压力传感器 CYB－1B19/1B14 系列，它是利用离子束溅射技术制造。该传感器具有体积小、精度高、性能稳定、温漂小、可靠性高等优点，最大输出电压为 15mV。使用过程中一定要保护好传感器的敏感部位，以免受到机械损伤，影响其性能。

传感器将环空压力、钻压、扭矩、侧向力 4 路信号转换为电量，该模块输出的信号比较微弱，输出电压大小为 mV 级，所以必须加信号调理电路。系统选用仪表放大器 INA118，它具有共模抑制比高、功耗低、精度高及单电阻设置增益等特点。INA118 采用差分输入方式，将传感器输出的微弱信号放大为 0～3.3 V 的标准电压信号，以便于 DSP 对其进行采集与处理。

2. 数据采集与存储电路设计

数据采集与存储模块的主要功能是对 4 路测量信号进行模数转换、数字滤波和计算，并将其保存在数据存储器中。该模块主要由 DSP 和数据存储器构成，数据存储器为非易失性闪速存储器（Flash Memory）。

1）DSP

DSP 主要完成数据的采集、数字滤波、存储及与主机的通信。井下参数测试仪选用高性能 16 位定点 DSP 芯片 TMS320LF2407A[1]（简称 2407A）作为处理器，该芯片采用哈佛结构，特殊的 DSP 指令，高速的运算能力，3.3 V 的低功耗电压等，保证了所采集数据处理的实时性和快速性。TMS320LF2407APGES 的工作温度为 －40～125℃，满足了环境要求。

2）存储器

系统选用了串行 FLASH 芯片 AT45DB081B，它具有 1MB 的存储容量。该芯片的控制线共 4 根：芯片选通信号（CS）、串行输入信号（SI）、串行输出信号（SO）以及串行时钟信号（SCK）。2407A 与 AT45DB081B 的连接图如图 2 所示。

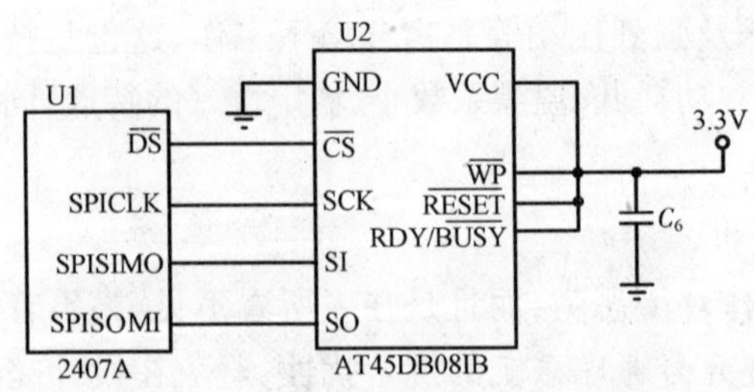

图 2　2407A 与 AT54DB081B 的连接图

WP 接到 3.3 V 电源，即高电平，不保护前 256 页，即整个存储器空间都可以用来存储有效数据。RESE7 也接到 3.3V 电源，即整个系统工作期间存储器不会复位,以确保所保存的数据的完整性。因为只要存储器一复位,则会终止当前任何正在进行的数据存取操作。

3. 通信模块

通信模块主要完成井下仪器(TIL 电平)和地面微机(RS - 232C 电平)之间的电平转换,通过 RS232C 串行口 DSP 向 PC 机传送测量的数据。测试系统利用 DSP 的串行通信接口(SCI)与上位 PC 机完成信息的交换。系统采用了符合 RS - 232 标准的接口芯片 MAX232 构成 RS - 232C 串行通信接口。MAX232 芯片功耗低,集成度高, +5V 供电,具有两个接收和发送通道,满足温度范围,只需配接 4 个外接电容就可简单方便地实现电平转换,构成通信接口。2407A 采用 +3.3V 供电,所以,在 MAX232 与 TMS320LF2407 之间必须加电平转换电路。

三、软件设计

1. 井下仪器软件设计

井下仪器软件部分完成 DSP 系统初始化、数据采集、滤波和存储、与 PC 通信等任务。程序分成初始化、采样子程序、滤波子程序等几部分,程序流程图如图 3 所示。软件采用 C 语言和汇编语言混合编程,主程序采用 C 语言以增加可读性;子程序采用汇编语言以提高运算效率。通过 TI 公司的 C2000 平台进行混合编译,生成的代码很精简,可以直接写到 DSP 自带的 FLASH 存储器中运行。

井下工况复杂,环境恶劣,夹杂一定的噪声信号。系统采用 FIR 数字滤波器对信号进行滤波。首先利用 Matlab 工具进行仿真,设计出逼近理想特性的 FIR 滤波器,然后将此滤波器的系数载入 DSP 中以供使用。FIR 滤波是将待滤波的数据序列与滤波系数序列相乘后再相加运算,同时要将数据在存储器中滑动以实现 FIR 中的延迟线结构。2407A 具有实现乘累加运算的 MAC 和 MACD 指令,可以大大减少算法的执行时间。

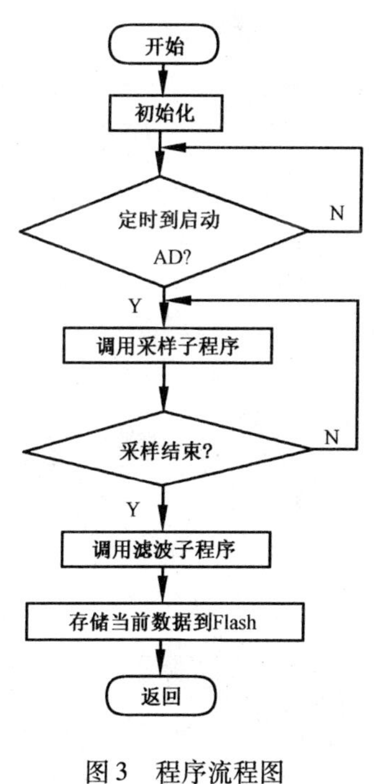

图 3 程序流程图

2. 地面回放软件设计

地面回放软件具有对采集数据进行显示、分析、存储、曲线绘制、打印等功能。软件采用 VB[2] 编制,在 WINDOWS 操作平台上开发,利用面向对象的方法和事件驱动编程机制形成简单便捷的用户界面,通过交互式图形方式进行人机交流,实现井下参数测试过程的可视化图形显示和数据存储。曲线直观地将井下各个参量以图形方式显示,可方便地看出各参数的变化情况。采用活动坐标的编程方法,使每一条曲线都有自己独立的坐标,达到图形美观的效果。数据存储采用数据库接口技术,使用 ADO (ActiveX Data Objects)技术通过 VB 可视化界面建立与数据库的联系,将采集到的参数存储到指定的数据库。在可视化人机交互中,操作人员可通过人机界面进行操作。

四、结束语

系统经井下实际使用,效果良好,各项指标均达到了设计要求。基于 VB 的人机界面直观,便于操作,取得了很好的效果。井下参数测试仪充分利用了 DSP 速度快、精度高、指令丰富、硬件资源丰富等特点,可以实现随钻测试过程中原始数据的采集、存储与传输。

参 考 文 献

[1] TMS320LF2407A, LF2406A, LF2403A, LF2402A LC2406A, LC2404A, LC2403A, LC2402A DSP data sheet, Texas Instruments, 2005

[2] 范逸之,陈立元. Visual Basic 与 RS-232 串行通信控制,北京:清华大学出版社,2002

DSP在随钻井下管柱参数测量系统中的应用

赖　欣[1]　胡　泽[1]　赖晓斌[1]　汪春浦[2]

(1 西南石油大学　2 海洋石油工程股份有限公司)

【摘　要】 为了了解钻井管柱在井下的真实状况,本文设计了一种用于井下高温、高压环境的随钻井下管柱参数测量系统,解决了井下工作环境恶劣、对元器件要求高、节能等技术难题,并详细介绍了系统组成、主要技术指标、软硬件设计以及TMS320LF2407A数字信号处理器的特点。

【关键词】 钻柱　TMS320LF2407A　测量　通信

油气井,尤其是复杂结构并在钻井过程中井下管柱的受力与运动状况,一直是钻井科技人员关注的问题之一。由于受到井下工作环境、测试技术、电子元器件技术水平、信号传输、研究成本等多方面因素的影响,井下钻柱的力学行为是石油钻井领域研究的一个难点。20世纪80年代后,随着随钻测量技术(MWD)和随钻测井技术(LWD)的日趋成熟以及电子技术的发展,人们才得以有条件进行井下钻柱受力和运动实测方面的系统研究。

本文在国内外钻柱井下受力实测成果的基础上,研究设计了一种基于DSP的井下管柱参数实测系统。该系统可以测量钻柱的轴向力、扭矩、钻压、加速度和环境温度等9个参数,并可根据测得的基本数据对井下管柱的受力和运动状态进行分析,实现了井下钻柱力学及运动参数的实时测量。

一、DSP简介

DSP作为数字信号处理专用芯片,是一种特别适用于进行数字信号处理的微处理器,DSP芯片的内部采用程序和数据分开的哈佛结构,具有专门的硬件乘法器,采用流水线操作,提供特殊的DSP指令,可以快速地实现各种数字信号处理算法。DSP具有集成度高、运算速度快、计算精度高、功耗低、实时性好等特点,弥补了传统单片机计算速度慢、精度低的缺陷。

本文采用TI公司的TMS320LF2407A(以下简称2407A)作为系统的主控芯片,供电电压为3.3V,16bit的定点低功耗DSP芯片,片内带Flash程序存储器。2407A内部集成了高速的CPU内核和各种外设器件:指令的执行速度可达40MIPS,指令周期仅为25ns,运算速度快;具有544字片内双存取RAM(DARAM),2k单存取RAM(SARAM)和32k的闪速存储器(FLASH RAM);两个事件管理器模块EVA和EVB;16通道A/D转换器;多种通讯外设接口(SCI,SPI,CAN)等。

2407A的结构便于设计高集成度的数字产品,减小了整个系统的体积,使得电路的设计简单化,提高了系统的可靠性和抗干扰性,适合井下作业。

二、测量系统组成

随钻井下管柱参数测量系统主要完成随钻测量过程中数据的采集、存储与传输等任务。在钻井过程中实时测量钻柱的轴向力、扭矩、钻压、弯曲应力、加速度、内压力、外压力和环境温度等9个参数。硬件结构框图如图1所示。

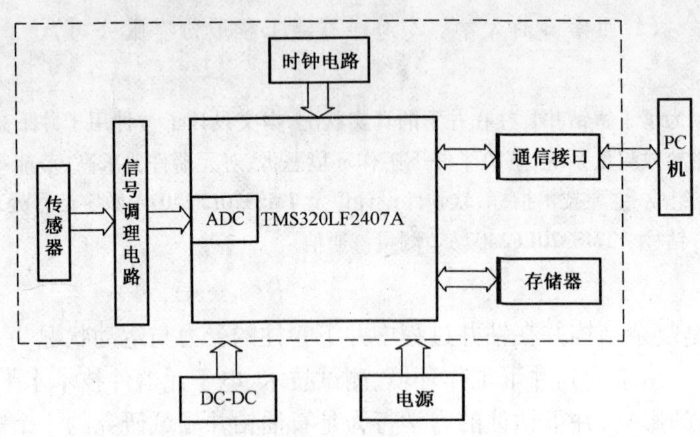

图1 系统结构框图

该系统主要由以下几部分组成:电源(电池)、传感器、信号调理电路、DSP、存储器、通信接口等。主要分为两大部分:井下仪器部分,以DSP作为主控制器;地面部分,完成数据分析及显示。

测试系统是由DSP构成的存储式高速采样系统,系统的主要技术指标:井眼尺寸:118~119mm;最高耐压:60MPa;最高环境温度:125℃;最大允许振动:200m/s^2;测量通道:9路;数据存储容量:4Mb;工作时间:20h。

根据以上技术指标,要求系统能在高温、高压及大的冲击、振动条件下工作,这给元器件提出了很高的要求,是测量系统的技术难点。由于工作时间很长,要求系统具有较低的功耗和合理的工作方式。

随钻井下管柱参数测量系统使用时安装在一个特制的短节内,作为一个接头接在钻柱上,随钻工作。采集的数据在测量过程中不需要用电缆向上传输,在井下进行测量和数据记录存储;待测完后下井仪器从井中取出后,通过通用串行接口(RS-232)及接口电路与地面计算机相连,并进一步分析处理。整个测量系统以DSP为核心,主要完成数据采集、滤波、存取、与地面主机通信等。

1. 信号调理电路

轴向力、钻压、扭矩等9路信号经过传感器传换为电压量,输出的电压比较微弱,所以必须加信号调理电路。本系统选用B-B公司的仪表放大器INA326。它采用独特的拓扑结构,可实现电源正负限输入/输出,具有共模抑制比高、功耗低、精度高等特点,非常适用于单电源、低功耗和精密测量的应用场合。INA326是CMOS输入类型,将传感器输出的微弱信号放大为0~3.3V的标准电压信号。

用轨至轨运算放大器 OP496GS 构成一级具有深度负反馈的电压增益接近 1 的电压跟随器,主要作用是降低信号调理模块的输出阻抗,减少信号的衰减,以便于 DSP 对其进行采集与处理。

2. 采样模块

A/D 转换器在测量系统中有着十分重要的地位和作用,在嵌入式系统中用于对外界信号的采集。减少 A/D 转换可能带来的不稳定性的最好手段就是将 A/D 集成在电路中,如 2407A。

2407A 内部自带 10 位 16 通道的模数转换模块 ADC,具有流水线结构,能达到 500ns 以内的转换速度。有自动排序的能力,有两个独立的、最多可选择 8 个模拟转换通道的排序器(SEQ1 和 SEQ2),可以独立工作在双排序器模式,或者级联成 16 个通道的排序器模式;可单独访问 16 个结果缓冲寄存器(RESULT0—RESULT15),用来存储转换结果;多个触发源可以启动 A/D 转换。

本系统采用级联模式工作,9 路调理后的信号进入 DSP 中进行 A/D 采样,转换后暂存在 RESULT0 ~ 8 中。

3. 存储器模块

2407A 片内具有 32k 字 FLASH 程序存储器,可满足 DSP 系统程序存储要求。2.5k 字 RAM 就不能完全满足数据存储要求了,需要外扩存入大容量的存储器中。另外,由于地下采集到的数据需要在断电的情况下还能保存,以便系统取到地面以后再由 PC 机从中提取数据进行后续分析处理,所以选择了非易失性的存储器。

本系统选用了 ATMEL 公司研制的串行 FLASH 芯片 AT45DB321C。它具有 4M 字节的存储容量,2.7 ~ 3.6V 供电,低功耗,典型的读取电流为 10mA,待机电流仅为 6μA,可以反复擦除/修改上百万次。它包含 1 个非易失性的主存储体和 2 个 528b 的静态 RAM 缓冲页,共有 8192 页,每页 528b。

该芯片的控制线比较简单,共 4 根,分别是:芯片选通信号($\overline{CS}$)、串行输入信号(SI)、串行输出信号(SO)以及串行时钟信号(SCK)。AT45DB321C 的片选管脚$\overline{CS}$使能后,在串行时钟(SCK)控制下,就可通过串行输出(SO)和串行输入(SI)进行数据读和写。由于 2407A 有 SPI 串行接口,两者的连接非常方便。AT45DB321C 与 2407A 的连接图如图 2 所示。

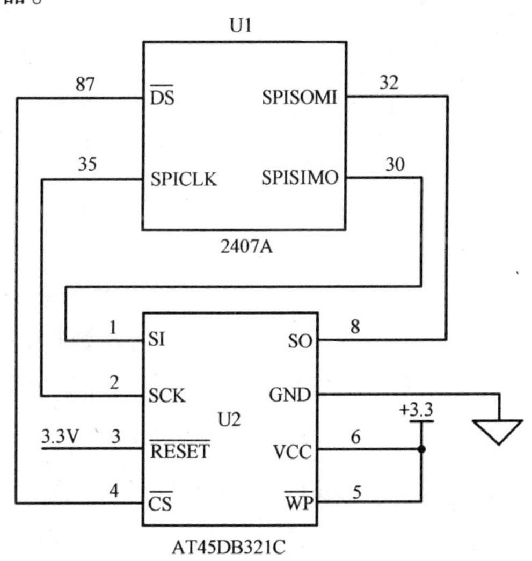

图 2　AT45DB321C 与 2407A 的连接图

4. 通信模块

通信模块主要完成 DSP 与 PC 机的信息交换。2407A 有一个片上异步串行接口(SCI)。

该串行接口可以外接一个 MAX232 串行接口芯片,实现 DSP 和 PC 机的数据交换。MAX232 芯片功耗低,集成度高,+5V 供电;2407A 采用+3.3V 供电,所以在 MAX232 与 2407A 之间必须加电平转换电路,采用一片 SN54LS245 就能满足要求。

三、软件设计

随钻井下管柱参数测量系统的软件部分包括下位 DSP 软件设计和上位 PC 机设计。

1. DSP 软件设计

DSP 测量部分程序主要有 DSP 系统初始化、数据采集、FFT 滤波和存储等几个功能。编程环境使用 TI 公司的集成开发软件 CCS,在具体编写程序时,充分利用 DSP 的一些特殊指令可以节省很多时间。系统采用 C 语言和汇编语言混合编程,主程序采用 C 语言;子程序采用汇编语言,如数据采集,FFT 滤波。程序流程如图 3 所示。

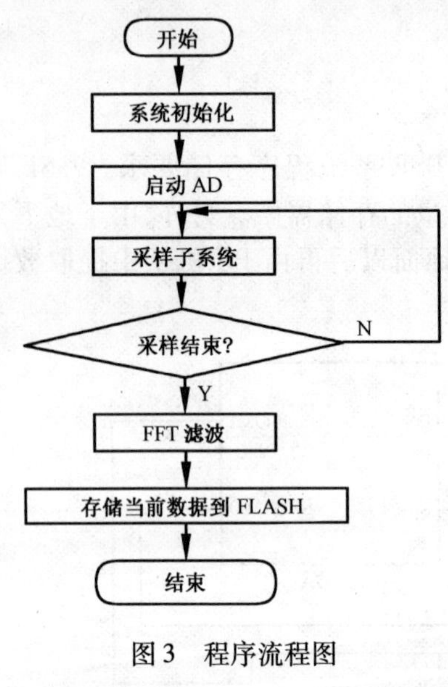

图 3 程序流程图

2. 上位机设计

上位机设计主要是人机界面的设计,对采集数据进行显示、分析、曲线绘制、打印等。人机界面采用 VB 编制,按功能可划分为 4 部分:用户界面、通信接口、数据处理及曲线绘制。

1)用户界面

主要是由系统主菜单和一系列的对话框组成,如标定对话框、参数设置对话框、通信对话框等。通过菜单和对话框,用户可以与计算机进行交互操作。

2)通信接口

根据井下仪器与地面计算机之间的通信约定,编制相应的通信程序,实现井下仪器与地面计算机之间交换数据,包括井下仪器的测试、参数设置以及接收采集的数据。数据通讯采用 CRC 校验,提高通讯可靠性。

3)数据处理

包括标定数据处理、现场数据处理和数据保存等功能。标定数据是在对仪器进行标定时所录入的数据,标定数据处理是用户通过对话框,交互地完成标定工作并把处理后的标定数据保存起来;现场数据处理是把井下传感器所采集的电压值,利用标定数据根据一定的算法换算出实际的测量值,并保存下来。

4)曲线绘制

在弹出的窗口中根据数据文件的数据绘制出 9 个参数随时间变化的曲线,可以弹出多个窗口同时观察多条曲线。

四、结束语

对于随钻井下管柱参数测量系统,由于工作环境恶劣,干扰和不可靠因素很多,应充分考虑系统的抗干扰性。系统采用硬件和软件两种抗干扰措施。硬件抗干扰措施主要是合理安排PCB板的器件布局设计与布线以及加密闭和防水防潮措施等。软件抗干扰措施是利用2407A内部看门狗(WD)定时器和软件陷阱技术,监视软件和硬件的运行,有效地防止程序“跑飞”,确保程序“跑飞”后可自动复位。

系统经井下实践,效果良好,数据采样及存贮可靠,该测量系统能较精确地描述钻柱在井下的受力和运动情况。由于采用了DSP作为系统核心,硬件结构得到简化,功耗较低,性能稳定,实时性好,有较高的可靠性和抗干扰能力。

参 考 文 献

[1] 何苏勤,王忠勇. TMS320C2000系列DSP原理及实用技术. 北京:电子工业出版社,2003
[2] INA326,327:Precision,Rail - to - Rail I/O,Instrumentation Amplifier,Texas Instruments,2004
[3] AT45DB321C DataSheet,32M bit,2.7 - Volt Only Serial Interface Flash with two 528 - Byte SRAM Buffers

计算机控制下行通讯方法研究

周　静　邢动秋　张晋凯

（西安石油大学井下测控研究所）

【摘　要】　井眼轨道自动控制技术已经成为当今钻井技术研究的热点，其关健技术之一是地面和井下的信息传输问题。本文介绍了钻井现场物理构成，进而提出计算机控制下行通讯控制机理，设计了类似井场循环的室内实验平台、控制系统硬件及软件模块，并以实验平台为基础进行计算机控制下行通讯方法研究。实验结果表明运用计算机发送下行信息，井下解码软件能正确解码。该研究结果将对井眼轨迹自动控制系统设计及实现具有参考价值。

【关键词】　钻井系统　下行通讯　计算机控制

一、引言

迄今为止，钻井仍处在地面开环控制状态，地面干预控制是实现“井下闭环旋转导向智能钻井”系统的必要阶段。井筒中的信号传输是连接地面监控系统与井下跟踪系统的桥梁和纽带，在钻井测量与控制中占有十分重要的地位，也是实现井眼轨迹闭环控制的关键技术[1]。

西安石油大学井下测控研究所在“井下闭环旋转导向智能系统”样机研制中，地面干预指令的发送是借助工程现场泥浆循环压力脉冲实现的。钻进过程中，司钻人员开泵，井下解码器敏感接收泥浆高压；反之，司钻人员停泵，则井下解码器敏感接收钻井液低压。地面控制指令正是按一定规则编码后以钻井液脉冲的形式发送至井底，井下敏感器接收并送至微处理器进行解码，以控制井下执行系统实施规定的动作。显然，该过程最大的弊端在于指令发送过程需要暂时中断钻进，这将极大地阻碍钻井效率的提高。此外，操作中还存在人为因素造成操作错误。基于此，研究一种不中断循环又能利用钻井液脉冲发送下行指令的方法非常有必要。本文利用实验室现有循环系统搭建实验平台，实现用计算机控制下行指令的发送。

二、计算机控制下行通讯控制机理

1. 钻井现场物理构成

实际井场钻井作业物理构成如图1所示。泥浆泵运转后，钻井液池中的钻井液沿箭头所示方向经立管进入井底，最终通过环空回到地面钻井液池。在这样的装置下，地面向井下发送

基金项目：国家“十五”863计划重大专项和国家自然科学基金的资助。

周静，女，1964年生，教授，1988年毕业于西安电子科技大学信号与系统专业，现工作于西安石油大学电子工程学院，主要从事旋转导向钻井技术研究。邮编：710065。

的干预指令是操作者通过对钻井泵的定时开启和关闭，以产生井下钻井液负脉冲进而实现信息从地面到井下的传输。

2. 计算机控制机理

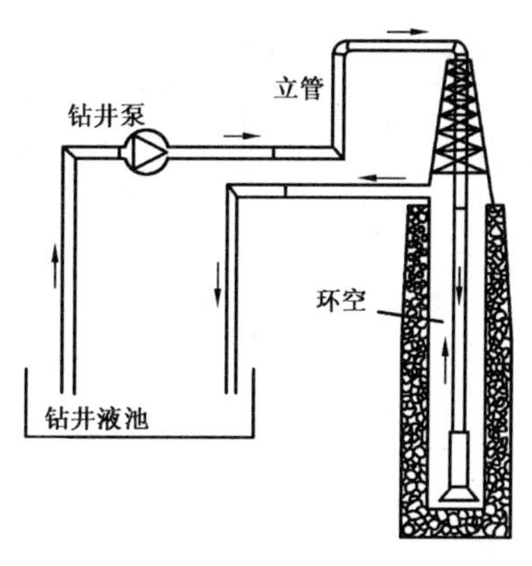

图 1 实际井场钻井装置示意图

不难想象，通过人为控制地面钻井泵的开启与制动严重影响钻井作业的钻进效率，且存在控制时间的人为误差及人为判断等不确定因素。此外，在提高信息传输速率上，由于人为因素的影响会带来速率提高上的桎梏，如果在地面或井下合适的位置安装一个旁通阀，旁通掉一部分参与正常循环的钻井液以引起井下压力发生变化[2]，利用井下压力的变化传递下行信息。旁通阀受计算机控制，也可以实现压力变化传递下行信息，且计算机控制在时间精确性、提高信号传输频率方面均有着非常大的优势。

计算机控制下行通讯的控制机理仍然以钻井液负脉冲为信息载体，钻井液负脉冲的产生不再由操作者人为控制，而是在地面增加由计算机控制的开关装置，控制进入井底钻井液有效流量。当进入井底的钻井液流量在一定时间内降低时，该时刻与前一时刻在钻井液压力对比上就会出现降低现象，即产生了负脉冲。整套设备由产生压力脉冲信号的地面发射装置、控制系统及用于接收脉冲信号并对其进行解码的井下接收器组成。地面的开关设备由钻井液旁通阀代替，在工作时，旁通阀的打开和关闭将产生一系列可用井下接收器接收并进行解码的压力脉冲信号。值得注意的是，在不中断钻井，不中断同时进行着的上行通讯传输的情况下，这种方法缩短了下行通讯传输信号所必需的时间。

计算机控制下行通讯遥传系统，为指令的传输提供了改良的设备和方法[3]。指令是通过来自地面控制设备的压力脉冲传输到井下钻具组合的。该装置包含了产生压力脉冲的地面发射器，使发射器工作的控制系统，及接收信号并将下行通讯信号解码成指令送到井下工具的井下接收器。计算机控制下行通讯的控制机理示意图如图 2 所示，图中计算机控制装置部分为了对正常钻井系统结构作很小的改变，只是在图 1 中添加了地面控制旁通部分，从而实现不中断钻进过程的地面发送遥传系统。在工作中通过改变循环回路的流量，使进入井下的流量减小。当旁通阀工作时，可以为井下提供压力负脉冲。运行发射器的控制系统包括一台计算机、一个下行通讯控制器和为旁通阀提供动力的装置。井下接收器可由一个流量计或者压力传感器和一个微处理器组成。微处理器中含有对井下接收到的压力脉冲进行滤波和解码的遥测程序和软件程序。

三、平台搭建及工程相似性论证

1. 实验平台搭建

液压回路原理如图 3 所示，旁通阀 7 可装在压力变送器即井下敏感器件之前，旁通阀打开时，钻井液通过阀 7 进入循环管道。计算机控制旁通阀控制器打开、关闭，旁通阀关闭时高压

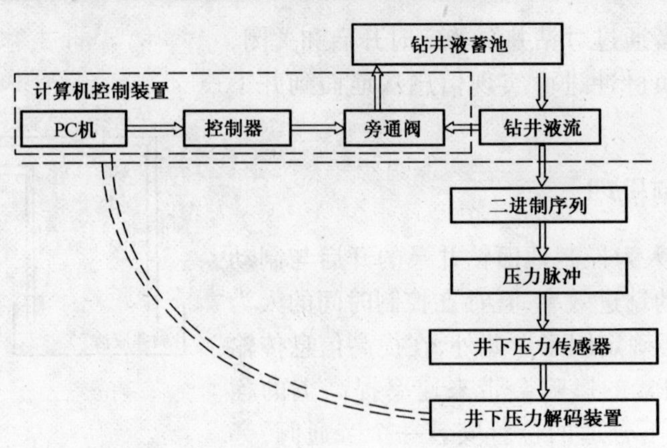

图2　计算机控制下行通讯的控制机理示意图

液体作用于压力传感器9;旁通阀打开时,部分钻井液会通过旁通阀进入循环管道最终回到蓄液池,此时作用于井下传感器敏感压力相对降低。设计适当的旁路及硬件控制系统可完成计算机控制发送指令。

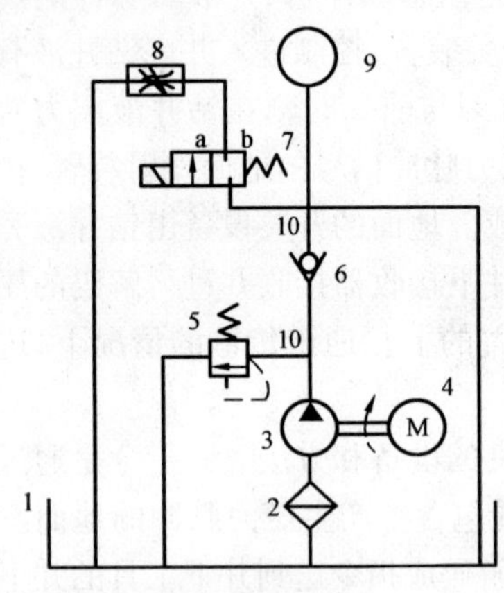

图3　液压回路原理图

1—油箱;2—滤油器;3—油泵;4—电机;
5—溢流阀;6—单向阀;7—二位二通电磁阀;
8—节流阀;9—压力传感器;10—三通接头

利用单片机控制电磁阀打开时,阀体由b关闭状态换位至a打开状态即旁通支路导通,井下工具(敏感器)也会敏感压力变化。井口旁通阀按规定好的顺序打开,井下工具接收信息并处理所发下行信息,然后按指令要求完成相应任务。

2. 工程相似性论证

工程应用中,实际井场使用钻井液提供动力介质,因条件所限,实验室实验装置使用液压油作为动力介质;液压泵则模拟井场钻井泵作为动力源为液压油提供动力;高压橡胶油管代替3000m井深钻井液循环通路;市电为电磁阀(图3中7二位二通电磁阀)动力源,以代替井场压缩空气。钻井液与液压油均为刚性物质,因此使用液压油能够代替实际工程使用中的钻井液。以液压油为循环介质、液压泵提供介质动力、高压橡胶管模拟工程井深,电磁阀作为旁通开关的循环系统尽可能地模拟了井场钻井装置,与工程钻井有一定的相似性。实验表明该系统运行稳定。

四、计算机控制模块设计

1. 控制硬件模块

电磁阀工程参数确定后,选择满足要求的器件分别为上海液压件一厂生产的22EH-H6B-T型二位二通电磁阀,阀芯使用无锡大力电器厂MZF1-2.5YC湿型磁铁,24VDC工作电压,消耗功率≤40W。如图4所示,控制主芯片MCU1及MCU2采用C8051F060,下行指令通过计算机串口发送;串口通讯芯片选用SP3223芯片,主芯片根据指令状态输出高电平经非门74LS04低电平控制驱动电路;驱动电路采用西安波谱生产的电源模块,外围增加必要控制及保护电路组成。软件控制主芯片MCU1的I/O口按一定规则输出高低电平,电源模块在高低电平控制端口有效情况下,将供电电源+12V转换为阀芯磁铁吸合电压+24V,此时阀芯吸合,电磁阀打开,旁通油路导通;由于旁路导通,进入原液压循环系统产生相对较低的压力,并被压力传感器监测,这种按一定规则变化的压力负脉冲组成有效指令,由解码装置主控制器MCU2解码并与上位机再次通讯。获取一个完整指令,接收时间取决于下行指令的复杂程度。

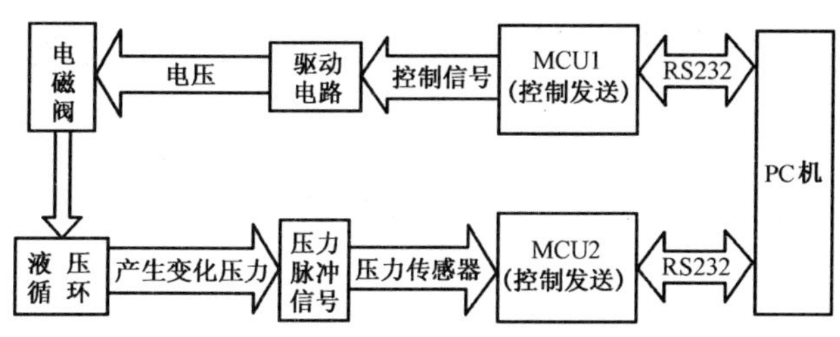

图4　计算机控制硬件结构框图

2. 软件设计

在本文中,我们针对钻井液压力初始状态及指令发送条件下的压力工作特点,以开阀、关阀时间间隔区分,根据事先约定好的表格,对应一个不同取值的二进制数据,由单片机查询表格按规定时间发出控制信号,控制电磁阀打开关闭;在井下接收信号时,再将对应阀状态及时间间隔翻译成二进制数对应的十进制指令代码,从而恢复出地面下行的指令值。程序流程图如图5所示。

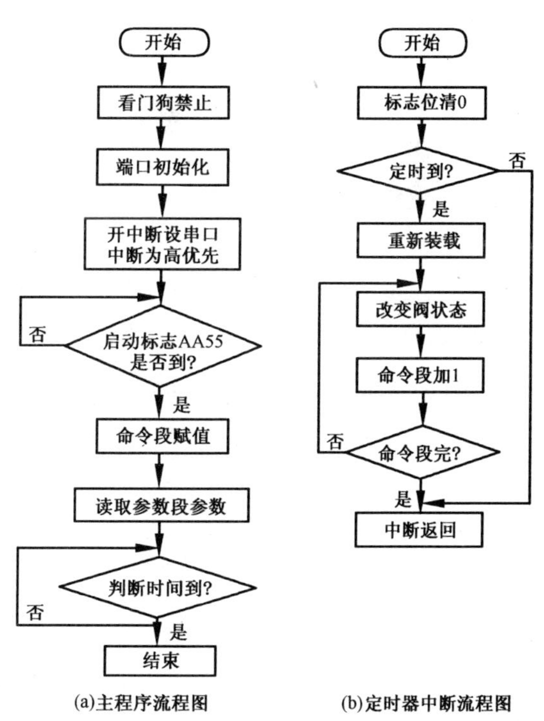

(a)主程序流程图　　(b)定时器中断流程图

图5　指令状态查询程序流程图

五、结论

实验结果表明运用计算机发送下行信息,井下解码软件能正确解码。研究结果将对井眼轨迹自动控制系统设计及实现具有参考价值。

针对计算机发送下行信息在工程上应用,室内研究还需解决下列问题:

如何在实验室环境下构建更加符合井场实际的实验环境,例如压力的沿程损失、时间延迟及井场环境的强干扰背景,计算机控制发送下行指令提高发送速率情况下,下行指令码间干扰问题。

计算机发送下行指令室内实验装置是以液压油为传输介质、电磁阀代替钻井液阀,而真正用于工程现场则是以泥浆为传输介质,因此钻井液阀的选择和控制将是下一步工作的难点和重点。

参考文献

[1] 苏义脑,刘修善. 井筒中的信号传泥浆脉冲信号的传输特性[A]. 井下控制工程技术学术研讨会论文集[C]. 北京:石油工业出版社,2002

[2] 尚海燕,周静,付鑫生. 泥浆液脉宽调制方法实现下行通道[J]. 石油仪器,2003,17(2)

[3] Finke, Michael Dewayne, et al. Downlink telemetry system. United States Patent Application:6,920,085. 2005

本文原发表于《石油仪器》2007 年第 2 期

膨胀管弹塑性力学特性分析与设计研究

姜　伟

（中海石油研究中心）

【摘　要】 采用弹塑性力学分析方法，结合膨胀管实际应用情况，对膨胀管弹塑性力学特性进行了定量分析，特别是对达到塑性极限压力条件下膨胀管应力分布特点及其与塑性极限压力之间的关系进行了深入研究。在膨胀工具结构设计中，锥角设计是关键，除了要满足膨胀管达到塑性极限条件外，还应综合考虑膨胀锥上行的摩阻尽可能小，以减小工具卡死的可能；膨胀管的材质应与套管材质有差异为好，并且膨胀管的屈服极限应小于套管的屈服极限，这样有利于保护套管。本文研究结果可以为渤海油田井上膨胀工具结构设计和现场实施套管开窗定向侧钻分支井作业提供技术支持。

【关键词】 膨胀管　弹塑性力学特性　塑性极限压力　定量分析　设计研究

一、问题的提出

在渤海油田开发过程中，一些老油田在后期需要钻调整井，以达到稳产和增油控水的目的。在老井中侧钻分支井是钻调整井常采用的方法，但侧钻时需要在套管中下入带有卡瓦牙的锚定坐封机构的斜向器装置，这往往会对套管造成损坏，造成老井眼堵塞，形成侧钻以后只能得到侧钻的新井眼而难以再利用老井眼的不利局面。

为了最大程度地发挥油田的生产潜力，往往希望在侧钻老井眼的同时，还能够再保留和利用原来的老井眼，这样也便于油田的生产和管理。为此，在材料技术迅速发展的今天，人们已越来越多地把注意力转向了新工具的研制上来，着手研究利用金属的塑性变形特点来研制特殊的井下工具，膨胀坐挂工具[1~3]便是其中之一。为了更好地充分利用膨胀管来替代斜向器的坐封，发挥其既能保护老井套管，又能在侧钻以后保障老井筒还有较大的通径的技术优势，本文利用弹塑性力学分析方法，并结合膨胀管的实际应用情况，对膨胀管弹塑性力学特性进行了定量分析，特别是对膨胀管在达到塑性极限压力条件下的应力分布特点及其与塑性极限压力之间的关系进行了深入研究，以期为渤海油田井上套管开窗定向侧钻作业提供技术支持。

二、膨胀管弹塑性力学特性分析

在应用膨胀管技术进行钻井作业时，膨胀管在膨胀锥的作用下产生塑性变形紧贴于套管

国家863“可控三维轨迹钻井技术”课题（合同号2003AA602012）部分成果。

姜伟，男，高级工程师，1982年毕业于原西南石油学院钻井工程专业，现任中海石油研究中心钻完井总工程师。地址：北京市东城区东直门外小街6号海油大厦（邮编：100027）。电话：010－84522639。

内壁上。为了尽量减少和避免对老井筒的套管造成损伤，选择膨胀管材料时，通常考虑膨胀管材质的强度要低于套管材质的强度，因此就产生了两种不同材质组成的同心厚壁圆筒的弹塑性力学问题。由于膨胀管满足厚壁圆筒判别准则，所以可以采用厚壁圆筒弹塑性理论对膨胀管力学特性进行分析与计算。

1. 厚壁圆筒的弹性力学分析

如图1所示，厚壁圆筒承受内压 p_i 和外压 p_o，由于筒体很长，且沿筒长方向的应变为常数或者为零，故可将其视为平面轴对称。由于轴对称，厚壁圆筒只产生沿半径(r)方向的膨胀或收缩，由拉梅公式[4]可得出筒体弹性阶段的应力分量分别为

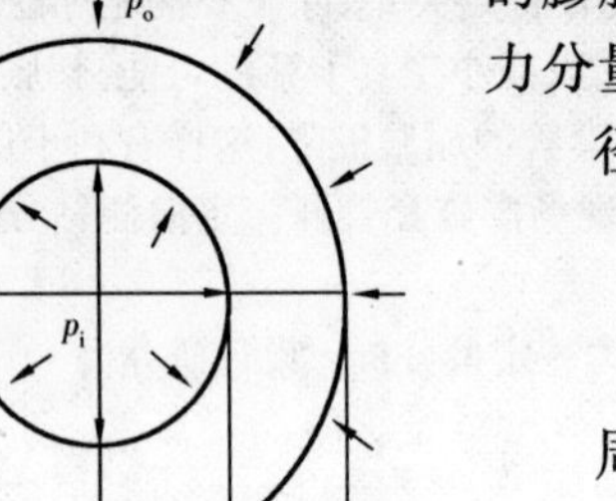

图1 单层厚壁圆筒受力示意图

径向应力

$$\sigma_r = \frac{a^2b^2(p_o - p_i)}{b^2 - a^2} \cdot \frac{1}{r^2} + \frac{p_i a^2 - p_o b^2}{b^2 - a^2} \tag{1}$$

周向应力

$$\sigma_\theta = -\frac{a^2b^2(p_o - p_i)}{b^2 - a^2} \cdot \frac{1}{r^2} + \frac{p_i a^2 - p_o b^2}{b^2 - a^2} \tag{2}$$

讨论2种特殊情况：

(1)当厚壁圆筒仅有内压 p_i 作用时，则

$$\sigma_r = \frac{p_i a^2}{b^2 - a^2}\left(1 - \frac{b^2}{r^2}\right) \tag{3}$$

$$\sigma_\theta = \frac{p_i a^2}{b^2 - a^2}\left(1 + \frac{b^2}{r^2}\right) \tag{4}$$

(2)当厚壁圆筒仅受外压 p_o 作用时，则

$$\sigma_r = -\frac{p_o b^2}{b^2 - a^2}\left(1 - \frac{a^2}{r^2}\right) \tag{5}$$

$$\sigma_\theta = -\frac{p_o b^2}{b^2 - a^2}\left(1 + \frac{a^2}{r^2}\right) \tag{6}$$

2. 厚壁圆筒弹性极限压力分析

如图1所示，当筒体仅受内压 p_i 作用时，如果筒体处于弹性极限状态(极限压力为 p_e)，此时 $p_i = p_e$，屈雷斯卡屈服条件为 $\sigma_\theta - \sigma_r = \sigma_s$，在 $r = a$ 处应满足

$$\frac{2b^2}{b^2 - a^2} p_e = \sigma_s \tag{7}$$

由此变形可以得到

$$p_e = \frac{\sigma_s}{2}\left(1 - \frac{a^2}{b^2}\right) \tag{8}$$

3. 厚壁圆筒塑性极限压力分析

随着筒体承受的内压力逐步增大，当 $p_i > p_e$ 时，则在筒体内壁开始出现塑性区，而外壁仍为弹性区，弹塑性分界半径为 r_p，如图 2 所示。此时可将塑性区视为内半径为 a、外半径为 r_p，承受内压为 p_i、外压为 q 的塑性筒体；可将弹性区视为内半径为 r_p、外半径为 b，承受内压为 q 的弹性筒体。由拉梅公式得出塑性区应力分量分别为

$$\sigma_r = \sigma_s \ln\frac{r}{a} - p_i \tag{9}$$

$$\sigma_\theta = \sigma_s\left(1 + \ln\frac{r}{a}\right) - p_i \tag{10}$$

弹塑性两区交界面上的压力为

$$q = p_i - \sigma_s \ln\frac{r_p}{a} \tag{11}$$

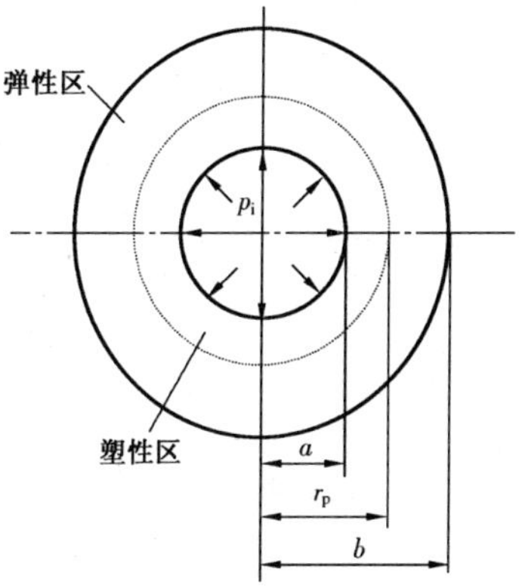

内压 p_i 与所对应塑性区半径 r_p 间的关系为

图 2　处于弹塑性状态的厚壁圆筒结构

$$p_i = \sigma_s \ln\frac{r_p}{a} + \frac{\sigma_s}{2}\left(1 - \frac{r_p^2}{b^2}\right) \tag{12}$$

由塑性区求得的 q 代入弹性区的应力表达式，就可以得到以 r_p（或者 p_i）表示的弹性区（$r_p \leqslant r \leqslant b$）的应力分量，即

$$\sigma_r = -\frac{\sigma_s r_p^2}{2b^2}\left(\frac{b^2}{r^2} - 1\right) \tag{13}$$

$$\sigma_\theta = -\frac{\sigma_s r_p^2}{2b^2}\left(\frac{b^2}{r^2} + 1\right) \tag{14}$$

当 $r_p = a$ 时，表示厚壁圆筒开始屈服；当 $r_p = b$ 时，表示厚壁圆筒进入塑性状态。

压力 p_i 不断增大，塑性区将不断增大；当塑性区扩张到整个圆筒时，就产生了无约束的塑性变形，此时即为极限状态。设塑性极限状态时的压力为 p_p，则当 $r_p = b$ 时可得塑性极限压力

$$p_p = \sigma_s \ln\frac{b}{a} \tag{15}$$

塑性极限压力下的应力分量分别为

$$\sigma_r = \sigma_s \ln \frac{r}{b} \tag{16}$$

$$\sigma_\theta = \sigma_s (1 + \ln \frac{r}{b}) \tag{17}$$

4.2 种不同材料组成的厚壁圆筒组合的极限承载能力分析

2 种不同材料组成的厚壁圆筒,其内筒的内半径为 a、外半径为 b,外筒的内半径为 b,外半径为 c,在内压 p_i 的作用下,若内筒的屈服极限为 σ_{s1}、外筒的屈服极限为 σ_{s2},当内筒及外筒都达到塑性极限状态时,由文献[4]可得此时塑性极限压力为

$$P = \sigma_{s2} \ln \frac{c}{b} + \sigma_{s1} \ln \frac{b}{a} \tag{18}$$

由此可见,不同材料,不同屈服极限的套装圆筒,在内压作用下其塑性极限承载力为两层管在内压作用下的塑性极限承载能力之和。当内筒及外筒材质一样,即 $\sigma_{s1} = \sigma_{s2} = \sigma_s$ 时,则有

$$P = \sigma_s \ln \frac{c}{a} \tag{19}$$

三、计算实例分析

[例1] 渤海某油田采用 ϕ177.8mm 钢管作为生产套管,现设计一膨胀管用于该油田分支井钻井作业。该套管钢级为 N80,屈服极限 $\sigma_s = 5624\text{kg/cm}^2$,外半径 $c = 88.9\text{mm}$,内半径 $b = 78.5\text{mm}$;膨胀管胀后内半径 $a = 69\text{mm}$,膨胀压力为 15 ~ 30MPa,膨胀锥锥角为 10° ~ 30°。膨胀管与套管间位置关系见图 3,膨胀管锥面受力情况见图 4。求膨胀管锥面上产生的应力。

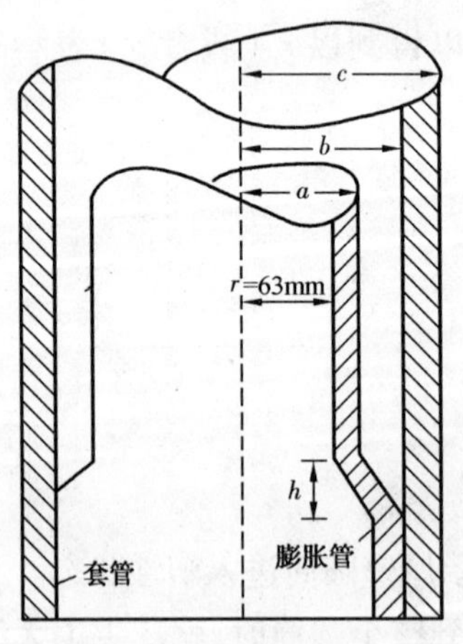

图 3　套管及膨胀管位置示意图

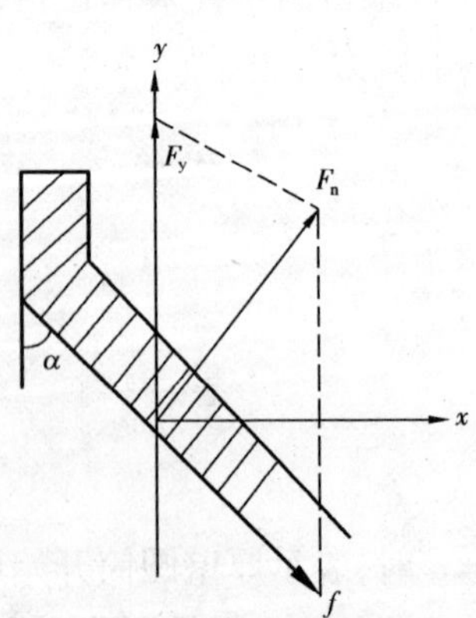

图 4　膨胀管锥面受力图

以膨胀管锥头的锥面为研究对象,并建立坐标系。如图 4 所示,在锥面上有 3 个力的作用,即活塞上行推力产生的垂直向上的 F_y,上行过程中沿锥面产生的摩擦力 f(摩擦系数为

μ)，锥面上受到的垂直于锥面上的法向力 F_n。活塞上行过程中，由垂直于锥面上的法向力 F_n 推动膨胀管胀开。由图 4 可知

$$F_y = F_n \sin\alpha + f\cos\alpha \quad F_n \cos\alpha = f\sin\alpha$$

由于 $f=\mu F_n$，解得

$$F_n = \frac{F_y \cos\alpha}{\mu}$$

膨胀管锥面上产生的应力 σ_n 为

$$\sigma_n = \frac{F_n}{S_t} = \frac{F_y \cos\alpha}{\mu S_t}$$

按照算例中给定的膨胀管的几何尺寸，可以求出活塞面积 $S=149.49\text{cm}^2$，锥面面积 $S_{t1}=208.73\text{cm}^2$，$S_{t2}=167.65\text{cm}^2$。按照文献[5]，在无润滑条件下（取 $\mu=0.2$），可以求出不同锥角、不同膨胀压力条件下的活塞推力 F_y、法向力 F_n 及膨胀管应力 σ_n，其结果见表 1。

表 1　不同锥角、不同膨胀压力条件下活塞推力、法向力及膨胀管应力计算结果

锥角 (°)	膨胀压力 P MPa	推力 F_y kN	法向力 F_n kN	应力 σ_{n1} kg/cm²	应力 σ_{n2} kg/cm²
10	15	224.2	1104.2	528.99	658.68
10	18	269.1	1325.0	634.79	790.33
10	20	299.0	1472.2	705.32	878.15
10	25	373.7	1729.8	811.12	1009.40
10	28	418.6	2061.1	987.45	1317.22
10	30	448.4	2208.3	1057.98	1291.90
15	15	224.2	1083.0	518.86	645.99
15	18	269.1	1299.6	622.63	775.19
15	20	299.0	1444.0	691.81	861.33
15	25	373.7	1805.0	846.76	1076.60
15	28	418.6	2021.6	968.53	1205.80
15	30	448.4	2166.0	1037.70	1291.90
30	15	224.2	971.1	465.26	579.25
30	18	269.1	1165.3	558.31	695.10
30	20	299.0	1294.8	620.34	772.34
30	25	373.7	1618.5	775.43	965.42
30	28	418.6	1812.7	868.48	1081.20
30	30	448.4	1942.2	930.51	1158.50

对表1结果分析如下：

(1)当膨胀管锥角在10°~30°范围内逐渐增大时，在相同的膨胀压力条件下，其应力σ_n是逐渐减小的；当锥角由15°增加至30°，其应力减小10%。由此可见锥角的设计非常重要，欲增加活塞对膨胀管的作用力，使其达到塑性极限应力，可以采取减小锥角的方法。

(2)当膨胀管膨胀压力由15MPa逐渐增加至30MPa时，其应力也增加。

(3)受井筒尺寸的限制，活塞面积是一定的，所以欲增加膨胀管上的应力，还可以考虑增加膨胀压力，使膨胀管上的应力达到塑性极限。

(4)为了增加膨胀管的膨胀压力，还可以考虑减小锥面面积，因为在同样膨胀压力的条件下，锥面面积$S_{t2}=167.65\text{cm}^2$时的应力要比$S_{t1}=208.73\text{cm}^2$时的应力高20%左右。

[例2] 套管和膨胀管参数与例1相同，只是选择不同材质的膨胀管，求膨胀管的塑性极限压力。

(1)套管和膨胀管材质相同。把套管的屈服极限作为最终的选择依据和极限条件，由于套管和膨胀管都采用同样一种钢材，此时膨胀管与外部套管将会同时达到塑性极限。由文献[4]可以求得此时塑性极限压力为

$$P=\sigma_s\ln\frac{c}{a}=1425(\text{kg/cm}^2)$$

显然，在该条件下膨胀管和套管都同时达到塑性变形的极限压力。但是，通常情况下我们希望套管仍处在弹性变形范围之内，膨胀管发生塑性变形后紧贴在套管内壁之上，因此，在选择膨胀管时应从材料上与套管有所差异。

(2)套管和膨胀管材质不同。为保护套管，所选择膨胀管的屈服极限σ_{s1}应小于套管屈服极限σ_{s2}，这样可以让膨胀管先达到塑性极限。按照文献[5]，膨胀管选择石油工业用12CrMoV钢管，其屈服极限$\sigma_{s1}=2250\text{kg/cm}^2$。由文献[4]可知

$$P=\sigma_{s2}\ln\frac{c}{b}+\sigma_{s1}\ln\frac{b}{a}=1005.38(\text{kg/cm}^2)$$

从计算结果可知：① 只要应力值达到1005.38kg/cm²，膨胀管就会产生塑性变形。在表1中，锥角为$\alpha=15°$时，有3个应力值满足此条件。② 在锥面面积由208.73cm²减小到167.65cm²时，满足这一条件的应力值由1个增加到了3个，膨胀压力由30MPa降低到了23MPa。此时既降低了对作业设备的要求，也增加了作业安全控制性，对于现场作业具有十分重要的意义。

四、结论及认识

(1)为了使膨胀管能够有效地进行工作，可以通过采取增加锥面上的侧向膨胀力而使膨胀管内壁产生的膨胀应力高于塑性极限应力，在设计上可以采用减小锥角、增大活塞上受力等措施。

(2)在膨胀工具结构设计中，锥角设计是关键。在满足膨胀管达到塑性极限条件下，锥角设计还应综合考虑膨胀锥上行的摩阻尽可能小；减小膨胀管锥角，不但有利于减小膨胀锥体上

行的摩阻力,同时还会减少膨胀工具在井下阻卡的风险,从而保证作业的安全和顺利。

(3)应选择与套管材质有差异的膨胀管,其屈服极限以小于套管为宜,这样膨胀管达到塑性极限后,套管仍在弹性极限范围之内,有利于保护套管。

(4)组合筒塑性变形极限压力的设计,应该根据井筒内已有套管情况把套管上受到的应力控制在弹性安全承载压力的范围以内。

参考文献

[1] 姜伟,蒋世全,陈健等. 膨胀管定位分支井技术在渤海埕北油田的应用[J]. 中国海上油气,2004,16(3):188-192

[2] 姜伟,蒋世全,陈健等. NB35-2 油田应用膨胀坐挂定位分支井新技术实践[J]. 中国海上油气,2006,18(1):36-40

[3] 姜伟. 膨胀定位分支井在渤海埕北提高采收率技术中的应用[C]见:油气藏地质及开发工程国家重点实验室第三次国际学术会议论文集油气藏开发分册. 2004

[4] 王仲仁,苑世剑,胡连喜. 弹性与塑性力学基础[M]. 哈尔滨:哈尔滨工业大学出版社,1997

[5] 刘希圣. 钻井工艺原理(下册)[M]. 北京:石油工业出版社,1981

本文原发表于《中国海上油气》2008 年第 2 期

NB35－2油田应用膨胀坐挂定位分支井新技术实践

姜 伟[1] 蒋世全[1] 陈 健[2] 徐长安[2] 任荣权[2] 刘良跃[3]
张春阳[3] 邓建民[3] 范白涛[3]

（1 中海石油研究中心 2 中国石油天然气集团公司科学技术研究院
3 中海石油（中国）有限公司天津分公司）

【摘 要】 膨胀坐挂定位分支井技术是国家863“可控三维轨迹钻井技术”研究课题分支井钻完井技术研究内容及关键技术。膨胀坐挂定位分支井技术具有以下特点：① 采用膨胀管作为坐挂工具，操作简便；② 可对老井套管起到保护作用，无须采用传统的卡瓦式坐挂工具；③ 膨胀管坐挂膨胀后留在井筒内的内径大，便于下入修井工具及井下作业。该项技术首次用于渤海NB35－2油田 ϕ244.5mm套管井获得成功，为渤海复杂河流相沉积油藏后期调整积累了经验，对于有效降低我国海上油田开发成本具有重要意义。

【关键词】 渤海 NB35－2油田 分支井 钻完井技术 膨胀管 坐挂定位

一、引言

“十五”期间，在国家科技部和863专家组的指导下，国家863“可控（闭环）三维轨迹钻井技术”研究课题在分支井技术研究方面取得了可喜的成绩[1,2]。在利用老井筒开窗侧钻过程中，充分考虑到油田开发的需求（即要尽量保护好井筒内的老套管；井筒内尽可能要留出较大的通径；操作过程要尽可能的简便易行），应用膨胀坐挂及定位技术，研制出了一整套分支井钻完井技术工具，并且将膨胀坐挂定位技术及时地应用到老油田的调整和生产中，取得了很好的效果。埕北油田A22h井，就是在老油田挖掘剩余油潜力的前提下，首次在 ϕ177.8mm套管中应用膨胀管坐挂定位技术，获得了日产原油110m^3 的显著效果。

在此基础上，针对渤海油田开发和生产的需求，在做了大量的室内模拟的基础上，又研究了 ϕ244.5mm的分支井坐挂膨胀定位工具，在经过陆地实验井井下模拟膨胀、坐挂及脱手等工艺试验后，于NB35－2－A6mh井中应用获得成功。该井分支井的成功完成标志着863研究课题在分支井技术上取得了三项显著成绩：一是膨胀坐挂定位工具经过埕北油田和NB35－2油田的成功应用，充分验证了这套工具的可靠性；二是膨胀定位工具在渤海油田的应用中，已初步形成了 ϕ177.8mm和 ϕ244.5mm两个最常见的套管尺寸系列；三是目前采用分支井技术在油田生产中取得了良好的效果。这套技术的成功应用在渤海取得了三个首次突破性的进展：首次在海上油田使用自行研制的 ϕ244.5mm套管膨胀定位分支井定位坐挂工具获得成功；首

国家863“可控三维轨迹钻井技术”研究课题（合同号2003AA602012）分支井钻完井技术研究内容。

姜伟，男，高级工程师，1982年毕业于西南石油学院钻井工程专业，现任中海石油研究中心钻完井总工程师。地址：北京市东城区东直门外小街6号海油大厦（邮编：100027）。电话：010－84522639。

次在膨胀定位分支井中采用鱼骨刺井眼提高产能；首次将膨胀坐挂定位工具应用在井斜达到35.84°的井筒内并且一次膨胀成功，展现出了广阔的应用前景[3]。

二、油田基本概况

NB35－2油田位于渤海石臼坨凸起西南端，是一个受北东—南西向断层切割的复式鼻状构造油田，其主要储层分布在明化镇组下段及馆陶组。该油田油水关系比较复杂。因此，采用常规的350m井距和注采井网开发，使得该油田在油藏开发和单井储量控制上具有较大的难度和风险。NB35－2－A6mh井是一口生产井，该井下主井眼日产油40～145m^3。为确保油田产量，决定用分支井技术在该井钻分支井眼，配产85m^3/d，同时在上分支井中再钻一支鱼骨刺井眼，以保证配产产量的实现。NB35－2－A6mh井井身结构数据见表1，井眼轨迹数据见表2，井身结构示意见图1。

表1 NB35－2－A6mh井井身结构数据

钻头尺寸(mm)/井深(m)	套管尺寸(mm)/下深(m)	套管钢级	备注	钻头尺寸(mm)/井深(m)	套管尺寸(mm)/下深(m)	套管钢级	备注
	508/95	X52	入泥43m	215.9/1907	177.8/1441.8	N80	下主支井眼
444.5/390	339.7/388	K55		152.4/1762	144.3筛管/1441.3		上分支井眼，下入筛管
311.2/1466	244.5/1464	N80					

表2 NB35－2－A6mh井井眼轨迹数据

项　目	主井眼		支井眼实际值	项　目	主井眼		支井眼实际值
	设计值	实际值			设计值	实际值	
造斜点深度，m	630	630		最大井斜，(°)	90.0	92.6	92.0
侧钻点深度，m	934	924.14		井底方位，(°)	336.7	339.19	321
井底垂深，m	1102	1058	1104.57	最大狗腿，°/30m	3.99	7.33	7.64
井底斜深，m	1775	1762	1646.8	水平段长度，m	450	445	334
井底位移，m	872.4	856.19	745.78				

NB35－2－A6mh井钻井完井的主要技术要求和特点是：

(1)在原A6井ϕ244.5mm套管内开窗侧钻，钻出分支井。

(2)为使分支井产量达到要求，在分支井中再钻一个鱼骨刺井。

(3)分支井的完井方式，要求下ϕ177.8mm尾管至油层顶部，油层部位则直接在ϕ152.4mm井眼内下入防砂筛管进行裸眼简易防砂。

(4)为保证今后主井眼还可以生产，采用自行研制(863课题研究成果)的膨胀坐挂工具进行分支井侧钻工作。

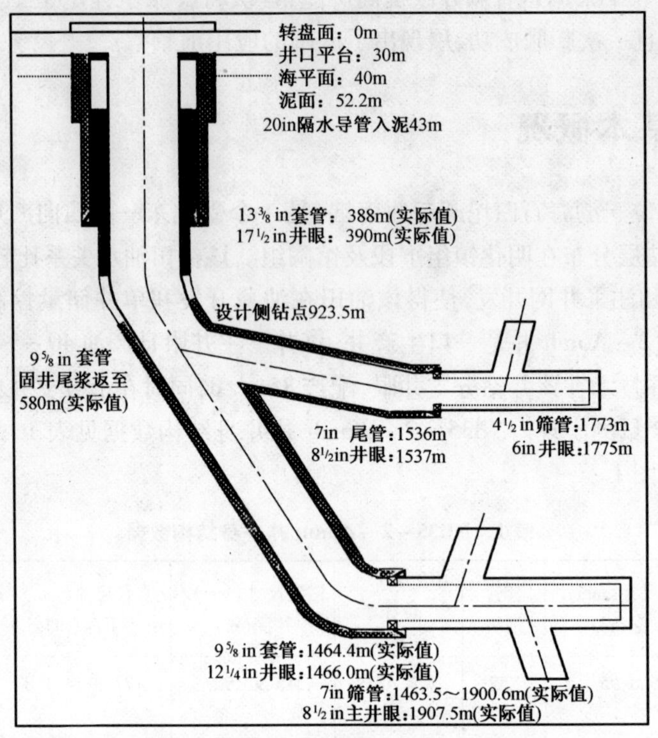

图1　NB35－2－A6mh井井身结构示意图

三、关键技术及方案

(1)根据油藏开发需要确定分支井的开发层位,并选择合适的开窗侧钻位置。开窗侧钻位置的选择主要考虑以下因素:

① 狗腿度的控制。综合考虑侧钻井眼所采用的造斜工具的造斜能力以及大套管和完井筛管等因素,NB35－2－A6mh井狗腿度以不超过4.5°/30m为宜。

② 套管开窗点的选择。综合考虑套管外水泥的固结情况以及开窗侧钻位置要避开套管接箍的要求,NB35－2－A6mh井选择在919m处开窗。

(2)对于NB35－2－A6mh井,由于要求侧钻进入水平段(即油层)以后再下177.8mm尾管,因此尾管的固井质量至关重要。尾管上面要固好窗口,防止因窗口封固不良造成后期生产上的问题,其下面要封固好套管鞋;套管鞋以上的泥岩井段要全部封固好,其下面的油层井段采用裸眼筛管完井方案,以获取最大的产能。因此,固井方案的研究和制定,特别是固井质量的保证是影响该井实施膨胀坐挂定位分支井技术成功与否的关键因素之一。

(3)NB35－2－A6mh井是在ϕ244.5mm套管内膨胀,并且在分支侧钻点井斜已达到了35.84°,这对于膨胀坐挂工具而言是一个挑战,因为膨胀管在倾斜的井筒内必须要做到均匀膨胀、完全密封才能承受住钻压和扭矩的作用。在大量室内实验获得经验的基础上,为了保证此次作业的成功,课题组又在渤海的试验井里专门下入膨胀工具进行实验,并且在此次实验中做到了膨胀、坐封、脱手和打捞均一次成功。

(4)为保证 ϕ177.8mm 尾管的下入及正常固井作业,采用了钻杆送入 + 液压尾管脱手装置 + 钻杆胶塞 + 尾管胶塞 + 承托环 + 挡板 + 浮箍 + 浮鞋的尾管注水泥工具管串,其目的是使用正常固井作业工具和程序,其优点是无须再考虑采用特殊工具来下尾管和固井,有利于该技术的推广和应用。

四、膨胀坐挂定位分支井主要工艺及措施

1. 膨胀坐挂定位工艺

(1)对 NB35 -2 - A6mh 井欲膨胀坐挂井段井筒内的套管实施刮管至井深 1359m,其中在 879 ~964m 上下刮管 3 次,确保膨胀管坐封设计位置 932.5m 处清刮干净。

(2)膨胀管膨胀。用固井泵缓慢加压至 11.5MPa,然后压力突然降至 0MPa,坐封膨胀管于设计位置 932.5m,整个膨胀过程安全顺利,达到设计要求(设计压力为 12 ~18MPa);钻具下压 200kN,证实膨胀管坐牢后下陀螺定向,测得斜向器工具面为 60°,达到设计要求。

(3)对防喷器组试压,同时检验膨胀管密封情况,万能防喷器试压 15MPa ×10min 合格,闸板防喷器试压 15MPa ×10min 合格。

(4)下钻送入斜入器钻具组合:斜向器 + 轴承短节 + ϕ127mm 加重钻杆 ×14 根 + ϕ127mm 钻杆,下至井深 931.14m,遇阻 10kN,然后下压钻压 90kN,钻压回零,继续下放钻具 0.5m,确认悬重为 53.5kN,再上提 1m,悬重不变,确认送入工具已经脱手(剪切销钉设计剪切力为 8.5kN)。

2. 开窗侧钻工艺

(1)下入开窗钻具组合:ϕ216mm 锥铣 + ϕ216mm 钻柱铣 + 165.1mm 挠性接头/振击器 + ϕ127mm 加重钻杆 ×14,缓慢下放钻具至窗口顶部,然后开窗磨铣。套管开窗主要技术参数:钻压 10 ~30kN,扭矩 0.5 ~1.5kN · m,转速 70r/min,泵排量 1600L/min,泵压 4.8MPa。开窗磨铣至 930.5m,判断全部磨铣工具已经进入地层,推算窗口长度为 4.85m,整个磨铣过程安全顺利,历时 19.0h,平均机械钻速 0.25m/h。

(2)确认已经进入新地层,套管窗口开出后,再上提钻具,缓慢启动钻柱以 30r/min 划眼修理窗口。修理时最大扭矩一度曾达到 5kN · m,但反复多次以后,无阻卡,扭矩也正常了,历时 1h,钻具在窗口附近上提下放、钻柱旋转均很正常。

3. ϕ215.9mm 井眼定向钻井工艺

(1)确认侧钻出新井眼并在窗口修整好以后,下入 ϕ215.9mm 井眼旋转导向钻具组合:ϕ215.9mm 钻头 + ϕ171.45 导向马达(弯接头 1.15°) + ϕ190.5mm 扶正器 + ϕ171.45mm on-track + ϕ165.1mm 非磁加重钻杆 + ϕ165.1mm 浮阀 + ϕ165.1mm 挠性接头/振击器 + ϕ127mm 钻杆,用这套钻具组合钻至窗口 1442m 时测得井斜 86.7°、方位 336°、垂深 1101.72m、水平位

移498m,确认已进入1101.51m油层的水平段窗口。

(2)该井段主要钻井参数为钻压50kN、转速68～75r/min、排量1600～1800L/min、扭矩2～4kN·m、泵压5.6～6.7MPa,累计进尺492m,总钻时12.25h,总平均机械钻速40m/h。

4. φ152.4mm 井眼定向鱼骨分支井钻井工艺

钻出鱼骨分支井眼口,下入钻具组合:φ152.4mm PDC钻头M1354MSS＋φ120.65mm马达(弯接头1°)＋φ139.7mm扶正器＋φ120.65mm安全接头＋φ120.65mmCWD/MWD＋φ120.65mm非磁钻铤＋φ88.9mm加重钻杆×2根＋φ165.1mm浮阀＋φ165.1mm振击器＋φ127mmHWDP,钻至井深1646.79m完钻。该井段的主要钻井参数为:钻压60kN、转速50r/min、排量900～1050L/min、泵压12.5～13.0MPa、平均机械钻速29.5m/h,纯钻时6.5h,累计进尺205m,其间滑动钻进机械钻速为30m/h,旋转钻进最快时机械钻速达60m/h。

5. φ152.4mm 主井井眼轨迹控制措施

(1)分支转向点控制。采用钻鱼骨刺井的原钻具组合不变,在井深1500m处悬空侧钻主支井眼;在分支侧钻鱼骨刺井眼时井斜为92.7°,而在钻主井眼时又要将井斜降至90.66°,方位用工具面右160°,将其背离鱼骨刺井眼方位321°,耗时2.75h,侧钻成功。

(2)主井眼钻进。滑动钻进至1762m,钻完全部进尺,累计进尺220m,纯钻进时间4h,平均机械钻速55.1m/h,钻进参数为:钻压60kN、排量1000L/min、泵压13MPa,该井段均在水平井段中钻进,整个作业过程安全顺利。

6. 下φ177.8mm 尾管及固井作业

(1)尾管管串组合:F/S＋φ177.8mm套管×1根＋F/C＋φ177.8mm套管短管×1根＋承托环＋送球器＋回接筒＋脱手及送入工具总成＋φ127mm钻杆。

(2)尾管管串脱手工具总成是应用863课题研究成果所研制的专用工具,该工具具有液压丢手和机械丢手双重功能,还具有正常的尾管固井工具,不需要尾管悬挂器的坐挂,是分支井尾管送入、丢手、套铣的理想专用工具。

(3)该尾管管串下井至1441.8m(距井底还有22m)时遇阻30kN,上提下放仍下不去,于是缓慢开启顶驱,转速20r/min,扭矩7.0～9.9kN·m,排量1170L/min,泵压4MPa,15min后下放到底。

(4)开泵循环1h后,投φ42mm小铜球,开泵送球入座并憋压至2.0MPa,上提钻芯0.19m时压力突然降至零,证明丢手工具已经脱手,至此送入工具与尾管脱开,进入正常尾管固井作业程序。

(5)为了保证套管开窗的窗口水泥封固良好,在尾管正常注水泥2h以后,还要在φ177.8mm与φ244.5mm两层套管之间再挤水泥。NB35－2－A6mh井设计挤水泥浆6m^3,具体做法是:在尾管注水泥浆完成后,起钻拔出中心管再注入6m^{3}水泥浆;然后关BOP挤水泥,累计挤入4.8m^3,最大挤入压力7.6MPa,使窗口封固质量完全达到了设计要求。

7. 完井工艺

（1）下钻，用 KCl 完井液（密度 1.12g/cm^3）替出井筒内的 PRD 钻井液。

（2）下入裸眼筛管完井管串组合：ϕ114.3mm 圆筒 + ϕ114.3mm 优质筛管 ×1 根 + ϕ82.55mm 密封筒 + ϕ114.3mm 优质筛管 ×18 根 + ϕ114.3mm 盲管 ×2 根 + ϕ114.3mm 优质筛管 ×4 根 + ϕ114.3mm 盲管 ×2 根 + Baker 70B－40 SC－IR 顶部封隔器 + ϕ88.9mm 钻杆。

五、结束语

（1）在国家科技部和 863 课题专家组的帮助和指导下，可控三维轨迹钻井技术课题组在膨胀管坐挂技术和尾管送入工具方面取得了可喜的成绩，在渤海油田成功地钻成了分支井，直接将 863 课题研究成果应用于海上油田的作业和生产，是科研成果向生产力转化的一个成功范例。

（2）膨胀坐挂分支井技术在生产上，特别是在老油田后期调整和提高采收率方面，以及在钻分支井和裸眼完井下的优质筛管完井技术的综合配套上具有很好的应用前景。到目前为止，渤海埕北分支井 CB－A－20h 井采用膨胀坐挂定位分支井技术，已经累计增油 2.8 万 m^3，NB35－2－A6mh 井投产后油井产量约为 60m^3/d。

（3）本研究课题获得了膨胀管以及尾管挂丢手工具两个方面的关键技术的创新成果，特别是在膨胀管的送入工具中增加了脱手及循环打通的功能，极大地降低了下入膨胀坐挂工具时的作业风险；尾管送入工具具有双重丢手功能的装置，保证了送入工具的安全丢手，减少了尾管悬挂器的坐挂装置，既有利于安全丢手，又有利于后续作业的套铣进行，同时还完善了四级完井工具的固井和套铣工具及工艺措施。

（4）在渤海埕北油田和 NB35－2 油田应用膨胀坐挂分支井技术钻出了一批调整井，并且通过这一批分支井，从技术上逐步形成并完善了 ϕ177.8mm 套管和 ϕ244.5mm 套管的膨胀坐挂定位分支井工具系列。

（5）新工具的室内模拟实验、前期的认真准备和研究至关重要。例如在实验室对膨胀管膨胀后承受扭矩、轴向载荷能力的测定在现场实施方案确定中发挥了重要作用。随着工具的不断完善和改进，与现场的使用结合得越来越密切。

本课题研究过程中，始终得到了国家科技部、863 主题办和专家组的热情帮助和悉心指导，也得到了中海油、中石油等有关单位的支持和帮助，在此一并表示衷心的感谢！

参考文献

[1] 姜伟，蒋世全，陈健等．膨胀管定位分支井技术在渤海埕北油田的应用[J]．中国海上油气，2004，16(3)：188～192

[2] 姜伟．膨胀定位分支井在渤海埕北提高采收率技术中的应用[C]．见：油气藏地质及开发工程国家重点实验室第三次国际学术会议论文集．成都，2004

[3] 姜伟．钻完井新技术在海上油田的应用[C]．见：中国石油天然气集团公司钻井工程重点实验室学术论文集．北京：石油工业出版社，2004

本文原发表于《中国海上油气》2006 年第 1 期

膨胀管定位分支井技术在渤海埕北油田的应用

姜　伟[1]　蒋世全[1]　陈　健[2]　徐长安[2]　任荣权[2]
刘良跃[3]　张春阳[3]　邓建民[3]　牟小军[3]

(1 中海石油研究中心　2 中国石油天然气集团公司科学技术研究院
3 中海石油(中国)有限公司天津分公司)

【摘　要】 膨胀管定位分支井技术研究是国家863项目渤海大油田勘探开发关键技术——可控(闭环)三维轨迹钻井技术研究的子课题。应用膨胀管定位工具原理,完成了定位工具的研制,并在大量地面实验的基础上,将膨胀管定位技术成功地应用于渤海埕北油田老井侧钻分支井中。实践证明:所研制的膨胀管定位分支井工具具有3大技术特点:(1)膨胀管定位,定位工具在老井中,对套管产生的应力集中小,有利于保护套管;(2)定位工具在密封后可承受压、扭等荷载,完全满足井下作业的需要;(3)定位工具设计合理,操作简便。通过在埕北油田A22h井的实践,钻成一口水平分支调整井,在老油田挖潜方面取得3项突破:第一,使用侧钻分支井挖掘剩余油获得突破;第二,在分支井油井中使用膨胀管定位工具获得突破;第三,使用修井机在海上平台钻分支调整井实现突破。膨胀管定位分支井技术及其工具在埕北油田A22h井的成功应用,使原来产油$11m^3/d$的老井通过分支井达到产油$112m^3/d$,取得显著的经济效益。这项技术将在海上油田增储挖潜和提高采收率方面发挥很大的作用。

【关键词】 分支井　膨胀管定位技术　埕北油田　增储挖潜

膨胀管定位分支井技术研究已经取得了重要成果,并已成功应用于渤海埕北油田,使埕北油田A22h井单井产量从原来的$11m^3/d$(综合含水率90%),增加到$112m^3/d$(综合含水率4.5%),取得了明显的调整效果。这套分支井技术的实施,从总体上看,在渤海实现了几项首次突破:

(1)首次在渤海油田完全以海上修井机为作业手段,完成了开窗侧钻水平井的任务。

(2)首次在渤海采用钻分支调整井的办法,提高单井产量10倍,增加了老油田的经济效益。

(3)首次利用国家863课题研制的膨胀管定位工具钻成水平分支井。

(4)首次使用侧钻分支井裸眼完井加半程固井工艺技术,对完井方式和节约作业费用是一个全新的尝试和突破。

综观这套分支井技术,在开窗定位技术上有3大特点:① 膨胀管定位工具利用管体均匀膨胀变形,可极大地减少局部应力,有利于保护老井套管;② 膨胀管定位工具在被密封以后可以承受扭矩和轴向钻压,完全满足井下作业的需要;③ 定位工具设计合理,便于操作。

渤海大油田勘探开发关键技术——可控(闭环)三维轨迹钻井技术研究课题(2003AA602012)部分研究成果。

姜伟,男,1955年生,高级工程师,1982年毕业于西南石油学院钻井工程专业,现任中海石油研究中心钻完井总工程师。地址:北京市东城区东直门外小街6号海油大厦(邮编:100027)。电话:010-84522639。E-mail:jiangwei@cnooc.com.cn。

膨胀管定位分支井技术在埕北油田应用取得成功，在今后渤海地区油田开发，挖掘老油田的剩余油，降低油田开发成本，提高油田的有效寿命等方面，具有十分重要的意义。

一、基本情况

渤海埕北油田是一个边水层状构造油田。储层主要分布在新近系馆陶组和古近系东营组，东营组油藏平均垂深1600m，其开发主要动用了东营组油层。东营组油层又分为主要油层和次要油层，油层平均厚度约14m，井下布井靶点间距为300～500m，主要利用边水能量开采。该油田52口定向井的年产量约40万t。自1993年产量逐渐下降，采取了内部点状注水机采、螺杆泵机采等措施，生产了17年，但随着边水推进、地层压力降低，综合含水率越来越高，截至2002年底，综合含水率已达到88%。

油田生产井情况：52口井全部为丛式定向井；其钻头程序为445mm表层套管(300～500)m+251mm钻头至井底；其套管程序为762mm导管×70m+340mm套管×(300～500)m+178mm生产套管至井底(平均井深2200m)。井眼轨迹都设计为“直—增—稳”三段制，造斜点设在表层套管以下50m的251mm井眼里。油井全部采用砾石充填防砂完井。

为了最大限度地发挥该油田的潜能及提高其生产能力，油藏部门经专题研究发现：采取常规的堵水及放大油嘴等措施，已不能有效地增加产量或见到明显的效果，因此，决定采取调整措施，即在一些产量较低的老井中实施调整侧钻方案，开发一些死油区和一些未动用的油层，以增加油田的产量，提高采收率。

考虑到最大程度地动用剩余油，选择在A22井打侧钻分支井。选择该井的理由为：① 该井区原油物性好；② 东营组的主力油层产量高；③ 目前该区域油藏动用程度低，高部位的剩余原油还未动用。

在A22井侧钻的水平井，其水平段长400m。该井的主要井眼数据见表1，井身结构及井身剖面如图1所示。

表1　井眼主要技术数据

序号	项　目	设计	实际	备　注
1	340mm套管下深，m	260	255	老井眼
2	178mm套管下深，m	1778	1776	老井眼
3	造斜点井深，m	260	260	老井眼
4	最大井斜，(°)	35.00	33.75	老井眼
5	完钻井深，m		1781	老井眼
6	完钻垂深，m		1694	老井眼
7	完钻水平位移，m		364.98	老井眼
8	井眼闭合方位，(°)		157.4	老井眼
9	侧钻点井深，(m)	1660	1554	分支井新井眼
10	侧钻点井斜，(°)	32.5	32.5	分支井新井眼
11	侧钻井眼最大井斜，(°)	90.00	92.54	分支井新井眼

续表

序号	项 目	设计	实际	备 注
12	侧钻井眼最大狗腿度,(°)/30m	13.80	8.57	分支井新井眼
13	侧钻井眼水平位移,m	881.1	833.4	分支井新井眼
14	侧钻井眼水平段长,m	300	334	分支井新井眼
15	侧钻井眼闭合方位,(°)	130.8		分支井新井眼
16	侧钻井眼垂深,m	1638	1668	分支井新井眼
17	侧钻井测量井深,m	2286	2214	分支井新井眼

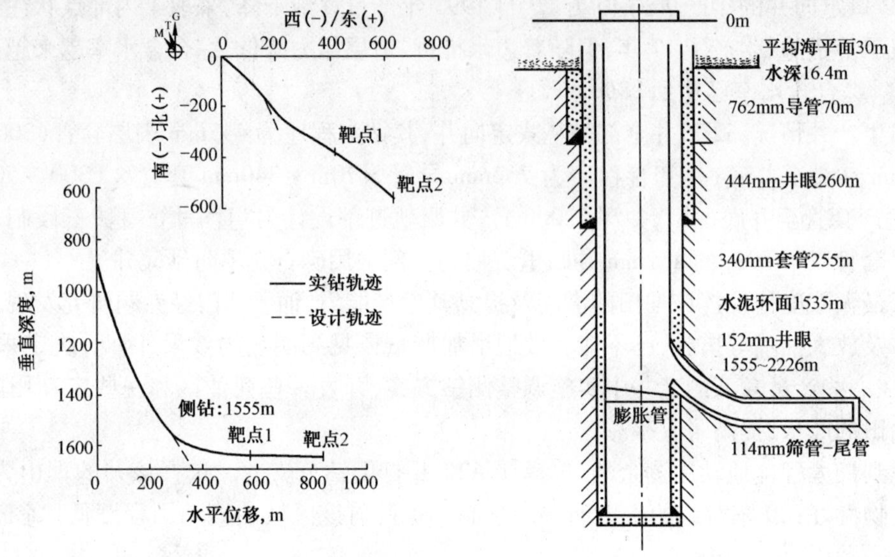

图1 井身结构及井身剖面图

二、分支井技术方案优化

(1)根据油藏调整和挖掘剩余油的需求,确定合理的水平分支井方案。分支井的井眼轨迹走向、钻遇储层的最佳路径、水平段长度及产能的设计,都是根据油藏部门做出的有关专项研究报告确定的。根据对埕北油田生产历史的拟合及对生产动态的了解和掌握,油藏部门对剩余油的分布情况做了数模研究,结果表明:在A区东营组的高部位,原油动用程度很低并离边水较远,是钻调整井的有利部位。考虑到钻调整井要尽可能多地得到产能回报,决定用水平分支井开采,使常规定向井可以更多地暴露储层,提高单井产能。在综合考虑储层的特点、合理的产能和适当可行的钻完井难度等因素后,确定水平分支井的水平段长度在400m左右,总位移大约880m,方位沿着130°方向,预计可获得最佳效果。

(2)精心设计工程方案和施工方案。在对油藏方案不断完善和优化的同时,开展了施工方案的设计和优化工作。由于要在老井眼里进行侧钻,钻井设计要选择合理的侧钻点,使之既能满足油藏开发的需要,又能减少施工难度。例如,原设计侧钻点选择在井筒1800m处,设计狗腿度达15°/30m;经过反复研究,最后侧钻点选择在1554m处,设计狗腿度降到6°/30m。

(3)设计中采用修井机承担侧钻作业,因此要尽量保证井下作业正常,避免发生卡钻等事故影响修井机作业。此外,在进行侧钻时应保护好储层,因此采用油基泥浆作为钻完井液,虽然成本高了些,但对钻井作业的安全及保护储层是必要的。

(4)完井方式综合考虑了以下因素:① 最大限度地提高油层的产能;② 尽可能减少对储层的污染;③ 埕北油田油层为疏松的古近系东营组地层,需要防砂,所以52口井均采用管内砾石充填方式完井;④ 尽量提高挖潜调整油层的产能,油田的寿命是有限的,侧钻井的寿命相对较短些。综合考虑这些因素之后,选择了钻水平井的开采方式,采用储层裸眼+优质筛管完井,高层井段使用固井的方法封固高层,以保证油层的正常生产。

(5)固井方式及窗口封隔的考虑。A22井侧钻点的上部是馆陶组地层,是一个大水体,套管开窗后要对窗口用固井的方法封固水层,并且在裸眼+筛管完井方式中要确保裸眼油层段不被水泥浆污染。封固隔层的主要目的:一是要封固好窗口,防止水层的水窜入分支井,淹没油层;二是要使用一个管外注水泥封隔器来隔开水泥浆和储层。

三、水平分支井的主要工艺及实施

1. 膨胀管定位工艺

(1)该水平分支井于2003年11月1日开始作业,先通径、下刮管器,对老井筒内的178mm套管进行全部通径,并且在此作业之前对原井眼生产层在防砂顶部封隔器上下一个堵塞器,以保证老井筒内的安全。

(2)下入膨胀管定位工具。当钻具将膨胀管定位工具送到井深1561.1m时,开始密封膨胀定位套。用泥浆泵打压,使泵压最高至28MPa,然后稳压30min。当钻具上行0.52m后,再多次用泥浆泵打压,上提钻具,但无明显上行距离(设计行程应为0.9m)。后来改用试压泵打压,使泵压升至27560kPa,稳压2min,然后将泵压降至1378kPa;在有返出的同时,上提钻具1.9m,悬重未增加;再次下放到1561m时,悬重有所增加。至此,说明膨胀管定位工具已经完全胀开并坐封,送入工具已脱手,终于获得成功。

(3)下入陀螺仪,测得井深1554m,井斜32.5°,井眼方位为157.4°,定位工具面为168°。

(4)根据定位工具面的情况确定开窗斜向器的位置,并用钻具送入斜向器,其组合为:斜向器+轴承短节+89mm钻杆,下至1554.55m的设计深度;正常悬重为340kN,下放至290kN(即加压50kN)剪断释放销钉;继续下放钻具0.75m,使悬重降至260kN;上提钻具,悬重恢复至340kN,至此斜向器脱手成功。

2. 开窗侧钻工艺

开窗工具总成为:154mm铁锥+121mm DC×4+121mm JAR+89mm HWDP+89mm DP;磨铣参数为:钻压0~10kN,转盘转速40~45r/min,泵排量800~850L/min;用11.5h将窗口开出、磨铣好,并进入新地层1.75m,井深磨钻至1559.47m。

3. 定向侧钻水平井工艺

(1)导向钻井组合为:152mm PDC钻头(M13C喷嘴13mm×3)+121mm PDM-AIM导向马

达(AKO=1.15°)+121mm NDC+121mm MWD+121mm NDC+89mm $HWDP_2$+89mm DP×60+89mm $HWDP_2$+121mm(F/J+JAR)+121mm HWDP×121mm DP。钻井参数为:钻压10~30kN,转盘转速60r/min(扭矩5~6kN·m),泵排量850L/min;泵压16MPa。钻进至1893.9m,井斜角增至86°左右,其间滑动钻进机械钻速为6~8m/h,平均机械钻速达到11.6m/h,随钻LWD地质导向参数显示为1876~1880m,已进入东营组的主力油层(油层顶部垂深1667m)。

(2)进入主力油层后,接F3牙轮钻头(喷嘴14mm×2+12mm×1),钻井参数未变,但机械钻速变慢,即旋转钻进3~4m/h,滑动钻进1~2m/h,平均机械钻速为3.88m/h,钻至1957m时起钻换钻头。

(3)接PDC钻头,另外,为控制增斜趋势和增加马达上扶正器,需重新下钻具组合,钻具组合为:152mmDPC钻头(MB43SS喷嘴16mm×2+10mm×1)+121mm PDM导向马达(AKO=1.15°)+146mm STAB+121mmF/V+121mm MDC+121mm MWD+121mm NDC+89mm $HWDP_2$+89mm DP×60+89mm $HWDP_2$+121mm(F/J+JAR)+89mm $HWDP_3$+89mmDP。钻井参数为:钻压30~50kN,转盘转速60r/min(扭矩7~8kN·m),泵排量800L/min,泵压19MPa。钻水平井段至2214m完钻,其间滑动钻进机械钻速为12m/h,旋转钻进机械钻速为45m/h,平均机械钻速达到39.5m/h,用6.5h钻完进尺257m,顺利完成该井的钻井作业。

(4)井眼轨迹分析。该井的井眼轨迹主要分为2段:

第一段是侧钻井段,井深从1555~1879m,进尺324m,井斜角从31.8°增至85.2°;进入水平窗口,井斜角平均变化率为4.9°/30m,最大狗腿度在1586m处,为8.57°/30m。

第二段是水平井段,井深从1879~2214m,井斜角从85°增至92.54°;该井段井斜角平均变化率为0.67°/30m,最大狗腿度在1913m处,井斜角90°,狗腿度7.65°/30m。

中靶精度满足调整油藏开发的需求。

4. 完井工艺

(1)下入筛管管串。按照设计方案,要将生产层移到水平井段,要下入114mm优质复合筛管;在上部隔层,下入114mm窗管+ACP(管外套管封隔器)+注水泥工具;注水泥封固上部隔层并防止水窜入井筒。下入的管串为:114mm Bull shoe(下至井底2214m)+114mm优质复合筛管(下至1840m)+ACP_1+ACP_2(套管管外封隔器,下深1839~1814m)+注水泥接箍(下深1807m)+114mm套管320mm BTC(下深1804~1583m)+ACP_3(下深1582m)+114mm套管320mm BTC(下深1503m)+液压送入脱手工具+121mm DC×6+89mm DP。

(2)送入工具脱手:投入脱手胶塞,泥浆泵打压(泵压至12.6MPa),稳压不降,送入工具脱手,下钻至固井注水泥工具的滑套,下压50kN,打开滑套循环孔,开泵循环打通,使之返出正常。

(3)使用坐封ACP工具,用淡水以7579kPa坐封ACP_1套管封隔器;同样又以8268kPa坐封ACP_2套管封隔器。

(4)上提坐封工具至注水泥滑套,进行固井作业;作业结束后,上提工具至ACP_3,用淡水以8957kPa坐封ACP_3,然后提出坐封工具,于尾管顶部冲洗循环后起钻,结束作业。

5. 分支井的固井工艺要点

(1)固井工艺特点:① 井眼小,井径仅为152mm;② 环形容积小,114mm管与152mm井筒间环形容积仅为8.18L/m;③ 封固要求高,特别是对窗口要有良好的封固效果,保证水层不窜出水来淹没油层。

(2)采用的水泥浆应具有良好的水泥浆性能,包括良好的稳定性和封固作用。

四、几点认识及改进措施

(1)在套管开窗过程中,当锥铣在套管上尚未完全将窗口开成并修整好之前,切忌上提钻具,因为此时容易卡钻。A22 井在开窗初期,从 1555m 开始,磨铣了 0.45m,由于钻具上提遇卡,后又将斜向器带至井口又落回井下,处理时间长达 11.75h,这对今后的作业是一个值得记取的教训。

(2)斜向器坐入膨胀管定位工具后,套管内管柱试压达到 10.5MPa,折算当量轴向压力 216kN,这说明 0.9m 的膨胀管定位工具承受 216kN 的轴向力没有任何问题。

(3)斜向器在锥铣提钻时带至井口又落回井下,后经螺旋测量表明,斜向器方位约为 154.9°,与第一次坐放位置完全吻合。这充分证明斜向器与定位工具的自动寻找性能完全符合设计要求。

(4)注水泥工具系指挤注 ACP 套管外封隔器的工具。泄压阀过早地泄压,给后续工作带来不便,后来取消了泄压阀,作业反而容易了。这说明坐封管柱应尽量简化作业过程,方便操作。

(5)考虑分支井套铣的方便,将 114mm 尾管只重叠了 22m,而不是通常做法,即尾管重叠 150~200m,但由于所需的水泥浆数量很难估算,这就给注水泥作业带来了很大的风险,致使 A22h 井在固完井以后,井液循环时未见水泥浆返出,因而进行了 3 次挤水泥作业,共耗费额外作业时间 74h。由此看来,今后在类似作业中,应该在套管开窗后先挤水泥封固水层然后再钻至井底为好。这样就会使后续固井作业的风险相对小多了。

五、结束语

在国家 863 主题办和专家组的指导和帮助下,课题组经过刻苦攻关,在分支井技术的研究中,成功运用 863 课题研究成果,在渤海埕北油田 A22h 水平分支调整井的钻进中取得了很好的业绩,也为科研课题与生产相结合、解决生产实际问题树立了很好的典范。

分支井技术在埕北油田的成功应用,使我们进一步看到该技术用于老井侧钻在技术上可靠,且成本比新钻井降低 30%~40%,有着广泛的推广和应用前景。

膨胀管定位工具是我国拥有独立知识产权的新技术,该技术完全可以满足老油田调整作业中老井侧钻的需要,可以极大地保护老井套管,实现老井和分支井的分采和混采,具有很好的实际应用价值。

埕北油田 A22h 水平分支调整井投产后产量达到了 $112m^3/d$,比原来的 $11m^3/d$ 增加了 10.1 倍,取得了极好的经济效益。

目前还需要进一步总结经验,不断地完善和提高膨胀管定位分支井技术,在老油田挖潜及新油田开发中,充分发挥该技术的优势,使之为海洋油田的开发发挥更大的作用,创造更好的效益。

本文原发表于《中国海上油气》2004 年第 3 期

膨胀管定位多分支井技术

徐长安　陈　健　任荣权　张燕萍

（中国石油集团钻井工程技术研究院机械研究所）

【摘　要】 本文介绍了多分支井的国际分类体系和关键技术，介绍了以膨胀管定位为核心的多分支井技术。在大量的室内试验和地面试验的基础上，成功地在渤海埕北油田完成了两口水平分支井的施工，形成了一套具有独立知识产权的膨胀管定位多分支井完井工具与工艺技术。

【关键词】 多分支井　膨胀管定位　多分支工具　现场施工

一、多分支井特点、分类和关键技术

1. 多分支井特点

多分支井技术是继定向井、侧钻井、水平井技术之后发展起来的在一个井眼里钻出若干个支井的钻井新技术，其优点为：(1)有效加大井眼在目的层的总长度，增加油藏泄油面积，提高油井产量；(2)可以开采多层段的油气藏；(3)减少井位、占地面积及配套设备，减少搬迁、主井眼重钻工序等。据国外报道，在北海地区用直井、水平井、多分支水平井开发油田的"吨油成本"比值为：1.0∶0.77∶0.56。

总之，多分支井技术可以较大幅度降低油气开发成本，充分挖掘油田生产能力，提高油气采收率，提高油气开发的综合经济效益，是21世纪国内外将大力开发和应用的一项低成本高收益的钻井新技术。

2. 多分支井的分类

多分支井完井技术到了1997年还存在大量混淆的问题，没有统一的技术术语和标准，对多分支井完井的复杂程度和风险性没有统一的衡量标准和分类。1997年世界主要石油公司和专业服务公司的多分支井技术专家共同交流了经验，并根据复杂性和功能性对多分支井完井技术制定了一个分类体系，即1～6级和6s级：1级为主、支井眼都是裸眼完井；2级为主井眼套管注水泥完井，支井眼裸眼完井或下衬管但不回接到主井筒内；3级是在2级基础上支井眼下衬管并回接到主井筒内；4级为主、支井眼都是套管注水泥完井；5级是在4级的基础上，接口处的压力完整性通过下入相应的采油管柱和封隔器来实现；6级为接口处的压力完整性

徐长安，1978年毕业于天津大学。曾为中国石油勘探开发研究院机械所工程师，主要从事螺杆钻具、螺杆泵和多分支井技术研究工作，是膨胀管定位多分支技术的主要设计者之一。

通过预制的“裤叉”形套管来实现;6s 级为相当于井下双套管井口,把一个大的主井眼分成两个小的支井眼。

3. 多分支井关键技术

多分支井的关键技术主要集中在分支井眼与主井眼的分支接口处,其技术水平主要体现在接口支撑、接口密封和支井重入三个方面。接口支撑是指各分支井眼的完井管柱都要和主井眼的套管相连接,其连接处要具有机械上的整体性,以解决井壁稳定和储层出砂等问题。接口密封是指将各分支井眼不同压力系统的油气流分隔开,解决分采问题。支井重入是指各分支井都要与主井眼贯通,实现从主井眼向任一分支井眼重入,满足采油和修井作业的要求。各级别的多分支井在接口支撑、接口密封、支井重入和采油等几方面达到的技术水平可归纳如表 1 所示。

表 1　各级别多分支井技术水平

多分支井级别	1	2	3	4	5	6	6s
接口支撑	无支撑	无支撑	机械支撑	水泥支撑	水泥支撑	套管支撑	套管支撑
接口密封	不密封	不密封	不密封	不密封	密封	密封	密封
支井重入	不能重入	不能进入	有限进入	起油管进入	过油管进入	能进入	能进入
采油	混采	混采	混采	分采	分采	分采	分采

世界上各大石油公司和专业服务公司在多分支井开发市场上的竞争就在于实现多分支井连接性、分隔性和可进性等技术上是否更简单实用、更先进可靠。

二、国内外研究历史和现状

多分支井的概念起源于 20 世纪 30 年代,而世界上首先开展多分支井技术研究和实践的是 50 年代初期的苏联。20 世纪,多分支井钻探在俄罗斯、北海油田与北美得到广泛应用,并逐步推广到中东、南美、欧洲与亚洲。到今天多分支井在世界范围内的许多个油田已经创造了五六千口分支井的应用纪录,并日益得到开发商的重视,其技术发展到了一个新的阶段。

HALLIBURTON 公司已经具备了多分支井的全套钻井、完井、开采和分支井重新进入等配套技术和工具装备,拥有 20 余项专利技术,可以说 HALLIBURTON 公司开发的技术在世界上处于领先地位,对外施工服务也是最多的,2001 年统计最新研发的 ITBS 系统已经实施了 325 口分支井的施工作业。

BAKER HUGHES 公司是较早在多分支井技术领域展开研究的单位之一,申请注册的有关多分支井专利最多(88 项),目前具备了从多分支井完井 3 至 6 级和 6s 级的全部开发技术。

国内最早开展多分支井钻井技术尝试的是玉门油田 1960 年在老君庙地区的浅井上进行的。第一口多分支井是四分支井,玉门共钻成多分支井 6 口,均裸眼完井。四川油田在 1965—1966年间钻成 2 口多分支,均裸眼完井。从 20 世纪 80 年代后期开始,随着定向井、水平井技术的迅速发展和成功应用,对多分支井技术的研究和应用重新开展起来,主要是胜利油田、地矿部第六普查勘探大队和中国海洋石油总公司渤海石油公司。到了 90 年代后期,勘探院机械所、辽河油田工程院在集团公司的支持下开展了多分支井技术的研究开发工作。近几年来,胜利油田、辽河油田工程院和勘探院机械所在国内分别打了 2 口、3 口和 2 口具有四级水平的多分支井。

三、膨胀管定位分支井技术简介

1. 膨胀管定位分支井技术特点

机械研究所以"膨胀管定位"这一创新技术为核心开展了多分支井钻完井技术攻关,制定了按国际 4 级完井水平的多分支井钻完井技术总体方案,攻克了井下配套工具的设计和研制。

"膨胀管定位"这一创新技术不仅能够很好地解决国内外用卡瓦定位所带来的诸多技术难题,而且具有其他独特的优点,并使整套系列工具的设计和施工工艺大大简化,提高了工具的可靠性和施工的成功率。该多分支井技术具有如下优点:(1)膨胀管在井下形成了支井的永久定位,实现了对斜向器和支井重入斜向器的可靠定位;(2)膨胀管在井下可承受很大的钻压和扭矩,完全满足开窗、侧钻、平磨、套铣等施工要求;(3)膨胀管的使用使主井筒的内径最大,保证以后的采油、修井和油层改造等作业能够正常进行;(4)膨胀管的使用可在同一主井筒中打出多个支井,支井数目不受限制;(5)膨胀管的使用适合中国油田小尺寸套管内老井侧钻分支井这一国情;(6)与膨胀管配合使用,斜向器同时具备可开窗、可钻井、可固井、可套铣、可回收等功能,简化了施工工艺和作业难度;(7)套铣、回收尾管重叠部分和斜向器一趟钻完成;(8)与膨胀管配合使用,支井重入斜向器实现了各支井的选择性重新进入;(9)膨胀管定位装置与套管之间采用金属密封,最大完井井深不受限制;(10)各工具在井下的施工信号明显,司钻易于操作。

2. 膨胀管定位分支井主要工具

1)膨胀管定位总成

井下定位技术是多分支井的技术关键,定位装置需要有足够的抗轴向载荷、抗大扭矩和高压密封能力。机械研究所首先进行了膨胀管定位技术攻关,从管体材料的研制、密封材料的优选到膨胀管、膨胀工具的设计计算等,机械研究所做了大量的工作。膨胀管定位技术所攻克的技术难点有:(1)根据井下永久定位要求而特制的膨胀管材料,使其具有耐腐蚀、抗冲击、抗载荷、抗扭矩等特有性能。(2)定位用膨胀管管体的结构设计。(3)膨胀工具高强度耐磨材料优选和结构设计。厚壁钢管的膨胀需更大的力量推动,因此膨胀工具的材料需要能够承载高压、高应力,具有很高的表面硬度等。(4)特殊的胀管胀力自平衡结构,解决了膨胀管打压膨胀时工具上顶钻杆、下顶胀管的问题。这与英国壳牌石油公司发明的膨胀套管膨胀原理有较大的差别,在结构上做了重大改进。(5)膨胀管管外金属密封材料的优选、结构设计和加工。侧钻开窗、钻井冲击、高压流体等除膨胀管管体需要承受外,与套管内壁贴合的密封材料同样需要承受;另外,井下温度较高,有一定的腐蚀性,因此,普通的橡胶材料不能承担此工况,需要使用具有一定塑性性能的金属材料作为密封,增加了胀管需要的胀力,给膨胀管的总体结构设计带来难度。课题组攻克了这一难题,实践证明这种密封结构完全满足钻完井需要,同时还可应用于其他领域。(6)胀管定位低压坐封技术。带有金属密封的膨胀管定位装置在套管内紧密贴合需要很高的打压压力,用普通钻杆传递高压是不太可能的,因此课题组设计发明了一种降低压力进行胀管膨胀的工具,彻底解决了这一难题,实践证明简单、实用、有效。

2)斜向器总成

膨胀管定位多分支井用斜向器与普通钻井斜向器相比有许多不同,由于完井后需要各支井连通,因此阻截主套管通道的一切井下工具必须回收到地面,而机械研究所开发研制的井下膨胀管定位装置,使斜向器在自动找正定位及钻井、固井等作业后能够顺利回收提供了良好的条件。

课题组研制了钻、完井一体化斜向器,即钻完井斜向器合二为一,使其同时具备可开窗、可钻井、可固井、可套铣、可回收等功能。斜向器需要在固井条件下进行套铣打捞,课题组在完井斜向器结构上设计研制了一种新型的打捞机构,即使斜向器被水泥固死也可通过特制的套铣工具进行顺利打捞。

3)套铣工具

研制的套铣工具包括套铣鞋、套铣管扶正器、套铣管、变扣接头。套铣鞋内设计有与斜向器打捞机构配合的机构,便于套铣后回收打捞。套铣鞋套铣效率高,特殊的齿形与材料具有很高的强度和切削性能及耐磨性能。在现场先导性试验和现场工业性试验中,套铣尾管和斜向器的套铣及回收一趟钻完成,起钻后套铣鞋新度仍有90%以上。

4)打压设备

为减少与现场的接口、满足膨胀管小排量打压和压力易于控制的特殊要求、提高施工效率等,机械研究所提供的打压设备自成体系,即当钻柱在井口坐好后,钻杆打压接头与井口第一根钻杆直接连接后便可打压。

5)其他工具

特制的套管通径规;轴承短接(轴承短节是用来消除整个钻柱摩擦扭矩对斜向器滑动进入膨胀管斜口的影响);开窗铣锥(由于斜向器要被套铣回收,因此开窗铣锥需要特殊设计或专门选购,以减少开窗时对斜向器造成过分的损害);高效平铣鞋;锥铣鞋等。

四、渤海埕北油田 CB-A22 井施工

在大量室内试验的基础上,经过陆上一口井的先导性试验成功后,在渤海埕北油田(CB-A22井和CB-A10井)成功地完成了两口双分支水平井的施工。

1. 埕北油田 CB-A22 井基本情况

埕北油田A平台CB-A22井已投产17年,生产套管为7in,产出液含水达89.8%,产油不到11t。根据油藏调整和挖掘剩余油的需要,油田将CB-A22井设计为双分支井,要求保留原井眼进行合采。由于该井生产已达17年,生产套管可能变形和腐蚀,并且开窗点距上下水层仅15m,因此开窗侧钻后可能发生窜槽等复杂情况,其技术要求高和施工难度都很大。

2. CB－A22 水平分支井井眼数据及井身结构

CB－A22 水平分支井侧钻点在井深 1550m 处，侧钻点井斜 32.5°，支井井深 2246m，垂深 1666m，水平段长度 300m，靶心 2m×20m×280m。支井用筛管完井加半程水泥固井封固水层。该井的主要井身结构如图 1 所示，井眼数据见表 2。

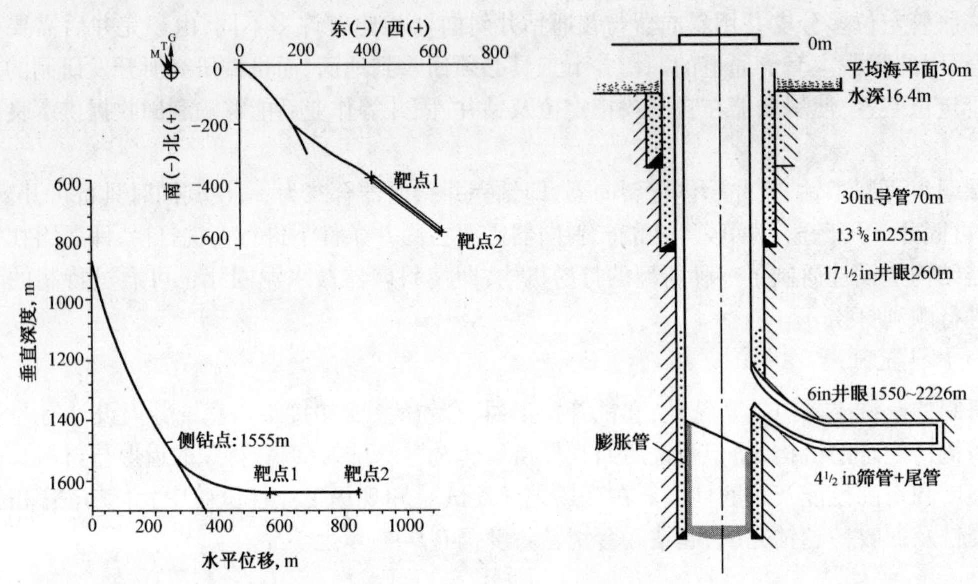

图 1　井身结构及井身剖面

表 2　井眼主要技术参数

1	井号	CB－A22	9	井底垂深	1666m
2	井型	侧钻分支水平井	10	井底位移	845.26m
3	深度基准面	转盘面	11	最大井斜	90°
4	井口坐标	X:4257483.50 Y:623405.78	12	#1 靶点坐标	X:4257103.58 Y:623825.69
5	侧钻点深度	1550m		垂深	1666.00m
6	造斜终了点	1946m	13	#2 靶点坐标	X:4256925.00 Y:624040.00
7	最大狗腿严重度	5.5°/30m			
8	井底斜深	2226m		垂深	1666.00m

3. CB－A22 水平分支井主要施工工艺

（1）刮管：将套管刮管器下入到膨胀管定位设计深度（1561m）上下和旋转刮管。

（2）通径：下专用通井规通径。保证膨胀管定位总成及斜向器下入通畅。

（3）下膨胀管定位总成膨胀定位：下入膨胀管定位总成设计深度（1561m），连接打压泵打压，当压力忽然掉到零井口有钻井液返出时，证明膨胀管定位装置已牢固地膨胀到主套管上，送入工具自动丢手。上提送入工具证明已脱手,下压200kN验证膨胀管与套管牢固贴合。

(4)下入陀螺仪定向:回放送入工具,下陀螺定向仪,测量膨胀管定位装置工具面角。

(5)下入钻完井斜向器总成:根据陀螺定向测量的参数,在地面调整好斜向器角度,下入斜向器并坐放在膨胀管定位短节上。斜向器到位后钻压开始上升,缓慢下压,钻压突然掉零,表明剪切销钉已被剪断并脱手。

(6)开窗侧钻:下入开窗侧钻钻具组合,磨铣进入新地层。

(7)定向钻井:常规方法定向侧钻水平井。

(8)下筛管、套管管柱及固井作业。

多分支井课题组成员于2003年11月1日上井,11月10日完成了钻井设计规定的全部施工工序,上井施工工具完全达到设计要求。分支井试油结果日产原油112t,含水约3%。继CB-A22井之后,于2004年3月又成功地完成了CB-A10水平分支井的施工,分支井工具与施工工艺和CB-A22井基本相同。

五、小结

实践证明,膨胀管定位多分支技术,解决了国内外小尺寸套管老井侧钻分支井的诸多难题。膨胀管定位技术各项性能指标已经达到了现场应用阶段,是多分支井领域中的一项创新技术。该技术现场作业简单、易操作,作业费用低,可靠性高,因此,它的应用将为油田带来极大的经济效益。

膨胀管定位低压坐封技术和工具,有效降低了胀管膨胀所需的打压压力。台架试验数据表明用金属密封将8mm壁厚的胀管坐封在7in套管内,由原来膨胀所需的40MPa膨胀压力大幅下降到了18MPa以下,坐封性能保持不变,完全可以用普通钻杆进行打压作业,省去了压裂管柱等高压装备,简化了作业程序,提高了作业和工具设备的安全性。

特殊的膨胀管胀力自平衡结构,打压时钻杆不受拉压作用,彻底解决了打压时上顶钻杆和下顶胀管等问题。

新型膨胀管密封结构,密封能力达42MPa以上,承载能力达840kN以上,承扭达85kN·m以上。完全满足现场施工要求。

可回收式钻完井一体化斜向器,同时具备可开窗、可钻井、可固水泥、可套铣、可回收等功能,解决了CB-A22井主支井交汇处可能挤水泥封固水层并能够回收斜向器等难题,是一项斜向器设计创新技术。另外,该结构斜向器同井下膨胀管定位装置配合自动定位后锁紧功能。

膨胀管定位多分支井钻井完井技术与应用

任荣权[1]　张燕萍[1]　徐长安[1]　陈　健[2]

（1 中国石油集团钻井工程技术研究院钻井机械研究所　2 中国石油勘探开发研究院）

【摘　要】 本文介绍了多分支井的关键技术和国内外应用情况，介绍了国家863项目膨胀管定位多分支井技术的主要特点、施工工艺和主要工具。重点介绍了该技术在中国渤海南堡油田NP35－2－A6井上的应用情况。

【关键词】 多分支井　钻井　完井　膨胀管　斜向器

一、引言

多分支井技术是继定向井、侧钻井、水平井技术之后发展起来的在一个井眼里钻出若干个支井的钻井新技术，可以增大泄油面积，提高油井产量，全面减少油藏开发成本。多分支井的关键技术主要集中在分支井眼与主井眼的分支接口处，其技术水平主要体现在接口支撑、接口密封和支井重入三个方面。接口支撑是指各分支井眼的完井管柱都要和主井眼的套管相连接，其连接处要具有机械上的整体性，以解决井壁稳定和储层出砂等问题。接口密封是指将各分支井眼不同压力系统的油气流分隔开，解决分采问题。支井重入是指各分支井都要与主井眼沟通，实现从主井眼向任一分支井眼重新进入，以满足采油和修井作业的要求。世界上各大石油公司和专业服务公司在多分支井技术上的竞争就在于实现多分支井连接性、分隔性和可进性等技术上是否更简单实用、更先进可靠。

本文介绍的膨胀管定位多分支井技术具有通径大、支井数目不受限制、支井重入等优点，简化了在主井筒内侧钻多分支井遇到的诸多技术难题。该技术在中国渤海海上油田成功实施了3口井的作业，初步形成了一整套独具特色的多分支井钻井完井配套工具和工艺技术。

二、国内外多分支井技术应用情况

多分支井的概念起源于20世纪30年代，而世界上首先开展多分支井技术研究和实践的是50年代初期的苏联。20个世纪，多分支井钻探在俄罗斯、北海油田和北美得到广泛应用，并逐步推广到中东、南美、欧洲与亚洲。到今天多分支井在世界范围内的许多个油田已经创造了五六千口分支井的应用纪录，并日益得到开发商的重视。目前国外多家石油公司均拥有自己全套的多分支井钻井、完井、开采和分支井重新进入等技术，并可独立对外承担多分支井施工作业。

任荣权，1992年毕业于石油勘探开发研究院（北京）研究生部。现为中国石油集团钻井工程技术研究院钻井机械所高级工程师，主要从事多分支井技术研究工作。通信地址：北京910信箱钻井机械所，邮政编码：100083。

国外多分支井技术在中国海上油田得到一定程度的应用，如 Halliburton 4501™、Weatherford Starburst™和 Baker HOOK™多分支井技术在中国南海西江油田先后实施了 15 口多分支井，包括 1 口 TAML Level 1、1 口 TAML Level 3、12 口 TAML Level 4 和 1 口 TAML Level 5 多分支井[1]。

国内最早开展多分支井钻井技术尝试的是玉门油田 1960 年在老君庙地区的浅井上进行的，共钻成 6 口多分支井，均为裸眼完井，其中第 1 口多分支井共钻了 4 个分支。四川油田在 1965—1966 年间钻成 2 口多分支井，均为裸眼完井。从 20 世纪 80 年代后期开始，随着定向井和水平井技术的发展和成功应用，国内对多分支井技术的研究工作逐步重视起来，到了 90 年代后期，许多科研院所开始开展级别水平更高的多分支井技术的研究和应用工作。近几年来，中国石油勘探开发研究院、辽河油田工程院和胜利油田钻井院利用自己的研究成果分别在国内打了 3 口、5 口和 3 口 TAML Level 4 多分支井，这些技术的成功应用标志着我国多分支井技术已经进入新的发展阶段，并在世界分支井技术领域中占有一席之地。

三、膨胀管定位多分支井技术简介

1. 技术特点

“十五”期间，中国石油勘探开发研究院机械所与中海石油研究中心联合攻关，共同承担了国家高技术研究发展计划(863 计划)“多分支井完井工具研制”研究项目。项目组开发了主套管为 7in 和 9⅝in 两个系列的多分支井钻井完井工具和工艺技术，形成了具有独立知识产权的膨胀管定位分支井技术。关键技术包括：

(1)膨胀管定位技术：在分支井技术领域中，率先将膨胀管技术应用于分支井定位，与其他分支井技术相比，主井筒通径最大，施工工艺简单。

(2)膨胀管坐挂密封技术：自主研发的膨胀管坐挂和金属密封技术，承载能力大、密封压力高、定位安全可靠。

(3)斜向器技术：可回收钻井完井一体化斜向器可完成开窗、钻进、下尾管、固井、套铣和回收等功能，简化了施工工艺，降低了作业难度。

(4)支井固井技术：可旋转尾管丢手固井工具具有旋转钻进的功能，保证了尾管串的顺利下入；具有固井初凝后不起钻挤水泥的功能，提高和改善了窗口乃至整个支井段的固井质量。

(5)套铣技术：解决了固井后斜向器和尾管重叠段套铣和回收一趟钻完成的技术难题，简化了施工工艺，降低了作业风险。

(6)支井重进技术：实现了任一支井的选择性进入，保证了支井采油、修井和油层改造等后续作业能够正常进行。

2. 施工工艺与主要工具

施工工艺主要包括刮管、通径、下膨胀管、下斜向器、开窗、下尾管固井、套铣、钻铝堵、下重进斜向器、回收重进斜向器等工序，所使用的主要工具包括定向接头、膨胀管定位总成、轴承短节、斜向器总成、尾管丢手总成、翻板阀、套铣鞋、重进斜向器总成等 18 种专用工具(见表 1)。

表 1　主要工序与所使用的专用工具

主要工序	主要工具	主要工序	主要工具
刮管	牙轮钻头 + 刮管器	套铣	(9)套铣鞋 + (10)扶正器 + (11)套铣管 + (12)转换接头
通径	(1)通径规	钻铝堵	(13)锥铣鞋
下膨胀管	(2)定向接头 + (3)膨胀管定位总成	下重进斜向器	(14)重进斜向器总成
下斜向器	(4)轴承短节 + (5)斜向器总成	回收重进斜向器	(15)重进斜向器回收工具总成
下尾管固井	(6)可旋转尾管丢手总成 + (7)翻板阀 + (8)可套铣扶正器	其他工序	(16)平底磨鞋(17)斜向器打捞母锥(18)气动试压泵
备注:刮管工序中所使用的牙轮钻头和刮管器为常规工具;(16)平底磨鞋、(17)斜向器打捞母锥与(18)气动试压泵为备用的事故处理工具。			

四、膨胀管定位多分支井技术应用案例

膨胀管定位多分支井技术在渤海海上埕北油田 CB - A22 井和 CB - A10 井及南堡油田 NP35 - 2 - A6 井成功地钻成了 3 口 TAML Level4 分支水平井,取得了显著的经济效益。本文仅介绍 NP35 - 2 - A6 井的现场应用情况。

1. NP35 - 2 - A6 井基本情况

该井是一口生产井,共有 2 个主支井,分别位于不同的油层,每个主支井眼里又侧钻了鱼骨刺井,共有 5 个水平井底,井身结构示意图见图 1[2]。下部主支井里侧钻了 2 个鱼骨刺井,形成的 3 个水平井底处在下部油层里。上部主支井里侧钻了 1 个鱼骨刺井,形成的 2 个水平井底处在上部油层里。

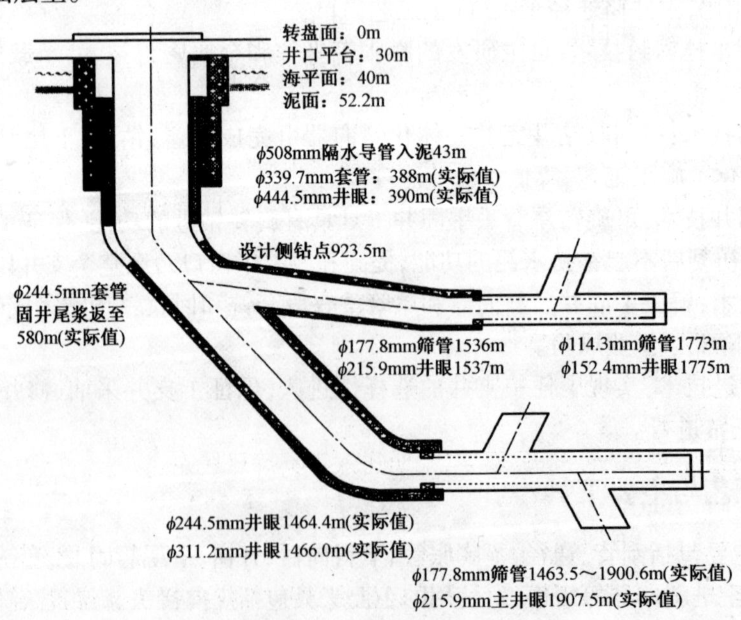

图 1　NP35 - 2 - A6 井井身结构示意图

由于上下两个油层属于同一压力体系，上下主支井完成后可合采生产。为了弄清各主支井的供产能力，采取了先完成下部主支井，试采求产后再打上部主支井的方式。下部主支井9⅝in套管下到下部油层着陆点，8½in 钻头加深完成主裸眼和 2 个鱼骨刺井，主裸眼下 7in 筛管并用带卡瓦顶部简易防沙封隔器悬挂在 9⅝in 套管鞋之上。

下部主支井完成后下电泵试采三个月，日产油稳定在 42 ~ 145m^3。上部主支井从 9⅝in 套管开窗后，8½in 钻头钻进到上部油层着陆点，下 7in 套管固井，6in 钻头继续加深完成主裸眼和 1 个鱼骨刺井，主裸眼下 4½in 筛管并用带卡瓦顶部简易防沙封隔器悬挂在 7in 套管鞋之上。上部主支井完成后试采求产，日产油稳定在 20 ~ 83m^3。

2. NP35 – 2 – A6 井上部主支井作业过程

1）刮管作业

（1）起下部主支井试采电泵。

（2）下刮管钻具组合：8½inCONE + 弹簧式套管刮削器 GX245T + 振击器。

（3）刮管至井深 1359m，其中在膨胀管预定膨胀位置 932. 5m 上下 30m 范围内刮管 3 次，确保膨胀管膨胀位置刮洗干净。

2）通径作业

由于 9⅝in 套管为新套管，下部主支井用 8½in 钻头钻成，下部主支井下 7in 筛管之前和起出电泵后分别实施了刮管作业，膨胀管等下井专用工具外径均小于 8½in，经甲方、作业方和承包商研究决定，取消通径作业。

3）下膨胀管作业

（1）下膨胀管钻具组合：膨胀管定位总成 + 定向接头。

（2）下钻到膨胀管预定膨胀井深 932. 5m，用固井泵小排量缓慢打压，最高压力 10. 22MPa，3min 后压力突然掉零，井口有返出，证明膨胀管膨胀结束。

（3）停泵，上提、下放钻柱 0. 5m，悬重不变，证明送入工具已脱手；下压 200kN，证明膨胀管已膨胀牢固。

（4）对防喷器组试压，万能防喷器试压 15MPa × 10min 合格，闸板防喷器试压 15MPa × 10min 合格。防喷器试压也检验了膨胀管密对下部主支井的封隔能力，达到了后续工序中上部主支井固井和挤水泥的压力要求。

4）下斜向器作业

（1）下斜入器钻具组合：斜向器 + 轴承短节。

（2）下钻至井深 931. 14m 时钻压开始上升，当钻压升至 95kN 突然回零，表明剪切销钉已被剪断，送入工具脱手。

（3）继续下放钻具 0. 5m，悬重不变，证明送入工具确已脱手。

5）开窗作业

（1）下开窗钻具组合：8½in 锥铣 + 8½in 钻柱铣 + 8½in 西瓜铣 + 振击器 + 5in 加重钻杆。

（2）下钻至 920m，开泵，缓慢下放多次轻压慢放探实斜向器鱼头位置，校深，上提至斜向器顶部以上 1m 左右，开泵至 1600L/min，转速 60 ~ 70r/min。

(3)缓慢下放至斜向器顶部,开始开窗作业。初始钻压控制在5~10kN,磨铣进尺1m后钻压提高至5~30kN。磨铣至930.5m,磨铣工具全部进入地层,提高转速上下提放钻具5次反复修整窗口,无明显阻卡。整个磨铣过程安全顺利,推算窗口长度为4.95m,历时19.0h,平均机械钻速0.26m/h。

6)8½in定向钻井作业

(1)下旋转导向钻具组合:8½inPDC钻头+ϕ171.45mm导向马达(弯接头1.15°)+ϕ190.5mm稳正器+ϕ171.45mm Ontrack+ϕ165.1mm无磁加重钻杆+ϕ165.1mm浮阀+ϕ165.1mm挠性接头/振击器+5in加重钻杆。

(2)钻进至1442m,井斜86.7°、方位336°、垂深1101.72m、水平位移498m,已着陆进入上部油层。

7)7in尾管固井作业

(1)下尾管管串组合:简易可钻钻头与浮鞋组合+7in尾管1根+浮箍2个+7in短套管+承托环+7in尾管41根+送球器+短套管2根+翻板阀+变扣+延伸筒+尾管丢手总成+5in钻杆。为保证尾管串顺利下钻到底、提高窗口处固井质量和安全脱手,所使用的尾管丢手总成具有以下三大功能:具有旋转钻柱的功能;固井与挤水泥通道在井下可切换,具有固井初凝后不起钻挤水泥的功能;具有2种液压方式和1种倒扣方式3种独立的丢手方式。

(2)下钻到底开泵循环两周,投小球,固井泵送球入座,确认到位后憋压8.5MPa剪切销钉;带压上提管柱0.19m时压力突然掉零,证明丢手工具已经脱手;重新下放管柱至原位置,继续打压12MPa剪切送球器;泵送送球器至承托环,打压至18MPa剪切球座,打通循环,进入正常尾管固井作业。

(3)复合胶塞碰压后上提钻柱11m(翻板阀关闭),循环清洗多余的水泥浆。初凝2.5h后注平衡水泥塞6m^3;起钻至水泥塞顶,循环清洗至返出干净;关闸板防喷器,固井泵间歇挤水泥,累计挤入4.8m^3,最大挤入压力7.6MPa;憋压候凝;放压,打开防喷器,起钻。

(4)组合8½in钻水泥塞钻具组合,钻进至7in尾管顶部以上2m,起钻。

(5)组合6in钻水泥塞钻具组合,钻水泥塞及尾管附件至浮鞋以上5m。

(6)电测固井质量CBL,合格;9⅝in套管和7in尾管环空试压15MPa×10min,合格。

8)6in定向钻井作业

(1)先钻鱼骨分支井眼。下入钻具组合:6inPDC钻头+ϕ120.65mm马达(弯接头1°)+ϕ139.7mm稳定器+ϕ120.65mm安全接头+ϕ120.65mm CWD/MWD+ϕ120.65mm无磁钻铤+ϕ88.9mm加重钻杆2根+ϕ165.1mm浮阀+ϕ88.9mm钻杆+ϕ165.1mm振击器+5in加重钻杆。

(2)钻至井深1646.79m完钻。主要钻井参数为:钻压6kN、转速50r/min、排量900~1050L/min、泵压12.5~13.0MPa、平均机械钻速29.5m/h,纯钻时6.5h,累计进尺205m,其间滑动钻进机械钻速为30m/h,旋转钻进机械钻速最高达60m/h。

(3)侧钻主裸眼。起钻至1500m处悬空侧钻主支井眼,耗时2.75h,侧钻成功。

(3)滑动钻进至1775m完钻,累计进尺220m,纯钻进时间4h,平均机械钻速55.1m/h,钻进参数为:钻压6kN、排量1000L/min、泵压13MPa,整个作业过程安全顺利。

9）完井作业

（1）下刮削器钻具组合：6½inCONE + 弹簧式套管刮削器 GX178T + 振击器，刮管至井深1531m，起钻。

（2）主裸眼下筛管完井管串：ϕ114.3mm 圆筒 + ϕ114.3mm 筛管 1 根 + ϕ82.55mm 密封筒 + ϕ114.3mm 筛管 18 根 + ϕ114.3mm 盲管 2 根，坐井口。

（3）下中心冲管管串：鞋口引鞋 + ϕ82.55mm 密封管 + ϕ73mm 冲管 21 根，下放到位，ϕ82.55mm 密封管插入 ϕ82.55mm 密封筒。

（4）接带卡瓦顶部简易防沙封隔器，用 ϕ88.9mm 钻杆将筛管和冲管双管管串送入到 1773m。

（5）泵入 KCl 完井液，替出主裸眼与筛管环空内的 PRD 钻井液。

（6）投球泵送入座，打压至 9MPa 剪切卡瓦销钉；憋压至 12MPa 坐封封隔器；继续憋压至 18MPa 打通，带卡瓦顶部简易防沙封隔器顺利坐挂和坐封在 7in 套管鞋之上。

（7）甩一个单根，将中心冲管管串的密封管从筛管管串的密封筒中提出，泵入 KCl 完井液，替出筛管内的 PRD 钻井液，起钻。

（8）下电泵，上部主支井试采求产。

参考文献

[1] 李文永. 南海西江油田多底井钻井完井技术. 石油钻探技术. 2005,33(1)

[2] 姜伟. BP35－2 油田应用膨胀坐挂定位分支井新技术实践. 中国海上油气,2006,18(1)

多分支井工具 FMECA 分析

任荣权　高向前　陈　健　徐长安

（中国石油集团钻井工程技术研究院钻井机械研究所）

【摘　要】 对多分支井系列工具进行了故障模式、效应及致命度分析（FMECA），找出了致命度最大的前5项故障模式和主要故障原因，为多分支井系列工具的设计、制造、使用、维修和完善提供了理论依据。

【关键词】 可靠性　多分支井　故障

FMECA是一种系统可靠性分析技术。它是分析系统中各种故障模式及其对系统影响的一种方法，也是分析故障原因的一种方法，又是分析各种故障模式对系统致命度大小的一种方法。本文应用FMECA分析方法旨在找出多分支井系列工具的主要失效模式和主要故障原因，为多分支井系列工具的设计、制造、使用、维修和完善提供理论依据。

一、故障定义与功能划分

1. 故障定义

故障判据基于以下两条原则：

（1）用户接受原则，即用户报告产品在工作中的任务缺陷。

（2）设计认可原则，即设计人员规定的产品在工作中出现的任务缺陷。

只要出现上述两条原则中的一条，一般就认为是故障。

2. 功能划分

多分支井系列工具功能划分原则：

（1）根据多分支井施工的总体要求来选定最高功能级。

（2）作为分析的最低功能级，应该是具备为建立功能定义和功能说明所必需的信息的那一级。一般将功能相同的零件组合体作为最低功能级。对于关键零部件，应以较低层次作为最低功能级，以进行重点分析。

基于以上原则，把多分支井全套系列工具作为最高功能级，每个完整工序所使用的工具作为中间功能级，各工具中的部件或关键件作为最低功能级。从高到低的功能级可简化成系列工具、各工具和功能组。这样，多分支井系列工具可划分为10大工具、30个功能组（见表1）。

表1　多分支井系列工具

系列工具		各工具		功能组	
名称	功能	名称	功能	名称	功能
多分支井系列工具	完成多分支井的钻井、完井和修井	通径规	保证后续工具顺利下入	01 软本体	通径
				02 硬丝扣	连接
		膨胀管总成	为斜向器和重进斜向器定位	03 打压泵	提供液压力
				04 液压缸	提供膨胀力
				05 拉杆	传递膨胀力
				06 胀塞	胀开膨胀管
				07 膨胀管	定位
		斜向器总成	为开窗和侧钻等提供导引斜面	08 减扭短接	减小扭矩
				09 送入杆	送入斜向器
				10 斜面	导引
				11 回收机构	回收
				12 嘎巴儿	提供连接力
		开窗铣锥	套管开窗	13 硬质合金	磨削
				14 母体	镶嵌合金块
		尾管头	与尾管串其他辅件共同实现固井	15 喇叭口	引导
				16 反扣	丢手
				17 中心管	密封
				18 空心胶塞	碰压
		平铣鞋	磨铣尾管头粗大部分	19 硬质合金	磨削
				20 母体	镶嵌合金块
		套铣总成	套铣并回收尾管重叠段和斜向器	21 套铣鞋	套铣
				22 稳定器	扶正
				23 套铣管	传递扭矩
				24 过渡接头	变扣
		锥铣鞋	钻铝丝堵	25 硬质合金	磨削
				26 母体	镶嵌合金块
		重进斜向器	为支井重入提供导引斜面	27 剪钉	丢手
				28 斜面	导引
		重进回收器	打捞回收重进斜向器	29 滑套	保护打捞键
				30 打捞机构	打捞

二、评分标准

为进行致命度分析,必须制定评分标准。应按故障发生的失效率、严重性和排除故障的难易程度评分。致命度的大小可定义为三者的乘积,并根据各种故障模式致命度的大小进行排序,找出多分支井系列工具的主要失效模式,为多分支井系列工具的设计、制造、使用、维修和完善指明工作重点。

1. 故障发生的失效率

目前,由于该多分支井系列工具在现场只进行了三口井的应用,出现的故障次数也相当有限,各种故障模式的失效率很难由统计方法得出,现仅以本人对多分支井工具的设计经验,作如下打分:

(1)失效率高,打分10分。

(2)失效率偏高,打分8分。

(3)失效率中等,打分6分。

(4)失效率偏低,打分4分。

(5)失效率低,打分2分。

2. 故障的严重性

(1)致命故障,能导致整个多分支井施工失败甚至井眼报废。打分10分。

(2)严重故障,能引起二次故障或降低最终施工质量。打分6分。

(3)一般故障,经处理不影响最终施工质量。打分3分。

(4)轻度故障,不影响施工进度,可临时处置。打分1分。

3. 排除故障的难易程度

(1)现场维修非常困难,甚至不可补救。打分10分。

(2)现场维修较为困难,甚至通过备用方案才能解决。打分6分。

(3)现场维修难度一般,常常只更换坏件。打分3分。

(4)现场易修复,往往只需要拧紧、调整、焊接或打磨即可处理。打分1分。

三、FMECA分析表

多分支井工具FMECA分析表包括10大工具、30个功能组、82种故障模式(见表2,由于篇幅所限,表中只列出一小部分内容)。

表 2　多分支井系列工具 FMECA 分析表

序号	功能组	故障模式	失效原因	局部效应	最终效应	失修率	严重度	维修性	致命度	预防措施
06	胀塞	丝扣拉断	强度不够	膨胀管不能膨胀	重新下膨胀管	4	6	6	144	提高强度
		粘接	硬度低	膨胀管部分膨胀	下部支井报废	6	10	10	600	提高硬度
		卡死	锥度不合理	膨胀管胀不开	下部支井报废	2	10	10	200	优化锥度
		移位	外径偏小	找不到支井眼	本支井报废	2	10	10	200	优化外径大小
07	膨胀管	胀不开	外径偏大	膨胀管部分膨胀	下部支井报废	2	10	10	200	优化外径大小
		粘接	材料不匹配	膨胀管部分膨胀	下部支井报废	4	10	10	400	合理选材
08	减扭短接	不转动	锈死	影响斜向器滑入	无影响	8	1	1	8	提高装配质量
09	送入杆	脱落	剪钉强度小	斜向器落井	无影响	6	3	1	18	提高剪钉强度
10	斜面	磨损严重	硬度低	开窗慢	无影响	10	3	1	30	提高硬度
		扭方位	开焊	找不到支井眼	重新下斜向器	2	10	3	60	提高焊接质量

四、结论

多分支井 10 大工具中致命度最大的前 3 项为:膨胀管总成、套铣总成和斜向器总成。82 种故障模式中致命度最大的前 5 项为:膨胀管、胀塞、套铣鞋、拉杆和回收机构,而且它们都属于上述 3 大工具。这为多分支井系列工具指明了工作重点和主攻方向,可作为多分支井系列工具设计、制造、使用、维修和改进的综合参考和指南。